/中国首部全译插图本/

SOUVENIRS ENTOMOLOGIQUES

昆虫记

·典藏版·

·Ⅷ·

[法]法布尔　著

张广学　学术顾问

吴模信　鲁京明　译

SPM 南方传媒 | 花城出版社

中国·广州

图书在版编目（CIP）数据

昆虫记 ：典藏版. Ⅷ / (法) 法布尔著 ；吴模信，鲁京明译. -- 4版. -- 广州 ：花城出版社，2022.6
ISBN 978-7-5360-9276-1

Ⅰ. ①昆… Ⅱ. ①法… ②吴… ③鲁… Ⅲ. ①昆虫学—普及读物 Ⅳ. ①Q96-49

中国版本图书馆CIP数据核字(2022)第045618号

出 版 人：张　懿
特约策划：邹崤华　秦　颖
责任编辑：黎　萍　夏显夫
技术编辑：凌春梅
封面插画：空　澈
封面设计：介　桑

书　　名　昆虫记：典藏版
　　　　　KUNCHONGJI：DIANCANGBAN
出版发行　花城出版社
　　　　　（广州市环市东路水荫路11号）
经　　销　全国新华书店
印　　刷　佛山市浩文彩色印刷有限公司
　　　　　（广东省佛山市南海区狮山科技工业园A区）
开　　本　880毫米×1230毫米　32开
印　　张　9　4插页
字　　数　212,000字
版　　次　2022年6月第1版　2022年6月第1次印刷
定　　价　388.00元（全十卷）

如发现印装质量问题，请直接与印刷厂联系调换。
购书热线：020-37604658　37602954
花城出版社网站：http://www.fcph.com.cn

法布尔是掌握田野无数小虫子秘密的语言大师。

——［法］罗曼·罗兰

目录 Contents

SOUVENIRS ENTOMOLOGIQUES

第一章 花金龟

我的住宅外有一条种着丁香花的甬道，既深又宽。五月来临，两行丁香树被一串串鲜花压垂下来，弯成尖拱形时，这条甬道便成了一座小教堂；在和煦的朝阳下，这里正在庆祝一年中最美好的节日；这是平静的节日，没有旗帜在窗口哗哗作响，没有礼炮轰鸣，没有酒后的争吵殴斗；这是普通人的节日，没有舞会刺耳的铜管乐，也没有人群的叫喊声来打扰。

我是丁香花小教堂的忠实信徒。我的祷告是微微颤动的内心激情，无法用词语表达出来。我虔诚地在一棵棵树下停留，就像拨动祷告的念珠一样，我走一步观察一下。我的祈祷是一声声赞叹不已的“啊”！

在这美妙的节日里，朝圣者们跑来了，它们想得到春天的恩宠，饮一口佳酿。

条蜂和对它凶恶残暴的毛足蜂，轮番在同一朵花的圣水杯里浸泡它们的舌头。昆虫中的拦路抢劫者和被抢劫者友好地相邻就座，小口小口地呷饮。它们之间没有表现出丝毫积恨。

壁蜂穿着半边黑半边红的天鹅绒服，毛肚子上扑着花粉，把旁边的芦竹也沾上了许多粉。尾蛆蝇嗡嗡叫，羽翼像云母片在阳光下闪闪发光。它们被琼浆玉液醉倒，离开联欢会，到一片片树影下醒醒酒去了。

胡蜂、长足胡蜂，是一群易怒的好斗者。看到这些排斥异己者过来，性情温和的与会者便退避三舍，到别的地方去。甚至数量上占大多数的蜜蜂，那么容易剑拔弩张的蜜蜂，尽管正忙着采蜜，见到它们也都让开了。

这些又粗又短、色彩斑斓的蛾是透翅蛾，它们忘记了用带点鳞片的翅膀把全身盖住。那裸露部分是透明的薄纱，同穿着衣服的部分形成了对照，更增添了它们的美丽，朴实之中透出豪华。

一大群浑身洁白、黑色单眼的粉蝶在翩跹起舞。它们飞去飞来，飞上飞下，跳着鳞翅目昆虫的芭蕾舞，在空中相互挑逗，相互追逐，相互戏弄。一个跳华尔兹的演员玩厌了，便到丁香树上歇歇脚，在花瓮中饮水。当它将吻管伸进狭窄的瓮颈吮饮时，翅膀软弱无力地摆动，竖立在背上；一会儿摊平开来，一会儿又竖起来。

漂亮的金凤蝶，佩着橘色饰带，长着蓝色新月形斑点，也成群地在花中起舞，但由于身体较大，飞得不那么快。

孩子们也来了。他们被这优美的舞蹈家迷住了。每次伸手去抓时，金凤蝶就躲开，飞到远一点的地方去探测花朵的制糖厂，还像粉蝶似的舞动着翅膀。如果它们的抽水泵在阳光下平静地运行，如果糖浆通畅无阻地被吸上来，那么翅膀就会软弱无力地摆动，表示它感到心满意足。

抓住了！最小的孩子安娜不去抓金凤蝶了，她的手虽然敏捷，可是金凤蝶从来不会等着她来抓的，她发现了她更喜欢的小昆虫，那就是花金龟。这种浑身金黄色的美丽昆虫，还留恋着早晨的清凉，甜甜地睡在丁香花上，没有意识到危险，所以无法逃脱。花金龟很多，安娜很快就抓到了五六只。我出面干预，不让他们再抓了。战利品被放进一只盒子里，盒底铺了一层花的床褥。晚一会儿，等到暖和的时候，在花金龟脚上系一根线，它就会在孩子们的头上旋转飞舞。

这种年龄的小孩是无情的，他们还不懂事，再没有什么像无知那么残忍。冒冒失失的孩子们，没有一个关心这个拖着小肉球的苦役犯，关心这个小家伙的苦难，天真烂漫的孩子们把施加酷刑当作乐趣。我承认，尽管自己由于经验而成熟，已经懂得一些事情，但我也是有罪的，我并不总是敢于制止这样的事发生。孩子们折磨昆虫是为了好玩，而我折磨昆虫是为了调查了解情况，但从实质来说，两者还不是一回事！为了求知而进行实验和由于年幼而干出孩子气的事，两者间有没有十分明确的分水岭呢？至少我看不出来。

为了让被告招供，野蛮的人类从前使用拷问的刑罚。当我观察我的昆虫，拷问它们，以便从它们身上掏出某种秘密时，我不是同施刑者一样野蛮吗？让安娜随意去玩弄她的囚徒吧，因为我正思考着某种更坏的计划。花金龟会告诉我们一些意想不到的事情，而且是有趣的事情，我对此毫不怀疑。我要设法让它把这些事透露给我们。当然，如果不让它狠狠吃点苦头，它是不会说出来的。就这么办，干吧！为了博物学，把温和的考虑丢到一边吧！

在参加丁香花节日的客人中，花金龟十分值得一提。它身材肥大，便于观察。它虽然外形臃肿，上下一般粗，一点不标致，色彩却十分绚丽。它像黄铜般耀眼、金子般闪光、青铅般凝重，就像铸造者用抛光机加工出来似的。它是我的邻居，荒石园里的常客，我不用四处去寻找，奔波已经开始使我不胜其劳。由于我希望所有的人都能了解我所叙述的事情，它还有一个优越的条件：每个人都认得花金龟，即使不知道它的名称，至少看到它都不会觉得它是一只陌生的昆虫。

谁没有见过它像一颗绿宝石躺在一朵玫瑰花的怀中呢？它的珠光宝气更衬托出玫瑰的娇艳。它一动不动地赖在由花瓣花蕊做成的舒服的床上，沁人心脾的香气使它陶然欲醉，玉液琼浆使它醺醺然。只有一束炽热的阳光像针似的刺它一下，它才舍得离开这极乐世界，嗡嗡地叫着飞起来。

如果对它一无所知，看到它在奢侈逸乐的床上懒洋洋的样子，人们大概不会料到它是那么贪食成性。在一朵玫瑰花上，在一朵山楂花里，它能找到什么食物呢？顶多一小滴渗出来的甜汁而已，它不吃花瓣，更不吃叶子。它那粗大的身子就吃这些，这些微不足道的食物居然就够了！我不敢相信。

八月的第一个星期，我把15只花金龟放在网罩里，它们刚在我的饲养瓶里破壳而出。它们身体上部呈青铜色，下部呈紫色，属于铜星花金龟。我根据时令供应它们蔬果，用梨、李子、西瓜、葡萄来喂它们。

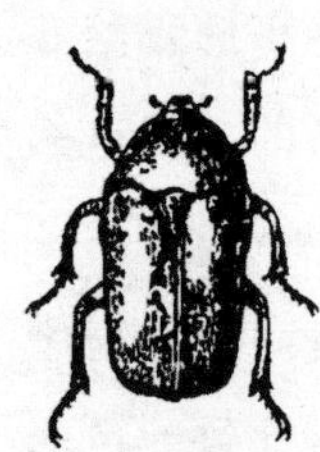

铜星花金龟

看着它们大吃大喝真是一件乐事。它们把头钻进果酱里，甚至全身都埋在里面。就餐者不再动了，一点动静也没了，甚至脚尖都没有移动一下。它们吃着，品尝着；白天吃，晚上吃；在暗处吃，在阳光下吃，一直吃。甜汁吃得又醉又饱，可这些贪食者仍不撒手。它们倒在饭桌上，倒在黏稠的水果下睡着了，嘴里还一直在舔着。那样子就像半睡半醒的小孩，嘴上含着涂了果酱的面包片，心满意足地睡了。

在欢乐的宴席上没有任何嬉戏玩乐，即使阳光把网罩里晒得暖洋洋的。一切活动都暂停了，花金龟将所有时间都用在满足填满肚子的欢乐上。天气是那么炎热，躺在李子下面吮吸糖浆是多么惬意啊！这里的日子是如此惬意，又有谁会到一切都被晒焦了的田野里去呢？谁也不会！没有一只爬到网罩的金属网纱上，也没有一只突然张开翅膀，试图逃走。

大吃大喝的生活已经延续了半个月，但是并没有使花金龟感到厌烦。这么长时间的宴席是不常见的，甚至食粪虫这些饕餮之徒也没有这么贪食。圣甲虫用肠里的排泄物编织绵延不绝的细绳，花一天时间来吃一餐美味，便是这个贪吃者最大的能耐。可是我的花金龟吃起李子和梨的果酱来，一吃就是半个月，而且丝毫没有腻烦的表示。美宴什么时候结束呢？什么时候举行婚礼，考虑未来的事呢？

婚礼和成家的事，花金龟本年内还不会考虑，要推迟到来年。这样的迟缓是奇怪的，不符合普通的习俗。在这些重大事情上，花金龟显得非常随便。现在是水果丰收的季节，花金龟是热情的美食家，为了享受美味的食物，它不愿意因产卵这些麻烦事而放弃美食。花园里有多汁的梨，干缩起皱的无花果，看到这些水果的糖汁，花金龟的口水都流出来了。馋嘴的花金龟吃着这些水果，什么都忘记了。

炎热的天气越来越炙人，就像农民说的，太阳火盆里每天都加了一捆柴。天气过热就像太冷一样，会让生命暂时停止。为了打发时间，所有的昆虫，不管是冻僵的、烤熟的都蛰伏起来了。网罩里的花金龟也一样，它躲在沙下面两法寸深的地方。最甘美的水果都引诱不了它们，天气实在太热。

要到九月天气转凉，它们才会摆脱昏昏沉沉的状态。到那时，它们才重新出现在地面上，品尝西瓜皮，畅饮葡萄汁；不过吃喝不多，时间也不长，最初那种饿死鬼的样子和没完没了地饱食不止的情况不复再现。

冬天来了，我的笼中物又消失到地下去了。它们在地下越冬，只由几指粗的沙层保护。在薄薄的屋顶下，在四面通风的隐蔽所里，它们并没有受到严寒之苦。我原以为它们会怕冷，可是我发现它们非常耐寒。它们保留着幼虫期壮实的体质，被冻得硬邦邦地待在结成冰的雪块里，而到稍微化冻时又恢复生命。我对此真是赞叹不已。

三月还没结束，生命又开始复苏了。这些埋入土中的小家伙又露出来了，如果太阳暖和，它们就爬上金属网纱，散散步；如果天凉，便又钻到沙下面去。喂它们什么呢？这时，已经没有水果了。我把蜜放在纸杯里去喂它们，它们来吃，可是并不很热情。找找更合它们口味的食物吧，我给它们海枣。这种异域的水果，皮薄肉美，尽管从没吃过，它们却吃得很高兴，不再非要梨和无花果不可。海枣一直吃到四月底，这时第一批樱桃已经结果了。

现在我又拿时令食物，当地的水果喂它们。花金龟吃得很少，胃风光的时期已经过去。过了不久，我的囚徒们变得对食物无所谓了。我发现花金龟开始交配，说明它即将产卵。我在网罩里放了一个罐子，罐里装满了半腐烂的干树叶，以备不时之需。接近夏至，雌花金龟先后钻进去，待了一段时间；事情办完后，它们又钻出来；闲逛一二个星期后，它们蜷缩在不深的沙里，死掉了。

它们的后代就在这堆烂树叶堆里。六月还没结束，我在温暖的树叶堆里，发现了大量新产下的卵和非常年幼的蛴螬。我刚开始研究时，有一种怪现象使我感到惶惑，现在我找到解释了。我每年在荒石园里一个有树荫的角落挖掘一大堆烂树叶时，都会发现大量的花金龟。七八月时，我用铲子能挖出一些没有破损的蛹室，过不久，在蛹推动下，蛹室就会裂开来，羽化出一只花金龟。可是，就在这些成虫的旁边，我还能看到刚孵化的蛴螬。于是在我眼前出现了这种荒谬的、不合常情的场景：儿子比父母先出生。

我对网罩的观察，揭示了这些难解之谜。花金龟的成虫，可以活整整一年的时间，从当年的夏天到来年的夏天。在炎热的夏季，七八月时，蛹室裂开了。按常规，在快乐的婚礼之后，必须立即为生儿育女之事而奔忙，而季节也有助于料理家务事。其他昆虫一般都循规蹈矩，对于它们来说，目前的繁荣兴旺是非常短暂的，它们必须尽快利用短暂的兴旺期，安排好未来子孙的事。

雌花金龟却不这么匆匆忙忙。当它是胖乎乎的幼虫时，它吃个不停；当它是披着色彩斑斓的盔甲的成虫时，它仍然把大好光阴用来吃喝。只要天气不是热得受不了，它要做的所有事情，就是吃杏子、梨子、桃子、无花果、李子等水果做成的果酱。它被美餐耽误了，一切都被抛到了脑后，只好把产卵推迟到来年。

随便藏在什么地方越冬之后，春天一到，它又出现了。可是，这时节没有什么水果，去年夏天的贪吃者，如今变得饮食很有节制。这或者是由于不得不如此，或者是由于体质就是这样。它没有别的生活资源，只能在花朵的小酒吧里，可怜巴巴地喝那一丁点东西。六月来临，它把卵撒在烂树叶堆里，撒在过不久成虫就要出来的蛹室旁边。因此，如果不知道事情的经过，我们就会看到这种先有卵后有产妇的荒唐现象。

同年出现的雌花金龟实际上是两个世代。春天的花金龟，它们是玫瑰花的客人，已经度过了冬天。它们将在六月产卵，然后死去。秋天的花金龟，非常爱吃水果，它们刚刚离开蛹室。它们将要越冬，要在第二年夏天接近夏至时才产卵。

夏至是一年中白天最长的时候，也正是花金龟产卵的季节。在松树树荫下，靠着围墙，有一堆去年的落叶堆起来的枯叶。这堆半腐烂的枯叶是花金龟幼虫的伊甸园。大腹便便的幼虫在枯叶堆里乱蹿乱动，在发酵的植物中寻找美味的食物，甚至在隆冬时节那里都十分温和。

有四种花金龟在枯叶堆里产卵，尽管我出于好奇多方打扰，它们仍然繁衍兴旺。最常见的是铜星花金龟，我的大部分资料是由它们提供的；其他三种是金绿花金龟、傲星花金龟和斑尖孔花金龟[①]。

将近上午九点，我就开始密切注视枯叶堆，我坚持不懈地耐心等待；因为产妇往往随心所欲，好多次都让我白等了一场。机会终于来了，一只雌铜星花金龟从附近来了。它在枯叶堆上空兜着大圈子，一边飞一边从高处仔细观察，选择容易进入的地点。“弗鲁”一声，它冲了下来，用头和脚挖掘，一下子就钻进去了。它要到哪里去呢?

开始时我能听到它钻的方向，当它在干燥的外层钻时，可以听到枯叶的窸窣声。接着什么也听不见了，一片寂静，花金龟到了潮湿的深处。在那里，只有在那里，它才能产卵，以便幼虫从卵里孵出来后，无须觅食，就有细嫩的食物。现在让产妇去忙它的事吧，我过两个小时再来观察。

现在，我们回顾一下刚刚发生的事吧。一种养尊处优的昆虫，前不久还在一朵玫瑰花的怀抱中，在如锦缎般的花瓣上和甘美的芳香中睡眠。可是如今这个穿着帝王的金色华服的豪奢者，这个玉液琼浆的畅饮者，突然离开鲜花，埋身于腐烂的树叶之中。它放弃花香袭人的豪华床褥，下到臭气熏天的垃圾中。它为什么这样自甘作践呢?

它知道它的幼虫喜欢吃它自己厌恶的东西，所以它克制自己的

① 作者曾在卷三第三章介绍过花金龟的种类。——校注

厌恶情绪，甚至连想都没想，便钻了进去。是不是它对自己幼虫期的回忆促使它这样做呢？在间隔了一年之后，特别是在自己的身体彻底改变了之后，对于它来说，对食物的回忆，究竟会是什么呢？为了吸引雌花金龟，使它从玫瑰花来到腐烂的树叶堆，一定有比肠胃的记忆更重要的东西，那是一种不可抗拒的、盲目的推动力，这种推动力表面看来简直是失去理智，其实是极其符合逻辑的。

现在我们再回到烂叶堆。干树叶的窸窣声给我们大致指示了它的产卵地点；我知道要在哪个地方去搜索，搜索必须循着产妇的行踪，所以要小心翼翼地进行。凭借花金龟爬行沿途扒出来的东西，我终于到达了目的地。卵找到了，一枚枚卵孤零零的，乱七八糟地隐藏着。产妇事先没有任何精心的安排，随便把卵产在已经发酵的腐烂植物附近。

花金龟的卵是象牙色的小泡，近似球形，约三毫米大小。12天后卵孵化了。幼虫白色，长着稀疏的短毛。幼虫出壳后，一旦离开肥沃的腐殖土，便靠背部爬行，在昆虫中它的行走方式是很奇怪的；它一开始便四脚朝天，用背走路。

饲养花金龟很容易。我用一只防止蒸发、保持食物新鲜的马口铁匣子，盛装从发酵的腐烂树叶堆里优选的树叶，然后放进花金龟幼虫。只要注意不时更新食物，一年后，这些幼虫就会老熟，完成变态。没有哪种昆虫比饲养花金龟更省力，蛴螬食欲旺盛、身体强壮。

蛴螬长得很快，孵化后四个星期，到八月初，幼虫就有成虫一半粗。我想估计它究竟吃了多少东西，便把造粪肥的秕谷堆在盒子里，从幼虫吃第一口开始计算。我发现，它在这段时间一共吃了11938立方毫米的秕谷，在一个月内，它吃的食物的体积，比自己最初的体积多几千倍。

花金龟的幼虫是一个持续运转的磨面厂，把已经枯死的植物磨成面粉。它也是一部高性能的碾磨机，一年中，它日夜劳动，把由于发酵而腐烂的植物碾碎成粉。树叶的纤维、叶脉可能一直顽强地存在于腐烂物中，幼虫攫取这些顽固不化的渣滓，用锐利的大剪刀把这些没有腐烂的东西剪得细碎，在肠子里把它们溶解为浆，使之变成有用的东西肥沃土壤。

花金龟的幼虫是腐殖土最积极的制造者。当化蛹期来到，我最后一次检查饲养情况时，看到这些贪吃者整个一生都在磨着粉，它们吃掉的食物可以一大碗一大碗地算出来。

此外，花金龟幼虫的形态也值得注意。它是一种肥胖的蛴螬，长一法寸，背凸腹扁。背上有褶痕，在褶痕处，稀疏的细毛像刷子似的；腹部光滑，皮肤细腻，皮下显现出棕色的斑点，那是个大垃圾袋。腿很好看，但短小衰弱，和胖乎乎的身子不成比例。

花金龟幼虫可以自身做半弧形滚动，与其说那是休息的姿势，不如说是不安和防卫的姿势。它滚动时，用最大的劲把身子收缩起来形成蜗牛状，好像要把自己折断似的。如果硬要把它掰开，它的五脏六腑肯定都要流出来。如果不去碰它，一会儿，幼虫便会舒展开来，伸直身子，急急忙忙地逃走。

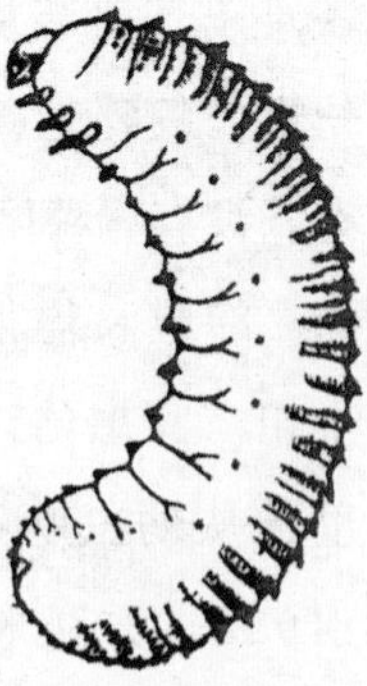

还有件意想不到的事在等待着你呢。你如果把幼虫放在桌上，它便会用背走路，腿朝天，不活跃。这种反常的行走方式十分怪诞，初看起来似乎是昆虫受惊时的偶然之举。其实根本不是那么回事，这确实是它正常的行走方式，花金龟幼虫不会用别样的方式行走。如果你把它翻转过来，肚子朝下，希望它会按照一般的方式行进，

花金龟的幼虫

不过是徒劳，它顽固地又反转过来，肚子朝天，顽固地用颠倒的姿势爬行，你根本没办法让它用腿走路。弓起身子一直不动，行进的方式与别的昆虫相反，这些正是它的与众不同之处。

我就让它待在桌子上，不去打扰它。这时，它走动起来，想钻到烂叶堆里去，躲开骚扰它的人。背上的肌肉垫受强有力的肌肉驱动，它前进得很快。凭借背上的毛刷，即使在光滑的平面上，它也能前进。这个步带由于毛刷多，所以能够产生强大的牵引力。

幼虫在移动中，偶尔有一些横向摆动。由于背是圆形的，幼虫有时会翻倒。不过没什么关系，只要腰一用力，它便恢复了平衡，微微左右摇晃一下，又可以用背走路。它行走时也会有前后颠簸，小舟的船艄，幼虫的头，由于有节奏地起伏，而仰起俯下，升高降低。因为大颚缺乏支持，它张大双颚，空口咀嚼；可能是想咬住什么支持物吧。

我给了它的大颚一个支持物，不过不是在烂叶堆里，因为那里面黑黑的，我看不到想看的情况；而是在一个半透明的地方。支持物是一根长度适当的玻璃管，两头开口，内径逐渐缩小。幼虫可以容易地从粗的那头进去，而另一头太窄，出不来。

只要管子比它身子宽，它就用背前进。幼虫进入了管内同身子一般大的部分。从这时起，它可以随心所欲地行动了。不管是什么姿势，肚子仰着，俯着，还是侧着，幼虫都能前进。我看到它拱在背上的肌肉垫，像波浪似的有节奏地一起一伏，就像平静的水面上掉下一块石子所产生的涟漪那样扩展开来，往前推进。我看到它背上的毛弯下竖起，就像风吹麦浪似的。

它的头有规则地俯仰。它用大颚的尖端作为拐杖，撑在管壁上向前行走和保持身体平稳。我手指转动玻璃管，随意改变幼虫的姿势，它的足即使碰到了作为支撑的管壁，也一直没有活动，它们对于行进几乎不起一点作用。那么这些脚有什么用呢？我们很快就会看到。

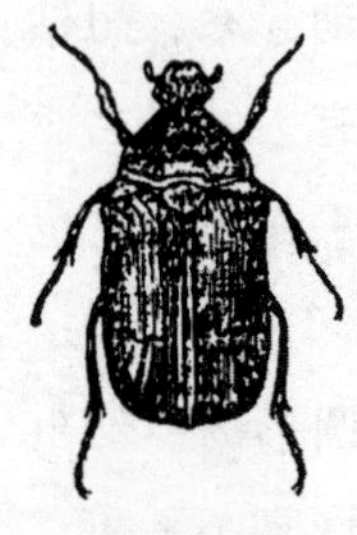
金绿花金龟

通过那根半透明管子，我清楚地知道了烂叶堆里所发生的事。由于身子穿进了烂叶堆，四周都有支撑物，幼虫既能用颠倒的姿势，也能用正常的姿势行走，更常用的是正常姿势。依靠背部一起一伏的动作，它在任何方向都能有接触面，所以走动时肚子朝下还是朝上都无所谓。这时不再有荒诞的例外，一切都恢复了平常的秩序；如果有可能看到幼虫在烂叶堆里行走，我们就不会觉得它有丝毫奇特的地方。

如果把它裸露放在桌子上，我们就会目睹一种极不正常的现象，可是我们只要想一想，就不会觉得有什么不正常。因为在桌子上，除了桌面外，其他几面都没有能够支撑它的东西，背部的肌肉垫这些主要的步带，需要同唯一的支撑面相接触，所以它只好翻过身来走路。我们对它那奇怪的行走方式感到惊奇，纯粹是因为我们脱离了它的生存环境去观察它。其他大腹便便的短脚幼虫，如鳃金龟、蛀犀金龟和害鳃金龟的幼虫，如果它们有可能完全打开和伸出大肚子上强而有力的钩子，它们也会这样行走。

六月是产卵的时期。此时，度过了冬天的老熟幼虫正在准备化蛹。蛹室和新一代要从中出来的象牙球卵，同时堆在枯叶堆里。虽然结构粗陋，花金龟的蛹室也蛮标致的，呈卵球状，约有鸽子蛋大。在我的烂叶堆里安居的四种花金龟，斑尖孔花金龟是最小的，它的蛹室也最小，只有一粒樱桃大。

所有花金龟蛹室的形状，甚至外表都是一样的，除了斑尖孔花金龟的蛹室很小之外，其他的我都无法区分。我不知道它们都是谁的作品，我必须等待成虫出壳之后，才能用精确的名称来指称我所发现的东西。不过，一般说来，金绿花金龟的蛹壳上裹有它自己的粪便，这些粪是随意粘上去的；铜星花金龟和傲星花金龟的蛹室上则粘满烂树叶的残屑。

这种差异只能视为造蛹室的材料不同，而非某种专门的建造技术所致。我认为，金绿花金龟乐意在自己的排泄物中造蛹室，而别的花金龟则偏爱较干净的地方。外壳的不同，可能就是在于此。

三种大花金龟的蛹室很不稳固，它们没有粘在固定的物体上，它们造蛹室没有专门的地基。斑尖孔花金龟则稍有例外，如果它在烂叶堆里找到一块哪怕比手指还小的小石头，它也宁愿在石头上建造小屋。如果没有条件，它也可以不要石头，像其他花金龟那样，在不牢固的支持物上造蛹室。

a

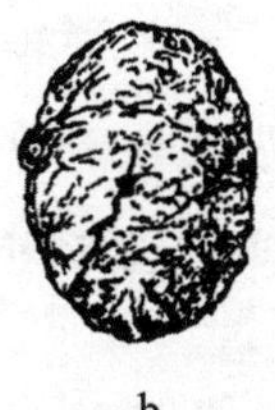

b

c

花金龟的蛹室

a.金绿花金龟　b.铜星花金龟　c.斑尖孔花金龟

由于幼虫和蛹的表皮比较娇嫩，所以蛹室的内面很光滑。蛹室的四壁很结实，能经得住指头的按压。它是用一种棕色的材料做的，究竟是什么材料很难确定。它可能是一种柔韧的浆，是由花金龟随意加工出来的，就像造陶器的人摆弄黏土一样。

花金龟制陶是不是也使用某种沃土呢？按照书本的说法，人们可能认为是这样的。书本上一致认为，鳃金龟、蛀犀金龟、花金龟和其他一些昆虫的蛹室是土质结构。一般来说，书本大都是盲目地互相抄袭，根本不是直接观察到的事实汇编，所以我不太相信书本上的话。对这个问题，我相当怀疑，因为花金龟幼虫生活在狭窄的范围内，身处烂树叶中，是找不到必要的黏土的。

我自己在这堆烂叶堆里四处寻找，也很难找到哪怕一小酒杯的黏土，更何况当花金龟幼虫化蛹的时刻来到时，便不再移动，它能做什么呢？它只能在它身边采集材料。它能找到什么呢？只是一些树叶的碎屑和腐殖土，这些质量低劣的材料是粘不住的，幼虫只能想别的办法。

说出这些办法，可能会使我受到令人发窘的指责，有人指责我是不知羞耻的唯实主义者。花金龟的方法可能会令他们大吃一惊，其实这些方法很简单，而且非常朴实。大自然没有人类的顾忌，它直截了当地实现自己的目的，而不管我们是赞同还是厌恶。把不合时宜的挑剔丢到一边去吧，如果我们想了解昆虫绝妙的技巧，我们就应该设身处地地像昆虫那样去思考问题。我们应该尽力向前进，而不要在事实面前退却。

花金龟幼虫将为自己制作一只箱子，它将在这只箱子里完成身体的变态。制作箱子是十分细致的活儿。它还将修建一座把自己围起来的场地，要为自己造间小屋。可是，花金龟幼虫无法利用外界的东西，它似乎一无所有。错了，一无所有只是一种表面现象。为了结茧，普通幼虫拥有丝管和喷丝头。蛴螬也一样，体内储藏着建筑材料，它甚至也有喷丝头，不过是在相反的一端，它的黏胶就储存在肠子里。

在它积极工作的日子里，幼虫拼命屙屎，它走过的地方留下了大量的棕色粪粒，就是证明。到了即将化蛹时，它屙得少了，它把粪便节约下来，蓄积成高质量的浆作为黏剂和填料。它的大肚子末端有个大黑点，是一只隐约可以看见的胶黏剂袋。这个供应充分的仓库非常清楚地透露了这个工匠的专长：花金龟幼虫专门以粪便来砌造它的建筑物。

如果要证据，请看下面的实验。我把已经老熟、准备化蛹的幼虫，一只只分别放在小短颈广口瓶里。由于要建筑就需要有支持物，我在每个瓶里放了重量很轻、移动方便的材料。第一个瓶里放剪碎的棉絮，第二个瓶里放小扁豆宽的纸屑，第三个瓶里放香芹籽，第四个瓶里放萝卜籽。我手边有什么便用什么，并不特别挑选。

幼虫毫不犹豫地钻进它们的同类从来没有进入过的环境中。瓶子里没有书中所说的用来造蛹室的土质物，也没有黏土。一切清楚地表明，如果幼虫真要砌墙，只能使用它自己生产的水泥。但是它砌墙吗？

是的，完全不错。不几天内，我就得到了漂亮而结实的蛹室，跟我从烂叶堆里取出来的一样，而且，这些蛹室外表更好看。如果是用棉絮做材料，蛹壳便裹着一层絮团状的羊毛；如果幼虫是在纸屑的床上，蛹室就盖着白色的瓦，仿佛雪花落在上面似的；如果是在香芹籽或者萝卜籽中，蛹室的外表就像肉豆蔻，边缘还有细粒的轧花裹边。花金龟幼虫的作品真是漂亮极了。人的诡计给造粪艺术家助了一臂之力，帮助它做出了小巧玲珑的工艺品。

纸屑、种子或者棉絮做成的蛹室黏结得非常好。蛹壳下面是真正的蛹壁，完全由棕色浆状混合物构成。有规则的表层令人以为这是幼虫有意识这么做的。当我看到金绿花金龟的蛹室上有时也装饰着漂亮的粪粒时，我也曾萌生过这样的想法，以为幼虫从身边采集到合意的石子，嵌到灰浆中，使它的小屋更加牢固。

但是，事实完全不是这样，根本不存在什么镶嵌。幼虫用圆圆的臀部把松散的原材料推到身子的四周，它纯粹靠身体的压力把原材料弄平，然后用灰浆一块块地固定，慢慢地形成一个卵形的小窝。然后它再从容不迫地涂上一层层的泥浆使之牢固，直至粪便用完为止。黏合剂所渗到的东西自然就成了混凝土，从此成为墙壁的一部分，而不需要建筑者再动手砌造。

要观察幼虫造蛹室的过程是不可能的，它在有遮掩的地方干活儿，不让我们看见；但是它操作的基本情况还是可以观察到的。我选择了一个蛹室，蛹室壁柔软，说明它还没完全造好。我在蛹室上开了一个不大的洞，如果洞太大，这个缺口会使幼虫灰心丧气，放弃修葺坍塌的拱顶；不是因为没有黏结剂，而是由于没有支撑物。

我用刀尖小心谨慎地在蛹室上挖开一个小洞。瞧吧，幼虫把身子蜷成几乎闭合的钩状，它不安地把头伸到我刚刚打开的天窗处，它想打听究竟发生了什么事情。它很快查明了事故，于是这个弯弓完全闭合起来，头尾相互接触，然后一用劲，建筑者便有了一团填料，是造粪工厂刚刚供应的。这么迅速地就造出粪便，肠子肯定要特别乐意配合才行。花金龟幼虫的肠子就有这本事，要它什么时候屙屎，它就什么时候屙屎。

现在轮到脚来露一手了，脚对于行走毫无用处，但在造蛹室时是得力的助手。它们在此时是些灵巧的小手，大颚咬住粪粒后，这些小手就协助扶住粪粒，把它转来转去，然后摊开来，经济节约地放到该放的位置上。大颚的双钳就是抹灰泥的抹刀，它把粪粒一小点一小点取下来，咀嚼，揉拌成灰浆，再把灰浆抹到缺口的边缘上，然后用头慢慢地把灰浆抹平。灰浆用完了，它又把身子弯起来，仓库非常听话地又排出了粪便。

修补规整的缺口，让我窥见了点滴情况，我足以推测里面发生了什么事。我们不用亲眼看见，也可以知道，这只蛴螬不时地拉屎，不断地更新它储备的黏胶。我注意到它用大颚采集土块，用足紧紧抱住，随意锯断，用嘴和额头将土块镶贴在墙面最薄弱的地方，再转动臀部，把墙弄得光滑。这个幼虫建筑工就在自己身上寻找修建大厦的砾石，不需用任何外来的材料。

这种使用粪便的才能，是这些肚皮大而有劲的幼虫与生俱来的。它们宽大的腹部系着褐色腰带，这根带子是职业的标志。这些幼虫用肠子褡裢盛装的水泥，为自己修建化蛹的小室。它们全都向我们展示出一种高级的经营管理科学。这种科学善于化卑俗为优雅，让一般人眼中低俗的粪便盒子诞生出金黄色的花金龟，它们是玫瑰的主人和春天的光荣。

第二章 豌豆象产卵

人类对豌豆评价很高。自古以来，人类通过越来越精细的耕作和精心的管理，想方设法让它结出更硕大、更细嫩、更甜美的果实。这种植物性格柔顺，受到和气的恳求就听任摆布，它终于给予怀着奢望的园丁企求的东西。我们今天离开瓦罗[①]和科吕麦拉等人的收获物多么久远啊！特别是离开原始的小硬豌豆和紫花豌豆，离开第一个用岩穴熊的半颌骨搔扒土地、种植野生果实的人多么久远啊！熊的犬齿过去曾经充作犁铧。在野生植物的世界里，豌豆的始源，究竟在哪里呢？我们地区没有与它相同的东西，在别处会找到吗？植物学用含糊的可能性来作为答复。

关于大多数植物的始源，人们同样一无所知。向我们提供面包而备受赞颂的禾本科植物小麦，是从哪里来的呢？谁也不知道。我们除了精心照管之外，就别再想在这里或者异国寻找它的根源了。在农业诞生的东方，采集标本的人从来未在没被犁头翻耕过的土地上，遇见过独自繁殖成长的圣穗。

关于黑麦、大麦、燕麦、萝卜、小红萝卜、甜菜、胡萝卜、笋瓜等很多作物的始源，我们仍旧不大了解。它们的始源地不为人知。若干世纪难以识透的虚幻事物，至多被人猜测而已。大自然把这些植物托付给我们时，它们充满了未经驯化的激情，具有普通食物的价值，正如大自然现在向我们提供的桑葚和灌木丛的黑刺李

① 瓦罗（前116—前27）：古罗马学者、讽刺作家，著有涉及各学科著作620卷，其中包括《论农业》。——译注

一样。大自然向我们提供这些植物时，它们处于不愿施予的粗胚状态。围绕着这些粗胚，我们不得不通过艰苦劳动和灵巧创造，耐心细致地积攒营养性的果肉。这是投下的第一笔资本，它就存放在翻耕土地者最殷实的银行里，利息不断增加。

作为食品供应仓库，谷物和豆类植物大部分是人工产物。我们将改造的作物，初始状态是卑微的，我们按照原样从自然宝库中取来。经过改良的品种是我们的技艺取得的成果，它们毫不吝惜地提供食物原料。

如果说小麦、豌豆和其他农作物对我们来说是必不可少，那么我们用精心管理作为正当的回报，对这些农作物来说就绝对必要了。我们的需求造就了这些植物，它们在生命的激烈搏斗中不能进行抵抗，如果被我们弃之不顾，不加以培植，尽管种子成千上万，仍然会很快消失殆尽；正如愚不可及的绵羊如果没有羊圈，就会在短期之内不见踪迹一样。

这些植物是我们的产物，但并不始终是我们独有的财产。在任何积存食物的地方，都有来自五湖四海的昆虫消耗者，它们自动前来参加丰盛的聚餐。食物越丰足，它们就来得越多。只有人类能够大力促使农业发达兴旺，因而成为宾客满座的盛大宴会的承办者。人类一方面制备更加美味、更加丰盛的食物，一方面又不由自主地把成千上万个饥肠辘辘的虫子，召引到他们储备的粮食中。他们的禁令徒劳无功地同虫子们的大颚进行斗争。随着作物产量的提高，更沉重的赋税就强加在人类头上。大规模的耕作、大量的作物、大量的储存，凡此种种都有利于我们的对手昆虫。

这是事物固有的规律，大自然一视同仁，以同样的热情用它丰满的乳房给所有的乳儿哺乳，向生产者，也同样热切地向别人财富的开发者喂奶。大自然为我们这些耕耘、播种、收获，把自己弄得筋疲力尽的人，也为小小的豆象促使小麦成熟。它们不用辛劳地在田间劳动，却仍然来到我们的粮仓里安家落户，并且用锐利的大颚一粒一粒地咬碎堆积的粮食，直到把粮食咬成糠。

大自然为我们这些用锄头翻地、锄草、灌溉，累得腰酸背疼，皮肤被太阳晒烤成褐色的人，也同样为豌豆象把豌豆荚鼓胀起来。豌豆象对田间的繁重劳动一无所知，当春回大地的欢乐到来时，在它活跃的那段时日，便从收获物中抽走它应得的那一份。

我密切跟踪这位卖力的绿豌豆什一税征收官豌豆象的活动。我是个积极的纳税人，我会听之任之。正是为了它，我在荒石园里播下几行它喜爱的植物。除了这些苗床以外，我没有别的对它有吸引力的东西。这位收税官五月准时到来。它知道在这块难以种植蔬菜的卵石地里，豌豆开花了。它作为昆虫税务官员，匆匆忙忙跑来行使它的职权。

它从哪里来？我不可能讲得准确无误。它来自某个隐藏处。它在那里，在冻僵的状态中度过气候恶劣的季节。盛夏时自动剥皮的悬铃木，在微微掀起、剥落的木栓质表皮下，为无家可归的落难的虫子提供极好的避难帐篷。在这样的住所里，我常常遇见我们的豌豆开发者豌豆象。只要气候恶劣的季节还在猖獗肆虐，它就躲藏在悬铃木的枯皮下，或者用别的办法得到保护。温暖的阳光刚刚轻柔地抚摸它几下，它就从麻木中苏醒过来。本能的历书向它提供信息，它像农夫那样对豌豆开花期了如指掌。到了这个时期，它们便从四面八方迈着细碎而轻捷的快步，来到喜爱的植物那里。

小头、细嘴、穿着布满褐色斑点的灰色衣服、长着扁平的鞘翅、尾部有两个粗大的黑斑、身材矮壮，这就是这位来客的粗略速写。五月上旬过去了，早到的客人已经莅临。

豌豆象在白蝴蝶似的花上安营扎寨，神态傲然。一些定居在花瓣下，一些躲在子房的小盒子里，另外一些为数更多，它们搜索、占据花丝。产卵时刻还没有到来。上午天气温和，阳光强烈，但不会使人感到厌腻。这是在灿烂的阳光照射下婚配的至福时刻，豌豆象们享受着生之欢乐和幸福。它们一对对配好对，时而分开，时而重聚。将近中午，烈日当空，气温太高，每只雄虫和雌虫都退避到花的褶子里。花的隐蔽角落它们是那么熟悉。明天它们将再度联欢，后天还将继续，直到一天天膨胀起来的豌豆果实弄破子房的小盒子。

几只产卵的豌豆象心急如焚地把卵托付给初生的豆荚。稚嫩的豆荚扁平，细小，刚刚褪掉花蒂。这些匆忙中产下的卵，或许是被不能等待的卵巢强制排除的，它们的处境似乎岌岌可危。豌豆象幼虫将安家落户的种子，这时还只不过是脆弱的细粒，不坚固，没有粉质。豌豆象幼虫除非耐着性子，直到豌豆果实成熟，否则在那里是找不到便餐的。

但是，豌豆象幼虫一旦孵出，能够长时间不进食吗？不能，我看到的一点情况可以肯定，豌豆象幼虫要尽快入席就餐，不然就会夭折。因此，我认为在不成熟的豆荚上产下的卵是没有希望的。但是，豌豆象种族的兴旺不会因此受到损害，因为豌豆象非常多产。此外，我们稍后就会看到，它产卵时大手大脚，毫不在意，大部分卵注定会死亡。

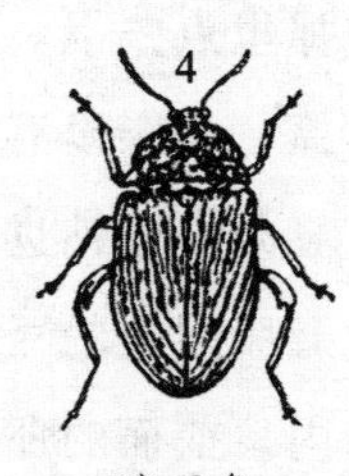

豌豆象

五月末，当豌豆荚在籽粒的推动下变得多节时，就差不多成熟了，豌豆象母亲的主要工作也完成了。我很想看看豌豆象以昆虫分类学者给予它的象虫科昆虫这个身份干活儿[1]。其他象虫都带有长喙，它们有根尖头桩，安放卵的窝就用这个工具构筑。豌豆象却只有一只短喙。这只喙用来收集几口甜食十分管用，作为钻孔工具却派不上用场。

因此，豌豆象安置家庭的方法是迥然不同的，它不像欧洲栎象、熊背菊花象、黑刺李象等象虫那样，做细致灵巧的准备工作。豌豆象母亲没有钻头，把卵撒布在露天，卵不能受到保护免遭灼人的烈日和恶劣气候的侵袭，没有比这更简单的了。对卵来说，也没有比这更加危险的了，除非它们具有一种适于抵抗炎热、寒冷、干燥、潮湿等苦难的特殊体质。

上午十点，在温暖阳光的照射下，豌豆象母亲迈着忙乱的步伐，从上到下，再从下到上，先在选定的豌豆荚的一面，接着又在另外一面行走，不时展露出一根不太粗的产卵管。这根管子向左、向右摆来摆去，似乎想把豌豆荚表皮划破，接着产下一枚卵。这枚卵一经安置就被弃之不顾。

豌豆象的产卵管急急忙忙地在豌豆荚的绿皮上，这里点一下，那里点一下。事情完结了，卵留在那里，在光天化日之下，毫无遮掩。母亲没有选择合适的场地来帮助未来的豌豆象幼虫，使它们在必须自己钻进食橱时减少搜寻的辛劳。一些卵被安置在被豌豆种子鼓胀起来的豆荚上，另一些则被安置在像贫瘠小山谷似的豆荚隔膜内。前面的那些卵差不多接触到了粮食，后面的那些则远离粮食。因此，豌豆象幼虫必须自己辨别方向，去寻找需要的粮食。简而言之，豌豆象产卵杂乱无章，使人想到农夫在田间播撒种子。

---

① 在法布尔的时代，豆象与象虫一样都属于象虫科。现在，豆象已独立出来，归类于豆象科。——校注

更为严重的是，托付给同一个豌豆荚的卵数与豌豆荚的籽粒数不成正比。一条豌豆象幼虫需要一粒豌豆，这是必需的配给量。一粒豌豆对一只幼虫的福利来说，绰绰有余，十分宽裕；但对几个消耗者，哪怕只有两个消耗者，就不够丰盛。每条豌豆象幼虫一粒豌豆，不多也不少，是永恒不变的定律。

生殖的经济合理性需要豌豆象了解豌豆荚果内的情况，并限制产卵的数量。产卵数量必须与荚果包藏的种子数量成比例。然而，豌豆象母亲不加限制，狂热的卵巢总是让众多的消耗者去抢食单一的配给量。

我所有的统计结果一致表明：安置在一个豆荚上的豌豆象卵的数量，总是超过，令人吃惊地超过可供利用的豌豆籽粒的数量。不管盛装粮食的褡裢多么干瘪，应邀者总是过多。比较豆荚的籽粒数与豆荚上被辨认出的卵数，我发现一粒种子有5～8个觊觎者，而且还没有迹象表明，大量产卵的现象不再变本加厉。应召者是如此之多，而被选中的又如此之少，所有多余者来这里干什么呢？由于没有席位，它们肯定会被赶出宴席。

豌豆象的卵呈琥珀色，相当鲜艳，圆柱体，非常光滑，两端呈圆形，长不过一毫米。每枚卵都用凝固生蛋白的细纤维网黏附在豆荚上，刮风下雨都没有影响。

豌豆象往往成双产卵，一枚卵产在另一枚卵上面。一般来说，产在上面的那枚能够孵化，下面那枚却萎缩、死亡。对后者来说，要孵出一只幼虫，缺少什么呢？可能缺少阳光的温暖孵育，同伴的荫蔽遮挡了这份温暖。由于掩盖它的不合时宜的挡光板效应，或者其他情况，双卵组中先产下的那枚，很少遵循正常的成长发展过程，它在豆荚上凋谢，没有活多久就死去。

这种夭折现象也有例外，有时一对卵发育的情况同样良好，但极为罕见。如果二元制恒久不变，豌豆象的家庭成员就会减少一半。如果让大部分卵一枚枚产下，而且孤立分布，或许可以减缓卵的死亡。这种方法不利于我们的豆荚，但有利于豆象。

刚孵化的幼虫就像一根弯曲的浅白色或带白色的小带子。这根带子在卵壳附近翘起，损伤豆荚的表皮，在表皮下钻一条通道。幼虫在那里行进，寻找钻入部位。钻孔点找到后，身长不到一毫米、浑身苍白的小虫，戴着黑色的防护帽在豆荚的壳上钻洞，下到宽敞的豆荚里。

小虫到达豌豆籽粒后，住在最近的一粒上。我用放大镜观察它，探查它的豌豆小球世界。它在豌豆籽粒上挖掘一个垂直井坑。我看见一些小虫身子一半下到井坑，摇动井坑外的身子后部，使自己有股冲力。很快，这个豌豆象矿工消失了，它钻进了自己的家里。

入口很细小，但因为它在豌豆淡绿色或金黄色的表皮上呈褐色，因而任何时候都容易辨认出来。入口没有固定的位置，总的来说，除了在下半部，豌豆象随便在豌豆籽的表面上钻口子。

豌豆籽的胚位于下半部，因此它在生长期间，不会受到伤害，能够发育成胚芽。尽管豌豆象幼虫在种子上钻了个大洞，为什么这个部位却完好无损呢？是什么原因让豌豆籽受到保护呢？

不用说，豌豆象对园丁并不关心。豌豆供它食用，仅仅供它食用而已，会招致种子灭绝的那几口它自己不吃，目的并不是减轻豌豆的损害。它自我克制另有原因。

首先，豌豆互相接触，一粒紧挨一粒，寻找攻击部位的豌豆象幼虫，不能随意在豌豆上面通行。其次，豌豆的下端因瘿瘤而变厚，这个阻碍是在豆籽表皮上钻孔从未碰到过的。这个瘿属于特殊构造，还具有令豌豆象幼虫讨厌的特殊液汁。

毫无疑问，这就是豌豆虽然被豌豆象开发，但是仍然保存着发芽能力的全部秘密。它们破损不堪，但并没有死亡，因为受到入侵的是次要的部分。这个部位既比较容易进入，又比较不容易受到损害。此外，由于整粒豌豆对一条虫来说过于丰盛，物质的损耗于是减缩到消耗者所偏爱的那个部分，而这个部分并不是豌豆籽粒的主要部分。

如果有其他条件，如果有体积减缩得很小，或者体积过大的种子，我们就会看到结果将完全改变。在第一种情况下，粮食供应过分菲薄，在豌豆象幼虫的大颚下，豌豆胚芽就会灭亡，像其余部分那样被啃噬掉。在第二种情况下，丰盛的食物允许有好几个消费者一起用餐。由于缺乏喜爱的豌豆，野豌豆和粗大的蚕豆也被豌豆象开发，我从中了解到了一些情况。颗粒小的种子被啃食耗尽到只剩下一层皮，成了废墟。人们徒劳地等待着它发芽。相反，颗粒大的豆类种子，尽管上面有象虫的多间寝室，仍然保存着破土发芽的能力。

在豌豆荚这个工地上，豌豆象卵数总是多于豌豆里的籽粒；而每粒被占领的豌豆只是一条豌豆象幼虫独有的财产。人们不免寻思，多余的豌豆象幼虫会变得怎么样呢？当最早熟的虫子在豌豆荚食橱里占好位置后，多余的幼虫会死在外面吗？它们会在抢先占领者冷酷无情的大颚下倒下吗？然而，事实回答说，都不是。现在我来叙述一下事实吧。

就在这个时刻，在每粒豌豆象成虫钻出来，留下一个大圆孔的老豌豆上，我用放大镜可以看出细小的橙黄色斑点，数量变化不定。这些斑点的中央穿了孔，它们是什么？我数了数，在一粒豌豆上有五六个斑点，甚至还更多，我不可能弄错。有多少入口，就有多少只小蚯蚓似的虫子；因此，有好几位开发者进入了这粒种子内部。一群虫子中只能有一只存活、长肥、长粗，最后成年，其余的变得怎么啦？我们来看看吧。

五月末和六月是产卵时期，我检查了还十分嫩绿的豌豆，几乎每粒受到侵害的种子都有好几个斑点，我曾在被豌豆象抛弃的干豌豆上观察到的那种斑点。这是群居豆象相聚的标记吗？是的。我打开那粒种子，分开子叶，必要时再细分。我看见几只豌豆象幼虫待在食物内部的一个小圆窝中。它们十分幼小，弯成弓形，胖乎乎的，动个不停。

在这个团体里，似乎一片祥和安宁，没有争吵，没有邻里之间的妒忌和竞争。进餐开始了，食物很丰盛，就餐者被子叶还没被触动的部分形成的隔膜分开。这样隔室用餐，就不必担心发生打架斗殴，在共同就餐者之间，不会因为不小心或者故意用大颚互相碰触一下。对全体占有者来说，所有权相同，胃口相同，力量相同。那么，共同开发会有怎样的结局呢？

我把一些有豌豆象居住的豌豆剖开，放在玻璃试管里，每天都剖开一些。我了解到，共栖昆虫的发育最初并没有什么特别的。每只豌豆象幼虫被隔离在它的小巢里，啃食周围的豆肉。它进食精打细算，十分节约，宁静安详。它还很小，一丁点东西就让它吃得饱饱的。然而，一块豌豆糕不够这么多虫子一直吃到最后，饥荒即将发生。除了一只外，其余的全都会死亡。

现在，豌豆里的确很快改变了面貌。豌豆象幼虫中的一只，在豌豆种子里占据中心位置的那一只，比其他的虫子更快长粗。它刚刚有了比竞争对手大的块头，竞争对手就停止进食，克制自己向前搜索。它们一动不动，听天由命。它们死了，惬意的死亡带走了不自觉的生命。它们消失，被溶解，被灭绝了。这些牺牲了的可怜虫还多么小啊！从此以后整粒豌豆就属于独一无二的幸存者。在使周围邻居减少的得天独厚者那里发生了什么呢？我缺乏切题的答复，只能提出猜测。

在比其他部分更加温和地由太阳的神秘功能制备的豌豆中心，难道没有婴儿食物，没有更适合娇弱的豌豆象小虫的柔软肉质吗？也许在那里，胃受到一种细嫩、味美的甜食刺激，健壮起来，有了活力，变得适于接纳不易消化的食物。婴儿在吃稀糊之前，在吃身强力壮者食用的面包之前，只吃乳制品。豌豆的中央部分难道不会是哺乳豌豆象小虫的乳房吗？

所有的豌豆种子开发者意图相同、权利相同，全都奔往味美的食物。行程十分艰辛，栖身所重复出现，这些临时窝巢，只供开发者休息。在等待更好的美食时，它们有节制地咬碎周围成熟的豆肉。它们用大颚啃咬，主要是为自己打开一条通路，而不是进食恢复元气。

最后，一只豌豆象幼虫挖掘者在向导的帮助下，到达了种子中心的乳品厂。它在那里定居下来，事情完结了，其他的幼虫只有死亡一条路。它们怎样被告知席位已经被别人占据了呢？它们听见同胞用大颚敲打小间的内壁吗？它们在一段距离之外感觉到啃啮时产生的震动吗？类似的情况可能发生过，因为从那时起，它们就不再尝试进一步地探测。迟到者不同幸运的暴发户进行斗争，没有尝试去赶走它，而是让自己死亡。我喜欢这些晚到的豌豆象幼虫单纯、老实、听天由命的性格。

第三章 豌豆象幼虫

另一个条件空间，也主要影响豌豆象幼虫的生存。在各种豆象中，豌豆象身体最粗大。当它成年时，需要一个相当宽敞的住所，其他同龄的种子开发者并不需要这样宽敞的家。一粒豌豆只能向一只豌豆象提供一间足够宽敞的居室，两只虫子共居是不可能的，因为即使互相紧紧挨靠，空间也不够宽，必须毫不留情地精简虫数，在受到侵袭的豌豆种子内，清除所有的竞争者，只剩一只存活。

蚕豆几乎与豌豆一样深受豌豆象的钟爱，它却能够接纳一群豌豆象住宿。我刚才谈到的独居者在蚕豆那里成了群居者，蚕豆里可以容纳多间独立的小卧室，供五六只甚至更多豌豆象幼虫居住。

每只豌豆象幼虫都能在能力范围内，找到婴儿期的糕饼。一粒豌豆就是一个面包，外层是面包皮，内层是面包心，美味的面包心就是幼虫的婴儿饼。

在豌豆这个普通的小球里，内层占据中心部分。豌豆象小虫必须到达这个狭窄的中心位置，否则就会死亡。然而，在蚕豆这个大面包里，内层有两片扁平的蚕豆瓣。每只幼虫不管从哪里蛀蚀粗大的蚕豆种子，只要一直向前钻洞，不久就能找到它所渴望的食物。

在蚕豆里，情况会怎么样呢？我数了数贴在一根蚕豆荚上的卵，并统计豆荚里的豆子粒，然后比较两种统计资料。我发现，按照每个豌豆象家庭有五六个食客计算，对这个家庭来说，这只蚕豆荚有很宽阔的空间，不会再出现一从卵里孵出就饿死的多余者。每只虫子都拥有丰盛的食物，都能够使子孙繁衍兴旺。丰足的粮食与豌豆象母亲产卵的总数是成比例的。

如果豌豆象始终选用蚕豆安置家小，我就能够理解为什么豌豆象母亲会在同一根蚕豆荚上播满卵。蚕豆荚里食物丰盛，而且容易获得，于是召引来了一大窝虫。可是，豌豆使我感到困惑不解。豌豆象母亲由于什么差错，把子女送到不够食用的豌豆荚上，忍饥挨饿呢？为什么这么多应邀者围着一粒豌豆，可是这粒豌豆只够一只豌豆象的口粮呢？

在生命的总结算表上，事物不是这样发生、发展的。某种预见支配着昆虫的卵巢，使它们根据可消耗物质的丰裕或者稀有程度，控制消耗者的数量。粪金龟、飞蝗泥蜂、葬尸甲等家庭食品罐头的备办者，严格限制自己旺盛的繁殖力；因为面包房里的软面包、一筐筐的野味肉、埋尸坑里的腐肉，很难获得，而且数量很少。

丽蝇则成包地产卵。它对尸体这取之不尽、用之不竭的财富满怀信心，于是就在那里大量安置它的蛆虫，根本不考虑数量大小。还有些昆虫使用机灵狡诈的手段抢劫食物，新生儿可能遇到成千上万起致人死命的意外事故，于是，母亲就用大量的卵来抵消可能出现的毁灭。比如芫菁科昆虫，它在十分危险的情况下，盗窃别人的财富。

豌豆象既不了解不得不限制家庭人口的劳动者的辛劳，也不了解被迫扩大家庭人口的寄生者的苦难。它随心所欲，不花力气去寻找，只要在阳光朗照之下，在喜爱的植物上溜达，就能够为每个家庭成员留下足够的财富。它能够这样做，然而，疯狂的豌豆象想让它的小虫超量居住在豌豆荚里。这根豆荚可是个会让大部分虫子死亡的哺乳室啊！对这种愚蠢荒谬的行为，我大惑不解，它同昆虫母亲高瞻远瞩的本能背道而驰。

于是我倾向于认为，在地球财富的分配中，豌豆不是豌豆象最初分得的一份口粮。它那一份可能是蚕豆，蚕豆能够用一粒种子，留住半打共餐者，甚至更多。有了颗粒大的种子，昆虫的产卵数和粮食定量之间，就不再明显地不成比例了。

此外，毫无疑问，在多种不同的豆类中，蚕豆起源最早。它那硕大的颗粒和鲜美的滋味，当然自古以来就肯定引起了人们注意。对挨饥受饿的人们来说，这是一口现成的、价值非凡、极其重要的食物。因此，人们迫不及待地在住宅外，在用烂泥黏合树枝建筑的茅屋外的园子里种植它，这就是农业的开始。

中亚的移民通过驿站之间漫长的道路，用他们长着胡须的牛，套着用圆木做轮子的车，首先把蚕豆，然后把豌豆，最后把谷物带到我们的蛮荒之地。他们还为我们带来牛羊群，还让我们知道青铜这种最早用来制作工具的金属。他们给我们的土地带来了文明的曙光。

这些古代的创始者、传授者不自觉地，把蚕豆连同今天与我们争夺这种豆子的昆虫带给了我们吗？我对此表示怀疑。豌豆象似乎是土生土长的，至少我发现它向我们地区的许多豆科植物征收贡税，这些植物从来没有引诱人的贪欲。豌豆象常常大量聚集在树林里的大山黧豆上。这种植物有一串串漂亮的花朵和美丽的长豆荚。它的种子不大，比豌豆小多了。但是，每粒种子都被从内向外咬碎到了皮壳，居住在里面的幼虫繁衍兴旺。

大山黧豆的种子相当多，我数了数，每根豆荚里有二十来粒种子。这是一笔豌豆即使最多产时也没有过的财富。优质大山黧豆没有过多的残渣，因此，足以养活托付在豆荚里的豌豆象幼虫。

如果树林里的山黧豆偶然短缺，豌豆象便一如既往，在一只具有类似味道，却不能养活所有幼虫的荚果上，例如在野豌豆上，产下大量的卵。在不够大的荚果上，产卵数量还是很大，因为在原始时期，植物由于繁多量大，或者由于籽粒粗大，能提供丰盛的食物。如果豌豆象的确是外来者，那么，蚕豆就是它最初的开发物；如果豌豆象是土生土长的，大山黧豆就是它最初的开发物。

几个世纪前的某一天，豌豆来到了我们这里，种植在史前时代的小园子里。蚕豆虽然先于它来到，但人们发现豌豆比蚕豆更好。于是，蚕豆在向人提供服务之后遭到了遗弃。豌豆象也以人类为榜样，把它的大本营转移到豌豆。几个世纪后，豌豆成了广泛种植的作物，但豌豆象并没有把蚕豆和山黧豆完全抛到脑后。今天，我们应该把豌豆分为两份，豌豆象按照自己的方式，征取它的那份赋税后，把剩下的一份留给我们。

昆虫，我们丰足而优质的农产品的儿女，它们的繁衍兴旺从另一方面看，是衰败没落。对象虫和对我们来说都一样，食物方面的进步并不总是完美的。它的家族利用得更好，获益更多，仍然俭朴节省。豌豆象在蚕豆和山黧豆上建立的移民地，婴儿死亡率很低，每只豌豆象都有自己的地方。而在豌豆这个绝妙的糖厂里，大部分受邀客人死亡，口粮份额不多，求粮者却有一大群。

别再在这个问题上转圈了，我们去探查由于兄弟死亡而变得孤单的豌豆象幼虫的情况吧。这只幸存的虫子与死亡毫不相干，是机遇帮了它的忙。在豌豆籽中央，在这个富饶的僻静处，幼虫唯一需要做的事，就是进食。它啃咬周围的豆肉，扩大那个它一直用多肉的大肚子塞得满满的窝。它身姿优美、胖胖乎乎，闪着健康的光泽。如果我打扰它，它就在小窝里懒洋洋地转动身子，轻轻地摆头，用这种方式来抱怨我的纠缠。让它安静吧！

这个豌豆象隐士发育得非常快、非常好，当盛夏来临时，它已经在忙着准备从豌豆里出来。豌豆象成虫没有足够的工具，为自己打开一条通过豌豆的出路。豌豆现在已经完全变硬，豌豆象幼虫知道以后自己会无能为力，于是未雨绸缪，使用完美的技艺，用坚硬有力的大颚钻一个出口井。井坑浑圆，内壁十分干净。我们用来加工象牙的雕刻刀，也比不上这个如此灵巧的大颚。

事先准备好逃跑天窗还不够，幼虫还必须周密地考虑到蛹期所需的宁静。闯入者可以通过敞开的天窗进入，会使没有受到防护的蛹处于险境。因此，幼虫会将这扇天窗关闭起来。怎么关闭呢？豌豆象幼虫的方法很巧妙。

豌豆象钻逃跑洞口时，啃咬下来的豆粉，没留下一点碎屑。它钻到豌豆皮后突然停下，留下一层半透明的薄膜。幼虫住在凹室里化蛹，这层薄膜就是防护屏障，是保护小屋不受居心叵测之徒入侵的封盖。

这层薄膜也是豌豆象成虫迁居时会遇到的唯一障碍。为了使这个障碍易于翻转掉落，豌豆象幼虫在内部，紧紧围绕这个盖子，雕刻一条阻力较小的沟槽。成虫羽化后，只须用肩膀、额头撞一下，就可以撬起圆形小垫片，使它像盒盖那样落下。外出小孔透过半透明的豌豆皮，好似圆圆的大斑点，阴暗的庄园使得这个斑点也变得阴暗。斑点下面发生的事隐藏在毛玻璃舷窗的后面，我无法看清。

这扇舷窗的封盖是个多么巧妙的发明啊！它是抵御入侵者的堡垒，它是豌豆象隐士用肩膀一撬就可以撬起的活门。我们将为这项发明向豌豆象祝贺、致敬吗？灵巧的豌豆象会设想出这个举措吗？它会思考一项计划，并且根据它自己制作的工程预算表劳动吗？对豆象的脑袋来说，这是个圆满的成功。然而，在下结论以前，我们还是让实验来说话吧。

我剥去有豌豆象居住的豌豆表皮，把豌豆放在玻璃试管里，使它们避免过快干燥。豌豆象幼虫在试管里，和在表皮完好的豌豆里一样繁衍兴旺，老熟后进行解脱的准备工作。

如果豌豆象矿工在灵感的指引下行动，如果它不时仔细检查天花板并探明天花板足够单薄时，便停止扩延地道，那么，现在它会干什么呢？豌豆象幼虫感到已经接近表皮时，就会停止钻洞，它不会损坏裸露的豌豆表皮这个必不可少的防护挡板。

然而，实验结果不是这样的。幼虫一直往外挖掘井坑，井口完全裸露，略微打开。这个出口如此宽敞，如此精雕细作，如此完好，就好像还受到豌豆表皮保护一样。安全因素丝毫没有改变幼虫平常的工作。敌人能够自由出入这个住所，可是幼虫并不为此担心。

当幼虫克制自己，不再继续往豌豆表皮钻洞时，它并没有想得更多。它忽然停下来，是因为缺乏豆粉的表皮不合它的胃口。我们烹饪时，除去豆皮，只留下豆泥，因为豆皮不好吃。看样子，豌豆象幼虫同我们一样，它厌恶豌豆那层啃不动的羊皮纸似的表皮。它在豌豆表皮下停下，是它厌恶的食物提醒了它。这种厌恶情绪产生了小小的奇迹。昆虫没有逻辑头脑，被动地听从一种高级逻辑，并没有意识到自己的技艺，这种无意识的程度不亚于结晶物质有条不紊地集中它的大量原子。

八月，有时稍早一些，有时稍晚一些，一些豌豆上出现了黑点，总是每粒种子上一个，没有例外。这是外出的舱口，九月的大多数时间都敞开。用钻孔器钻出的封盖干净利落地彻底脱离，掉到了地上，居室的出口畅通无阻，衣着光鲜的豌豆象成虫走出来了。

这是个美妙的季节，百花盛开，千枝万朵，被骤雨淋醒，豌豆上的移居者在秋天的欢乐中探访花朵。然后严寒来临，这些隐居者在普通的隐蔽场所越冬。其他一些豌豆象成虫，数量同样多，却不那么急于离开出生的种子。在气候严酷的季节里，它们留在种子上，躲在盖子后面，一动不动，避免震动这只盖子。当盛夏来临，封盖边缘抵抗力较弱的沟槽裂开，打开小屋的门。那时，晚到者搬迁，同早到者会合。当豌豆开花时，大家都准备开始干活儿了。

仔细观察昆虫本能那无穷无尽、多种多样的表现，对观察者来说，是昆虫世界的巨大诱惑，因为关于生命的奇妙，没有比这里显露得更好的。我知道并非人人都欣赏被这样理解的昆虫学，研究昆虫的行为和活动的天真幼稚之人不被人们放在眼里。对功利主义者来说，一小把免遭豌豆象吃掉的豌豆，比一批不带来眼前利益的观察报告更加重要。

缺乏信仰的人，谁对你说过，今天没有用的东西明天不会有用呢？我们了解了昆虫的习性，就能够更好地保护我们的财富。别对不计较利益的思想观念嗤之以鼻，否则我们会后悔莫及的。人类通过整合可以立刻应用或者不能应用的思想，现在变得比过去更好，将来会继续变得比现在更好。虽然我们以豌豆或者以豌豆象同我们争夺的蚕豆维生，但是，我们也以知识维生。知识是个坚硬牢固的揉面缸，进步的面团在这只缸里拌和、发酵。思想观念的价值并不亚于蚕豆。

思想观念还对我们说：种子贩子不需要向豌豆象开战。当豌豆到达仓库的时候，损失已经造成，无法弥补，但情况不会变坏。不管混杂在一起的时间多长，完好无损的豌豆不必担心挂虑，害怕与受到损伤的豌豆相邻接触。豌豆象成熟后，便会从受到损伤的豌豆里出来。如果可能逃脱，它会从粮仓飞走。否则，它就会死亡，丝毫不会危害仍然完好无损的种子。在我们食用的干豌豆上，从来没有豌豆象卵，从来没有新一代幼虫，也从来没有成虫造成的损害。

豌豆象不是定居粮仓的主人，它需要充足的空气、阳光、田野的自由。它很有节制，根本不屑于啃食费劲的豆荚。对它灵敏的喙来说，在花上吮吸几大口蜜就足够了。而豌豆象幼虫需要的是绿豌豆松软的蛋糕，这时，绿豌豆正在生长，隐藏在豆荚中。因此，进入粮仓的破坏者，不会在粮仓里迅速大量繁殖。

灾害的根源在田野。在同豌豆象进行斗争时，我们并不总是菩萨心肠、无能为力。在田野里，特别适于监视豌豆象为非作歹。这种小虫因数量巨大、个子短小、奸诈狡猾，我们根本无法将它们全部消灭。它嘲笑人类的愤怒，农夫呵斥咒骂，豌豆象却无动于衷。它镇定自若，继续征收什一税。幸好一些虫子助手来到了我这里，它们比我们更有耐性，更加明智。

八月的第一个星期，当豌豆象成虫开始迁移的时候，我结识了一只很小的小蜂，我们的豌豆保护者。在我的眼前，在我饲养豌豆象的短颈广口瓶里，小蜂大批从豌豆里飞出来。雌小蜂有橙红色脑袋和胸部，黑色腹部带着螺钻。雄小蜂身子稍微小些，穿着黑色衣服。雌雄小蜂都有淡红色足和丝状触角。

豌豆象的克星为了走出豌豆，自己在豌豆表皮的小圆形封盖中央打开一扇天窗。这块封盖是豌豆象幼虫为了未来的解脱而制造的，被吞食者为吞食者铺平了外出的道路。根据这个细节，其余的就可想而知了。

当豌豆象幼虫准备化蛹时，当外出的孔洞钻通时，小蜂忽然急急忙忙地到来了。它仔细观察豌豆，用触角仔细检查，发现了表皮的薄弱部位。它于是把探测尖头桩竖直，插进豆荚里，在薄薄的封盖上钻洞。豌豆象不管退隐到种子中心多么深，不管是幼虫还是蛹，都会被这个长长的产卵器触及。小蜂在豌豆象细嫩的肉上放置一只卵，事情就办成了。豌豆象不可能进行防御，它这时是处于半醒半睡状态的幼虫或者蛹。胖娃娃的身体会被小蜂幼虫吸干，只剩下一层皮。

我不能随心所欲地帮助这个狂热的消灭者繁殖，多么可惜啊！唉，这是令人大失所望的恶性循环。在这个循环里，我们被田野的助手小蜂约束住了。如果我们有大批豌豆象杀手小蜂来帮助我们，就必须先有大批的豌豆象。

第四章 菜豆象

如果仁慈善良的神在尘世播下一种豆子，这种豆子一定就是菜豆。菜豆有种种优点：吃起来像面团那样柔软，有令人喜爱的美味，产量很高，价格低廉，营养丰富。这种植物性的肉，不令人厌恶，没有腥味，好似从屠户的砧板上切下的鲜肉。为了尽量让人想起它的效用，普罗旺斯方言把它叫作“鼓起穷人肚子的豆子”。

神圣的菜豆，你是穷人的安慰。你价格低廉。是的，你使穷人的肚子鼓胀起来。这些人是劳动者、好人、能人，在疯狂的生命博彩中，中奖号码从不落在他们身上。温良宽厚的菜豆，你加上三滴油和一点醋，就成了我青少年时代的美味佳肴。现在，当我处于迟暮垂老之年，你在我可怜的菜盘里仍然大受欢迎，让我们做朋友做到底吧！

今天，我的意图不是颂扬你的优点和功绩，我只问你一个好奇的人的问题。哪里是你的出生地？你同蚕豆、豌豆都来自中亚吗？你是栽培先驱从他们的小园子里为我们带来的吗？古人知道你吗？

昆虫，公正的见证人和消息灵通者回答说：“不，在我们地区，古人不知道菜豆。这种宝贵的豆子不是经过与蚕豆相同的路来到我们这里的。它是外来者，很晚才进入旧大陆。”

昆虫的话理由充足，讲的都是事实，值得认真考虑和研究。很久以来我就一直关心农业方面的事物，但从来没有见过受到任何一个昆虫抢劫者侵害，特别是受到豆科植物种子的开发者豆象侵害的菜豆。

我就此请教我的农民邻居。关于他们的收获物，这些人非常警觉。碰触他们的财富，是滔天罪恶，很快就会被发现和揭露。此外，家庭主妇在篮子里一粒一粒剥下锅的菜豆时，肯定会在细心的手指下找到为非作歹的家伙。

啊，农民邻居一致对我的问题报之以微笑，似乎不大信赖我那些关于小虫子的知识。他们说："先生，你得记住，菜豆里从来就没有什么蠕虫。菜豆是一种被降福的种子，是不受豆象打扰的。豌豆、蚕豆、扁豆、山黧豆、小豌豆都有它们的害虫，而鼓起穷人肚子的豆子，从来没有。如果真有个竞争者来同我们争夺这种豆子，我们这些穷人怎么办呢？"

的确，豆象根本不把菜豆放在眼里。如果人们想想其他豆类受到怎样疯狂的侵犯，这倒真是一种奇怪的藐视呢！所有豆类，包括瘦小的扁豆，都被豆象积极地开发。尽管菜豆的大小和滋味都非常诱人，却仍然完整无损，真令人百思不得其解。既然从好的到差的，又从差的到好的，只要豆类，豆象都毫不犹豫地照单全收，又有什么理由对这种美味的籽粒不屑一顾呢？它离开山黧豆去到豌豆，离开豌豆去到蚕豆和野豌豆，既对平凡的籽粒，也对丰满的糕饼感到满意。但是，它对菜豆的诱惑不加理睬，漠然置之，这是为什么？

显然，对豆象来说，这种豆子是陌生的。对其他豆类，包括来自东方但适应了本地水土的豆子，好几个世纪以来豆象都很熟悉。它每年都测试这些豆类的优良性质。它对过去的经验教训深信不疑，按照古代的习俗进行未来的安排。菜豆这个新移民，直到现在，它还不了解它的优点。因此，它认为是靠不住的。

昆虫明确地肯定，在我们这里，菜豆是新近才有的植物。它从千里之外的新世界，来到我们这里。任何可以食用的东西，都会招引开发者来食用。如果菜豆原产于旧大陆，它就会有以豌豆、扁豆等豆类的方式召引来的消耗者。豆科植物最小的种子，它不比一根别针的针头大，也同样喂养它的豆象，一种昆虫矮子。这个矮子耐心地咬碎这粒种子，把它挖掘成住所。而菜豆这粒胖乎乎的、味道鲜美的豆子受到了赦免。

对这种奇怪的豁免权，我只能这样解释：菜豆和马铃薯、玉米一样，是新世界送来的礼物。菜豆来到我们这里时，没有昆虫伴随。它在出生地，理所当然有它的开发者。它在我们地区的田野里，遇到的是另外一些耗食种子的昆虫。这些昆虫不了解它，就对它不屑一顾。同样，玉米和马铃薯在这里也没有受到侵害，除非耗食种子的美洲昆虫偶然进入这个地区，突然来临。

昆虫的话已被古老的经典作品中的证词证实。据这些作品记述，在农民那土里土气的餐桌上，菜豆从来没有出现过。在维吉尔的第二首牧歌中，特斯梯利丝为收割庄稼的人准备餐点：

特斯梯利丝的餐点有各种不同的菜肴。

这种食物好似蒜泥蛋黄酱，对普罗旺斯人的喉咙来说十分珍贵。这些食物写在诗里效果良好，但不实惠。人们宁愿要耐吃的菜肴，宁愿要用葱花做调料的红菜豆。这种菜肴真是好极了，一下子就把肚子填满了，而且还保持着乡村风味，一点也不比大蒜差。这些庄稼汉吃饱了肚子后，在一片蝉鸣声中，中午时分，可以在庄稼收割后，晒在地上的禾捆堆的阴影里打个盹，慢慢消化。我们现在的特斯梯利丝们，和她们古代的姐妹没有什么两样。请注意不要忘掉鼓起穷人肚子的豆子，这可是胃口大的人的经济来源啊！诗人笔下的特斯梯利丝没有想到这一点，因为她不认识这种鼓起穷人肚子的豆子。

维吉尔还向我们描述，蒂迪尔殷勤地招待自己的朋友梅丽贝住宿一夜。梅丽贝被屋大维的士兵赶出了家宅，拖着腿一瘸一拐地跟在羊群后面走。蒂迪尔说："我们有栗子、乳酪和水果。"很可惜，这个故事没有说明梅丽贝是否受到引诱。然而，从这餐简朴清淡的饭食中，我清楚地了解到，古代牧人没有菜豆这种食物。

奥维德[①]在一个饶有趣味的故事中，向我们讲述菲雷蒙和波西斯款待他们不认识的神，一个来到他们茅屋的客人。在一张用陶瓷碎片垫稳的三脚桌上，他们端来甘蓝汤、变味的肥肉、在热灰下滚过的鸡蛋、在盐卤里泡过的小冠花、蜂蜜和水果。这些豪华奢侈的乡村食品，缺少一道我们乡野的波西斯不会忘记的主菜，在肥肉汤之后，必定会端来的一盘菜豆。描写细腻的奥维德为什么没有提到，非常合适写在菜单里的豆子呢？我想，答案是一样的：他大概不知道这种豆子。

我白费力气查阅我读过的书，企图从中找到一点关于古代乡村食物的情况。关于菜豆，我什么也记不起了。葡萄果农和庄稼汉的砂锅，向我们提到羽扇豆、蚕豆、豌豆、扁豆，却从来没有提到这种最好的豆子。

然而，现在菜豆很有声誉。正如另一个人所说："它使人感到满意，人们吃饱了，然后走开，因此它适合在民众喜闻乐道、粗俗

① 奥维德（前43—前17）：古罗马诗人，代表作为长诗《变形记》。——译注

不雅的玩笑中出现，这些玩笑总是由一个像阿里斯托芬和普劳图斯[1]那样的人肆无忌惮地讲出来。”一个简单而响亮的蚕豆讽喻，将会有多么大的舞台效果啊！这个讽喻将在雅典内河水手和罗马挑夫中间，爆发出什么样的笑声啊！这两位喜剧大师在欣喜若狂时，用一种不如我们谨慎的语言，谈到过菜豆吗？没有，他们对这种豆类只字不提。

“菜豆”这个词本身就令人深思。这个稀奇古怪的词，同我们的词没有任何亲缘关系。相对我们的音节组合，它那陌生而怪异的形态，正如橡胶和可可一样，在我们脑子里唤起了某个加勒比人的行话。这个词的确来自美洲的印第安人吗？我们接纳这种豆子时，也连带接纳了或多或少保存了它故乡的名称吗？也许是这样，但是，怎样知道呢？菜豆，古怪的菜豆，你向我们提出了一个奇怪的语言学问题。

法语把菜豆称为faséole，flageolet；普罗旺斯语称它为faioù和favioù；卡拉布尼亚语称它为fayol；西班牙语称它为faseolo；葡萄牙语称它为feyâo；意大利语称它为fagiulo。谈到这里，我定了定神，镇静下来。拉丁语系中的各种语言，虽然词尾不可避免会有变化，但都保存了fasblus这个古词。

我如果查阅词典，就会找到faselus、faseolus、phaseolus，这几个词都被译为菜豆。词汇编纂者们，请允许我对你们说：你们译得不好，faselus、faseolus不能表示菜豆。不容置辩的证明是：维吉尔在《农事诗》里告诉我们，在哪个季节适宜播种faselus。他说：

① 阿里斯托芬（前448—前385）：古希腊诗人、喜剧作家，有“喜剧之父”之称，相传写过44部喜剧，现存《蛙》等八部。　普劳图斯（前254—前184）：古罗马喜剧作家，主要作品有《一罐金子》等。——译注

> 你如果真的想种植faselus/ 当牧羊星座传递出黑夜即将漫长的信息/ 开始播种吧，直到霜降。

没有什么比这位诗人的告诫更加清楚明白。夕阳西下，当牧羊星座即将消失在西边时，已近十月底，必须开始播种，直到降霜。

菜豆与这句话所谈的豆子风马牛不相及。菜豆是一种畏寒作物，稍微一点冷冻都经受不住，即使在意大利南方，冬季对它也是致命的。相反，豌豆、蚕豆、山黧豆等豆科植物由于原产地的关系，能够抵御寒冷、不怕冰冻，秋季播种，在冬天只要天气稍稍转暖，就能够保持良好的长势，欣欣向荣，枝繁叶茂。

那么，《农事诗》谈到的，把它的名字传给拉丁语系各种语言里的“菜豆”到底是什么呢？看到诗人用轻蔑性的形容词“卑俗”来谴责它，我自然而然地想到了黧黑豆，一种粗大的方形豆，也就是被普罗旺斯人嗤之以鼻的煤玉豆。

当一份出乎意料的资料把这个谜的谜底告诉我的同时，我正在思考菜豆的问题，这个问题差不多已经被唯一的昆虫证据澄清，这次又是一位大名鼎鼎的诗人埃雷迪亚[①]助了博物学家一臂之力。我的一个朋友，村子里的小学教师，我没有料到他帮了我一个大忙。他给了我一本小册子，我在这本书里，读到了一位对十四行诗精雕细琢的大师，同一个女新闻记者的对话，她问他更喜爱他的哪部作品。

> 诗人说：“你要我回答你什么呢？我很为难……我不知道我更喜爱我的哪首十四行诗。我写这些诗时都耗尽了心血……你，

---

① 埃雷迪亚（1842—1905）：法国诗人。——译注

你更喜欢哪一首呢？”

“亲爱的大师，我怎么可能在珠宝中进行选择呢？件件都十全十美啊！你让珍珠、绿宝石、红宝石在我惊叹的眼睛下闪烁，我怎么能够下定决心要绿宝石而不要珍珠呢？整串项链都使我惊羡不已。”

“好吧，我有件事，我为它比为我的十四行诗更感到自豪，它比我的诗更使我享有荣誉。”

我睁大眼睛问道：

“这是？……”

大师狡黠地望着我，眼睛里好似喷出了美丽的火焰，照亮着他洋溢着青春活力的面孔。他扬扬得意地叫道：

“我找到了菜豆这个词的词源。”

我惊讶得忘了笑。

“我对你说的可是认真的啊。”

“亲爱的大师，我知道你学识渊博。但是，因此想象你以找到菜豆这个词的词源为荣……啊，不，不。我没有料到这个词源。你可以告诉我，你是怎样发现的吗？”

“很愿意，我这就来谈谈吧。我研读埃尔南德斯著的《新世界植物史》，从这部关于16世纪的自然史名著中，我找到了一些有关菜豆的资料。直到17世纪，菜豆这个词在法国还不为人所知，人们只知道蚕豆或者菜豆属。然而，那时在墨西哥语中就有‘红菜豆’。墨西哥被征服以前，种植着30种菜豆。今天，这些菜豆，特别是有黑斑和紫斑的红色菜豆，被称为红菜豆。一天，我在加斯东·帕里斯[①]的家里遇到一个大学者，他听到我的名字就奔过来，问我是不是那个发现菜豆这个词的词源的人。他不知道我写过诗，出版过《战利品》这部诗集……”

啊，这段把十四行诗的珠宝置于一种豆子庇护之下的话，真是一段绝妙的俏皮话。我现在也为红菜豆心花怒放。我猜测，菜豆这个稀奇古怪的词中有印第安语的成分，猜测多么有理啊！昆虫用它的方式断言，这宝贵的种子是从新世界来到我们这里的，真是实话实说。蒙特儒马[②]的蚕豆，阿兹特克人[③]的红菜豆，保存它最原始的名称，从墨西哥来到了我们的菜园里。

但是，它的昆虫消耗者并没有伴同来到；在它的故乡，肯定会有某种在丰产的豆子上征收什一税的豆象。啮食土产种子的消费者不接受外来者，它们还来不及熟悉这个外来者，来不及评估它的优点。它们谨慎小心，克制自己不去碰触红菜豆，因为它新奇而可疑。因此，直到今天，墨西哥菜豆仍然完好无损。这是红菜豆同其他土产豆子不一致的奇特之处，其他豆子都难逃被豆象开发的命运。

然而，这种状况不可能持久。虽然我们的田野里没有爱好菜豆的昆虫，新世界却有它的克星。通过贸易往来，某只装着菜豆克星的袋子，有朝一日会给我们带来这种昆虫，这是不可避免的。

根据我掌握的资料，新近入侵的昆虫似乎并不算少。三四年前，我从位于罗讷河口的马雅内，收集到了我在我家附近遍寻不着的菜豆象。我曾经问过当地的家庭妇女和种田人，他们对我提出的

---

① 帕里斯（1839—1903）：法国文学家、作家、法兰西科学院院士。——译注

② 蒙特儒马：15世纪墨西哥国王。——译注

③ 阿兹特克人：拉丁美洲印第安人的一支。——译注

问题感到万分惊讶，谁也没有看见过、听说过菜豆的昆虫掠夺者。我的一些朋友得知我进行的研究工作，从马雅内为我送来了一斗菜豆，能充分满足我作为博物学家的好奇心。这斗菜豆受到了严重的糟蹋，已经千疮百孔，变得好似海绵。豆里有一种数不胜数的豆象在乱蹭乱动，小家伙纤细的身子令人想起扁豆象。

送来这些豆子的人，对我谈到马雅内遭受的损失。他们说，这种令人憎恶的虫子毁坏了大部分收获的庄稼，前所未有的灾害降临到菜豆头上，几乎让家庭主妇没有东西下锅。至于这个罪魁祸首的习性和活动情况，人们还一无所知，要由我通过实验来调查了解。

必须赶快进行实验，环境和条件对我有利。时值六月中旬，我在荒石园里种了一方早熟菜豆。这方比利时黑菜豆，是为家用而播种的。然而，我不得不放弃我心爱的豆子，把可怕的昆虫破坏者放到这片绿色作物上。这些菜豆已经成熟，花繁叶茂，豆荚青翠碧绿，大小不一。

我把两三把马雅内菜豆搁在一只盘子里，把在阳光朗照下乱蹭乱动的虫子，搁在菜豆地的边缘。我认为我会看见之后发生的情况：自由的豆象与即将在阳光的刺激下解脱的豆象飞起来；它们将在附近找到哺育性植物，停驻下来；我将看见它们探测豆荚和花；我不用久等就将看见它们产卵。以前，我看见豌豆象就是这样。

唉，不，不是这样，事情并不如我所预料，我深感困惑。几分钟内，豆象在阳光的照耀下动来动去，微微打开鞘翅，接着合上，让翅膀变得柔软。然后，它们起飞，一会儿一只，一会儿又一只，它们在晴朗的空中上升、远去，很快就不见了踪影。我聚精会神，注意观察，什么都没有见到，没有一只起飞的虫子停驻在菜豆上。

它们自由欢快、心满意足后，当天晚上、明天、后天会飞回来吗？不，它们不会飞回来。整整一个星期，我在适当的时刻，一朵花一朵花地、一个荚一个荚地检查一排排苗床，但是，没有看见一只菜豆象或者一枚卵。然而，我并没有泄气，因为这时在短颈广口瓶里，被囚禁的豆象母亲正把大量的卵安放在干菜豆上。

我将在下一个季节再做实验。我在另外两块菜地里播下晚熟的红菜豆，这些菜豆只供菜豆象一家子食用。这两块菜地排成梯形，中间隔着一段距离。一块将在八月，另一块将在九月为我带来收成。

我用红菜豆重新开始用黑菜豆做过的实验。我多次从家里的粮仓和短颈广口瓶里取出菜豆象，及时把菜豆象群在绿叶丛中放飞。每次实验的结果都清清楚楚，是否定性的。整个季节，我几乎每天都徒劳地延长研究时间，直到两块地的收成都耗尽用光，我最终也没有发现一根虫子稠密的豆荚，甚至一只在作物上驻留的豆象。

然而，我没有中断监视。我叮嘱我周围亲近的人尽力保护那几行菜豆，留意在采摘来的豆荚上可能会有卵。我在把来自荒石园或者邻近菜园的菜豆荚交给主妇剥出籽粒之前，用放大镜仔细查看，也是白费力气，没有一处有卵的痕迹。

除了露天进行的实验之外，我还在玻璃器皿里进行实验。一些长瓶子里吸纳了还挂在细枝上、活鲜鲜的菜豆荚。豆荚一些碧绿，一些混杂着胭脂红，里面的种子快成熟了。我在每只瓶子里都盛满一群菜豆象，得到了一些卵；但是，它们并没有使我产生信心。菜豆象母亲把卵搁在瓶子的内壁上，而不是搁在豆荚上。这些卵孵化了，我看见初生的小虫游荡了几天，干劲十足地搜寻豆荚和玻璃器皿。最后，从第一条到最后一条，它们全都可怜巴巴地死去了，一点没有碰触给它们送去的粮食。

显然，出现这种后果是必然的，鲜嫩的菜豆不是它们需要的食物。与豌豆象相反，菜豆象拒绝把家小托付给不是因自然成熟和干燥而变硬的豆荚。它不屑于在我的苗床上驻留，因为它在那里找不到需要的食物。

那么，它到底需要什么呢？它需要老的、硬的、在地上像小卵石那样发出声响的豆子。我会满足它的。我把一些熟透了、长时间在太阳下曝晒、硬得像皮革一样的豆荚，放在玻璃器皿里。这一次菜豆象的家庭繁衍兴旺。菜豆象小虫在干燥的豆荚上钻孔，到达豆荚内，再钻进种子里，以后一切都进行得顺顺当当。

种种迹象显示，菜豆象侵入了农夫的粮仓。一些菜豆仍然立在田里，直到枝茎和豆荚都被太阳曝晒干透。这时，拍打菜豆种子让它脱离豆荚，干起来更加容易。这时，菜豆象也随意找到什么，便忙着在那上面产卵。农民们稍后在把收割的庄稼搬回家的同时，也把菜豆的破坏者搬回了家。

但是，菜豆象主要利用的是我们粮仓里的谷物，它效法谷象，咬碎我们粮仓里的小麦，蔑视留在穗里的谷物。它同样憎恶软嫩的种子，宁可在阴暗而安静的谷堆里定居。它是农民可怕的敌人，更是储粮者的敌人。

这种昆虫破坏者一旦定居在我们储藏豆类的宝库里，它们就会表现出多么大的破坏狂热啊！我的小瓶子确凿地证明，仅仅一粒菜豆上就住着一个菜豆象大家庭，往往达20来只；不只是一代虫子开发菜豆，在一年内同时有三四代虫子开发它。可以食用的豆肉在菜豆的皮下存在多久，新消耗者就在那里定居多久，把菜豆蚀成裹着一层糖衣的粪骰子。幼虫不屑于吃的菜豆表皮，则变成凿了圆天窗的袋子，有多少住客，就有多少圆天窗。用手指轻轻按压，菜豆就散成令人恶心的粉末，菜豆受到了彻底的破坏。

豌豆象在豌豆里孤零零的，只啃食为自己挖掘蛹室所必需耗食的豆肉，其余部分都没有被触动，豌豆种子还能发芽。如果把毫无道理的厌恶感从脑袋里排除，这样的豌豆甚至还能充作粮食。来自美洲的菜豆象却没有这样节俭，它把菜豆彻底耗光，使菜豆变成垃圾，这种垃圾连猪都不吃。美洲把它的虫灾传给我们的时候，这种灾害来势汹汹。美洲曾经给我们带来葡萄根瘤蚜，一种能造成巨大灾难的蚜虫，我们的葡萄果农不得不坚持不懈地同它们进行斗争。今天，美洲又为我们招引来了菜豆象。它将给我们带来严重威胁，几次实验的结果告诉我们，会有什么样的危险发生。

近三年来，在实验室的桌子上，一直摆着几打短颈广口瓶和小瓶子，瓶子外罩着纱罩。纱罩既让空气流通，又防止异物侵入。这是我囚禁“猛兽”的笼子。我在网罩里饲养菜豆象，并根据我的意愿让饮食多样化。我从瓶子里了解到，菜豆象选择居所并不专一，除了几个罕见的例外，只要是菜豆，它都喜欢。

各种菜豆，白的和黑的，红的和杂色的，细的和粗的，新近收摘的和储存几年的，几乎不会被沸水煮烂的，都适合菜豆象。当然，剥去豆荚的菜豆更易受到菜豆象侵犯，因为侵犯这样的豆子花的气力少些。但是，当裸露的菜豆短缺时，受到保护的菜豆虽然有豆荚的掩护，也被同样积极地开发，菜豆象小虫很善于通过豆荚到达籽粒。在田野里菜豆象就是这样侵犯菜豆的。

长豆荚扁豆的优良品质也得到了菜豆象的承认。因为有个黑点，我们称这种扁豆为独眼菜豆，黑点在豆荚的梗洼上，好似一只有眼袋的眼睛。我甚至认为，寄宿在实验室里的菜豆象明显偏爱这种豆子。

直到那时，还没有出现什么异常情况，菜豆象没有越出菜豆属植物这个范围进食。但是，现在情况变得更为危险。我看见这个菜豆爱好者以一种出乎意料的面貌出现。菜豆象接受干豌豆、蚕豆、黧黑豆、野豌豆、鹰嘴豆没有半点犹豫，对这些都很满意，它的家庭在这些豆子和在菜豆上一样繁衍兴旺。可是，它拒绝扁豆，也许是因为扁豆的个子不够大吧。菜豆象这种美洲豆象，是多么可怕的开发者啊！

如果像我最初担心的那样，贪吃的菜豆象从吃豆类转到吃谷物，那么，坏事就会变得更坏。然而，情况并非那么糟。菜豆象定居在短颈广口瓶里，和小麦、大麦、稻谷以及玉米堆在一起，总是死亡而不留下子孙后代。它和有角的种子咖啡在一起，它和含油的蓖麻、向日葵的种子在一起，结果也一样。除了豆类以外，再没有别的粮食适合菜豆象。它得到的食物种类尽管有限，但数量仍然是最大的一份。它狂热地使用这个配额，滥用这个配额。

菜豆象的卵白色，呈细小的圆柱体。豌豆象母亲将卵随意散布，没有任何次序，对产卵场地也不加选择。菜豆象母亲安置卵时，让它们孤零零的，或者把它们摆成小堆。卵既产在短颈广口瓶上，也产在菜豆上。有时，菜豆象母亲甚至漫不经心地把卵固定在玉米、咖啡、蓖麻和其他种子上。它的家庭成员在这些东西上找不到合胃口的食物，就在短期内死亡。母亲的远见卓识又有什么用呢？卵丢弃在豆荚堆下，无论丢弃在哪里都很合适，因为寻找入侵的菜豆部位是由幼虫自己完成的。

卵在五天之内孵化，从卵里钻出一只红脑袋、小巧玲珑的白色小虫，好似一个勉强可见的斑点。小虫挺起身子，让它的大颚圆形凿更有力量。这件工具将在坚硬的种子上钻洞。树干上的矿工，比如吉丁和天牛的幼虫，也是这样挺起身子。爬行的害虫一旦出生就劲头十足，随意到处闲逛。这样小的年纪会有如此的干劲，实在出乎我的预料。它漂泊不定，希望尽早找到住所和食物。

从第一天到第二天，大部分菜豆象小虫都把事情办妥了。我看见一只菜豆象幼虫在菜豆种子那皮革般的表皮上钻洞，干得非常卖力。突然，它的身子一半下到了地道入口，入口涂了一层白色粉末，这是钻洞时挖出来的粉屑。虫子进去了，消失在种子的中央。五个星期后，它将以成虫的形态从种子里出来。它发育得多么快啊！

菜豆象发育速度之快，一年之内能够出生好几代，我知道的就有四代。一对被隔离的菜豆象不断地开枝散叶，组成了一个有80个成员的家庭。我只考虑这个数字的一半，因此，我认为两种性别的菜豆象数量相等。那么，到了年底，这对菜豆象的子孙后代将是40的4次方，它们还在幼虫期就将达到250多万这个可怕的总数。成千上万的虫子会糟蹋多少菜豆啊！

菜豆象幼虫的技艺让人回想起豌豆象。每只菜豆象幼虫都在粉质堆上为自己挖掘一间小屋，同时并不损害具有保护性的表皮。在离开时刻，菜豆象成虫只须轻轻一推，就很容易使这层表皮掉落。将近蛹的末期，小孔像星星一般隐隐约约在豆荚的表面出现。最后，封盖掉落，虫子离开了小屋。菜豆养育了多少只菜豆象幼虫，就被钻了多少个洞。

菜豆象成虫生活非常简朴淡泊，满足于几片粉质碎屑，似乎只要在豆荚里还有可供开发的好菜豆，它就不愿意放弃。它们在豆堆的缝隙里交配，菜豆象母亲盲目地四处产卵。然后，卵孵化了，菜豆象小虫定居下来，一些住在完好无损的菜豆里，一些住在穿了洞但还没有被吃光的种子里。在整个天气晴好的季节，每隔五个星期，就会出现一批乱动乱蹿的幼虫。九月或者十月，末代菜豆象幼虫在它的小屋里半睡半醒，等待暑热回归。

如果菜豆破坏者的威胁变得过分危险，对它们发动一次毁灭性的战争并不是什么天大的难事。它的习性告诉我们要采取什么样的策略。它是干种子的开发者，它只开发堆在仓库里的干豆子。在空旷的田野里监视它十分困难，而且毫无用处。它是在我们的粮仓里为非作歹，敌人在我们家里定居，在我们力所能及的范围内。了解这些后，使用农药进行防御，就会相对容易一些。

第五章 真 蜡

在生命赋予物品的形状中，最简单和最优雅的之一，是鸟蛋的形状。没有任何物品，圆和椭圆的结合比鸟蛋更合理，更完美。鸟蛋的一端是个球面，这是最好的形状，能够在最小的外壳内圈围最大的体积。鸟蛋的另一端为椭圆，缓解了鸟蛋粗大那一端的朴素和单调。

鸟蛋的色泽也十分简单，为蛋壳增添了一分优雅。有些鸟蛋呈无光泽的白垩色，有些则呈光滑、半透明的象牙白。鹏的蛋模仿被一场雷雨洗净的蔚蓝色天空，呈嫩蓝色。夜莺的蛋呈深蓝色，好像浸渍在盐水中的橄榄。某些莺的蛋模仿含苞未放的蔷薇，装饰着美妙的肉红色。

鹀在蛋壳上写下无法辨读的天书，画一些大理石花纹，厚厚地涂抹一层雅致的线条。伯劳用有小斑点的环，围绕蛋壳粗大的圆面。鸫和乌鸦在它们绿蓝色的蛋上像抹泥浆一样，杂乱无章地抹上深暗的色块。杓鹬和海鸥的蛋有大黑斑，是模仿豹子的皮毛。别的鸟也一样，每种鸟蛋都有自己的特征、自己的工厂标记，都有始终素雅的色泽。

鸟蛋以它的几何图形和优雅简朴的装饰，使缺乏经验的目光感到愉悦。为了奖励附近的小孩，那些热心的探寻者给予我的小小帮助，我有时准许他们来到我的实验室里。他们听来的故事都说，我的实验室里充满了奇妙的东西。那么，这些天真烂漫的孩子在这里看到了些什么呢？他们看见一些装着玻璃的大壁柜，柜里摆着许多奇怪的东西，一些很占地方的东西。谁喜欢察看石头、植物、虫子，谁就会被这些东西团团围住。我的壁柜里主要装着贝壳。

这些胆小的来客，肩靠着肩互相鼓励，互相壮胆，观看和欣赏各式各样、五颜六色的漂亮海蜗牛。他们用指头指着贝壳，贝壳闪烁着珍珠光泽、个子很大，模样像奇怪的手指，显得特别突出。孩子们观看我的这些财富，我则观察他们的面孔，我在他们脸上读出了诧异和惊讶。

这些海里的东西形状过于复杂，不能让缺乏经验的人爱不释手。关于这些神秘的物品，还没有已为人知的用语。这些冒冒失失的孩子，迷失在拥有精巧的螺旋梯、螺丝圈的大贝壳里。孩子们面对这些海洋财富，始终十分冷漠，无动于衷。如果我了解他们心里想说些什么，我认为他们可能想说："这些东西多么奇怪啊！"而不是说："这些东西多么美啊！"

盒子里的东西则引起了孩子们的兴趣。为避免光照，我将我们地区的鸟蛋按照产期一批批地摆放在盒子里。孩子们的面颊上露出了兴奋和激动的神情，他们交头接耳，窃窃私语。他们的脸上不再是惊奇诧异，而是天真的仰慕。不错，鸟蛋使人想起鸟儿的窝，鸟窝可是童年时代的欢乐啊！鸟蛋的美令孩子们震撼，大海的珠宝虽然使小客人们惊叹不已，而鸟蛋的美丽和素雅则不知不觉地感动了他们。

在绝大多数情况下，昆虫的卵远远没有达到使缺乏经验的眼睛接受的高度完美。昆虫卵一般的形状是小球形、纺锤形、圆柱形，由于缺少和谐地组合起来的曲弧，都不怎么优雅。大多数昆虫色泽庸俗，即使有的昆虫外表过于华丽，卵也一样平庸，对比十分强烈。某些蝶蛾的卵是铜色或者镍色的珠子，生命仿佛是在一只坚硬的金属盒子中萌芽。

如果用放大镜仔细观察，昆虫的卵并不缺少细部的装饰，但总是十分复杂，缺乏构成真正的美的优雅简朴。锯角叶甲用壳来包裹自己的卵，卵壳被压延成像啤酒花花序的鳞片，或者被加工成交错的斜形流苏。某些蝗虫雕刻自己的纺锤，钻凿类似顶针小孔串成的螺旋。这些当然也不乏优雅，但是，这种豪华奢侈多么远离端正庄重啊！

黑角真蝽

昆虫有自己独特的美学，与鸟类毫无关联。然而，我知道一个例外，这种昆虫卵堪与鸟蛋媲美。有一种声名狼藉的树林臭虫，博物学家叫它真蝽，它的卵可以与鸟蛋媲美。这种身体扁平的虫子有种令人厌恶的浓汁味，但它的卵既是优雅简朴的艺术品，又是结构巧妙的小机械。真蝽因随身携带恶臭的化妆油，使我们感到厌恶；但它又因它的卵堪与鸟蛋媲美，使我们感到有趣。

我最近在一根石刁柏的枝杈上有个新发现。我发现了一个卵群，有30来枚卵。这些卵紧紧地相互挨靠，井然有序，恰像一件刺绣品上的珍珠。我认出它们就是真蝽的卵。这些卵刚刚孵化不久，因为这个真蝽家庭还没有离散。卵孵化后的空卵壳留在原处，除了壳盖稍微抬起以外，没有丝毫变形。

这些卵壳半透明，略微淡灰色，像一堆美丽雅致的白岩石小罐子，令我想起一个我十分喜爱的童话。童话里说，在很小很小的孩子的世界里，仙女们用相同的杯子喝她们的椴花茶。在这些小罐子优雅的卵形罐肚上，有多角形网眼的褐色细网。你如果想象将一只鸟蛋上端很规则地截去，把余下部分制作成一只小巧玲珑的高脚酒杯，这差不多就是真蝽的作品。这个小酒杯无论哪个角度都具有同样优美的弧度。

除此以外，这只酒杯和鸟蛋就不再有别的相似之处。真蝽卵的上部新颖独特，有一只封住罐口的盖子。罐盖缓缓突起，像罐肚那样饰有细网眼，封盖的边缘还修饰着一条乳白玉带子。卵孵化时，封盖像装了一条铰链，可以旋转打开。它时而落下，让罐子微微打开，时而恢复正常，再度把罐子关闭。罐口有微小的细齿，好像长着纤毛。从外表看，这些细齿是使盖子保持在原位、密封罐子的铆钉。

我还发现一个很有特点的细节：在卵壳内，离罐盖边缘很近的地方，卵孵化后总是有条用黑炭划出的线。这条线呈锚形或者丁字形，丁字的双臂弯曲。这个很小的细节意味着什么呢？这是根插销吗？是个有小销钉和门闩的锁吗？是昆虫陶瓷工把起源的证明印在杰作上的戳记吗？真蝽仅仅为了封闭一枚卵，就需要这么多稀奇古怪的陶瓷品。

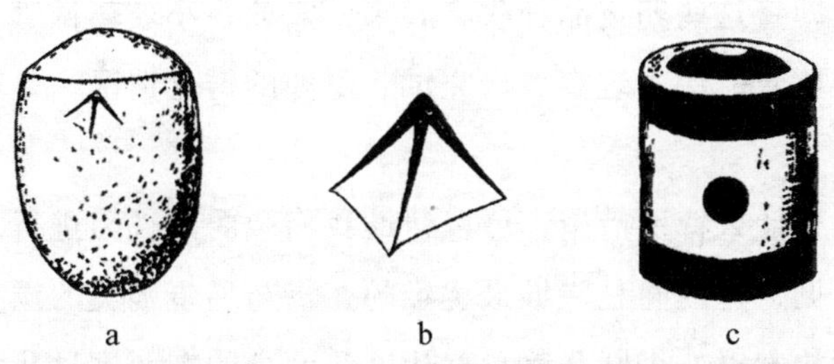

真蝽的卵

a.黑角真蝽 b.卵盖 c.华丽真蝽

刚孵化的小虫没有马上离开酒杯似的卵壳堆。它们聚集成堆，在彼此散开和把喙插进喜爱的树皮里之前，等待一场空气浴和日光浴，使它们的身体壮实起来。它们略呈圆形、粗短、黑色，腹部下部呈红色，胸侧饰有相同颜色的带子。它们是怎样从罐子里出来的呢？它们用什么妙法把牢牢固定的盖子撬起来呢？我想试着来回答这个奇怪的问题。

四月底，在荒石园里，在我家门前，在散发出樟脑气味的迷迭香上，鲜花盛开，引来了大批昆虫。我时时刻刻都可以去拜访它们。真蝽种类繁多，在迷迭香上触目皆是。但是，由于它们过着漂泊不定的生活，不适合进行准确的观察。如果我想确切了解每只真蝽的卵，如果我特别希望了解这些卵怎样孵化，仅靠直接观察繁花满树的灌木是不够的，我还必须在金属钟形网罩下饲养真蝽。

我将真蝽囚徒按照种类彼此隔离开，因此，它们没有为我带来什么麻烦。只要有朗照的阳光和每天更换的迷迭香，网罩里一切都令人满意。我还从小灌木上摘下几根带叶的树枝，添加到网罩里，真蝽将在这些枝杈上选择适合产卵的场地。

从五月上旬起，被囚禁的真蝽开始产卵了，数量超过了我的期望。我立即将这些卵按品种收集起来，安放在小玻璃试管里。只要我不疏于监督，深入观察、研究试管里卵的孵化情况，是轻而易举的事。

如果有什么特别措施，可以帮助我们微弱的视力进行观察，我们就会看见，这的确是一堆最优雅的、堪与鸟蛋媲美的漂亮东西。除非借助放大镜，否则我就只好让这些漂亮的东西逃过我的眼睛。我把真蝽的卵放在放大镜下，它们甚至比白尾鸟天蓝色的蛋更令我惊讶不已。这样雅致的东西因为细小而无法得到我们的赞赏，多么令人遗憾啊！

真蝽卵的形状不是完整的卵球形，卵球形是鸟类独有的财产。真蝽卵的上端是一个平切面，镶嵌着一只微微隆起的盖子。在我们眼里，真蝽卵像小圣体盒、精巧的小柜子、古代艺术罐、圆柱形小桶、东方的彩瓷鼓肚花瓶，像装饰品和环带饰结。卵的形状因真蝽种类的不同而变化无常。我还经常发现，当卵成了空卵壳时，一种硬纤毛形成的精巧的流苏在罐口周围辐射。这是起固定作用的铆钉，在新生儿孵化时微微托起它们，然后再向下翻折。

最后，孵化完成了。在所有的卵壳上，在距离罐口很近的地方，有条黑色的锚状线。我曾猜测，这条线是作坊的标记，也是关锁系统。之后的观察告诉我，我的猜测离真实情况多么远啊！

真蝽的卵从来不盲目随便分散，它们全都组成紧密的群体，或长或短，在共同支撑物，一般说来是一片树叶上，排列得整整齐齐，好似一幅珍珠镶嵌画。这幅画黏附得非常之好，用画笔擦刷，甚至用手指碰触，都丝毫破坏不了它的协调美丽。真蝽若虫离开卵后，卵壳空空的，仍然留在原处，好似集市商贩井然有序地摆在货摊上的小杯子。

现在，我叙述几个特殊的细节，作为结束吧。黑角真蝽的卵呈圆柱形，卵盖的边缘有宽大的白色环形条纹。封盖中央常常有晶质隆起，好似把手，令人想起高脚盘子的盖耳。封盖表面光滑、发亮、简朴淡雅，没有其他装饰。真蝽卵的颜色随着成熟程度而变化，卵刚产下时呈单一的稻草黄色，之后由于胚胎的发育，变为淡橘色，在封盖中央则有鲜红的三角形斑点。卵壳空着的时候，除了变得像玻璃般透明的盖子以外，呈半透明的漂亮乳白色。

我收集到的产于不同时间的卵中，产卵最多的一次，卵形成一个排成九行的卵块，每行有一打卵左右，总数达到了100来枚。但是，一般情况下，数量要小一些，只有一半，甚至更少，卵数接近20枚的卵群并不罕见。最大和最小产卵数之间的巨大差距证明，真蝽在不同的地点多次产卵。真蝽飞翔快速，因此我能够假设不同的产卵地相距很远。时机到来时，我观察到的细节将会显示出它的价值。

淡绿真蝽把它的卵塑造成筒状，下端呈卵球形，表面装饰着多角形的细小网眼。卵壳的色泽是烟褐色，卵孵化后呈淡褐色。最大的卵群卵数达到30来枚。我从一根石刁柏枝上收集来的，最先引起我注意的那些卵，可能属于这种卵群。

浆果真蝽的卵也呈筒状，卵的表面也有一张密布网眼的网。这些卵最初不透明、色泽暗淡。卵壳一旦变空就变得半透明，呈白色或者嫩红色。我收集到一些有50多枚卵的卵群，还收集到一些有15枚左右的卵群。

菜园里备受赞美的植物甘蓝为我提供了华丽真蝽，华丽真蝽身穿白红相间的漂亮衣裳，卵的色泽也最漂亮。卵的两端，特别在下端，像小木桶底一样微微隆起。我用显微镜观察，看见桶底表面雕刻着许多小洞窝，类似顶针上的小孔，排列得优美雅致、井然有序。小圆桶上下两端的桶面，各有一条毫无光泽的黑色环带，桶面中部有条宽宽的白色环带，有四个对称的大黑斑。卵盖围着雪白的纤毛，边上有个白圈。盖子鼓胀成黑色无边圆帽，中央有个白色饰结。总之，由于炭黑和棉絮白的强烈反衬，华丽真蝽的卵好似一个骨灰瓮，伊特鲁立亚葬礼的餐具会在这里找到极好的模型。

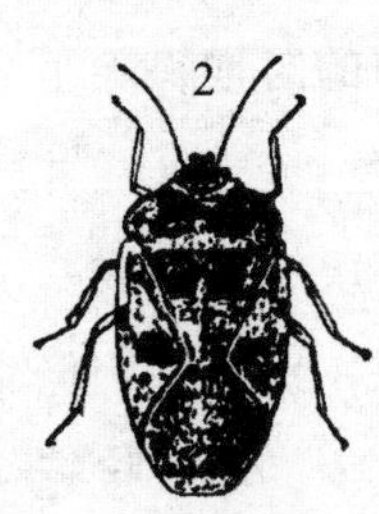

华丽真蝽

这些有丧葬装饰的卵，组合成小小的群体，通常排成两行，总数只不过一打。而它的同属昆虫，产卵数超过一百，那么，甘蓝上的真蝽产卵限于这个数目，它会在不同的地点多次产卵。

五月底以前，真蝽今天产一批卵，明天又产一批卵，我把这些卵都收集起来放进试管里。卵发育成熟只需要两三个星期，如果我想了解若虫的孵化方式，特别是想了解新生若虫离开卵壳后，留在卵壳开口边缘那三根奇怪的黑锚的功能，从这时起我就必须一直保持高度警觉。

真蝽的卵半透明，例如黑角真蝽的卵，当卵盖颜色的变化表明若虫孵化时刻临近时，我首先弄清楚了，那个奇怪的功能不明的工具是在晚期出现。它不是卵从卵巢产下时的一个原始构件，它是在卵发育过程出现的，甚至很晚，当小真蝽已经成形时才出现的。

事实并不像我最初想象的那样，在真蝽卵里看不见弹簧、门闩等把封盖保持在原处的铰链系统。一般来说，保护卵的关闭机械，应该在卵一产下时就存在。然而，真蝽的小机械是在若虫必须离开卵壳时才出现的，现在的问题不再是如何关闭，而是如何打开。那么，这个功能未知的工具，难道不会是一把钥匙，一根撬棒，用来强行撬开被长纤毛铆钉阻留，或许也被黏胶阻留的盖子吗？我锲而不舍地坚持研究，我会弄明白的。

我把放大镜放在我时时刻刻查看的试管上，观察卵的孵化。卵盖的一端不知不觉地升起，另外一端像门在铰链上那样转动。刚孵化的真蝽若虫的背靠着小木桶，正好在封盖边缘的下面。封盖已经半开，我能够准确地跟踪观察真蝽出生的过程。

小真蝽蜷缩成一团，一动不动，额上有顶薄皮小帽。猜测这顶帽子比看到它更有趣，因为它非常纤细微妙。风帽掉落后变得十分显眼，很像一个三角攒尖形屋顶，屋顶的三根脊僵硬、深黑，从外表看，应该是角质的。其中两根脊在两只眼睛之间展延，呈鲜红色。第三根下降到颈背上，由一根纤细的暗色线，从左右两边同另外两根相连接。我自然而然地在这三根深色的脊上，看见了一些绷得很紧的线、一些韧带。这些韧带固定住脊，防止角尖磨钝后，脊会脱落。这个角尖本身是箱子的钥匙，是卵盖的推送器。凹面三棱的主教帽，保护真蝽若虫还长着软肉、无法破除障碍的额头。这顶帽子紧紧贴在封盖边缘，尖端像钻石那样硬，有力地顶撞必须启开的小圆形薄桶盖。

这只顶上有钻头的帽子，需要一个推进装置。这个装置在哪里呢？在额头上。我仔细观察，在几乎只是一个点的额头上，我看到若虫的脉搏在快速地跳动，好似活塞在运动。毫无疑问，这是血液在急骤流动。这个小家伙急速地在柔软的脑袋下，灌注它所有的一丁点体液，把虚弱转变为能量。三面头盔因此上升，向前推顶，始终把尖角支撑在卵盖的同一点上，毫不动摇；尖角没有碰撞卵壳，而是连续不断地向前推动。

推顶过程非常艰难，延续了一个多小时。不知不觉封盖逐渐启开，斜着翘起，封盖的一端仍然同罐口紧紧贴在一起。我猜测，在这个旋转点上，可能有个铰链在起作用，但用放大镜看不出有什么特别的东西。像别处一样，那里有一行很简单的纤毛。这些纤毛为了闭合封盖，翻折成铆钉。铆钉位于攻击点的对面，受到的震动较小，没有完全弯折、消失，发挥着铰链的作用。

真蝽若虫逐渐从壳里显露出来，足和触角省事地蜷到胸部和腹部，一动不动。毫无疑问，通过一种与榛子象幼虫离开榛子相同的方法[①]，真蝽若虫从卵壳里挤出来。脑袋充血引起的活塞动作，也让身体已经自由的部分鼓胀起来，变成支撑环形软垫。身体后部还藏在里面，相应地缩小，进入狭窄的开口。卵壳开口的这条拉丝模通道，非常光滑，非常隐蔽，要隔很久我才会看到虫子为了离开房间而做的努力。

---

① 见卷七第九章。——校注

最后，铆钉被弄松了，箱子半开，封盖斜托起到足够的高度。三棱主教帽已经发挥了它的作用，它以后会变成什么呢？它从此成了无用的工具，将会消失，我的确看见它被弃置一旁。围住杠杆的薄膜女帽撕裂，变成一件皱巴巴的破烂衣服，在真蝽的腹部上缓缓滑动，拖带着坚硬、黑色、还没有变形的小机械。被丢弃的小帽子刚刚落在腹部中央，这时像木乃伊似的一动不动的小家伙，马上就把足和触角解脱出来，心急火燎地挥动。成功了，这只虫子脱离了卵壳小罐子。

解脱器械始终呈丁字形，丁字的两臂略微弯曲，向旁边歪斜。这个器械贴附着卵壳的内壁，靠近孔口。虫子离开很久后，我用放大镜又在原处发现了这个灵巧的三面体。这个物体在不同的真蝽身上，形状都始终不变。如果没有突然撞见卵的孵化，就很难了解到它的作用。

我再谈谈卵壳是怎样打开的。我已经说过小虫背靠卵壳内壁，尽可能远离中心。它就在内壁那里出生，在那里戴上圆锥形帽子，以后又把这顶帽子从额头上推开。它为什么不占据中央部位呢？就卵的形状和对有效保护娇弱的小虫而言，它似乎都应非占据这个部位不可。在别处出生，甚至就在圆周上出生，会有某种好处吗？

是的，有好处，显然有个力学方面的好处。新生若虫用额头推动三角帽，碰撞等待揭开的卵盖。一个刚由有生命的蛋白质微粒凝固成的颅骨，其推撞动作会有怎样的力度呢？人们不敢想象，因此比起任何动作，我们都会大大低估它的能量。然而，这个近于乌有的东西，竟然能掀翻牢固的盖子。

三角帽的推撞动作是非常微不足道的，假设它选择卵盖中心推撞，不但微不足道的力量会均匀地分配在整个圆周上，还会遭到所有的铆钉一致抗阻。这些形成围墙的纤毛，如果每根孤立地承受推力就会弯折；但是，如果它们聚集成为一个整体，就坚不可摧。因此，推撞中心的办法是不可行的。

如果我们想拆开一块钉住的木板，敲打中部是不行的，因为这时所有钉在板上的铁钉共同抗阻，困难就会无法克服。相反，如果我们从木板的边缘进攻，逐一敲击每颗钉子，就比较容易成功。小真蝽在卵壳里差不多也是用这种方法，把卵盖一点一点地撬起来。这样从进攻点起，铆钉就由近到远一个个倒下，抵抗被完全彻底地克服了；因为它受到分割，被各个击破。

好极了，小巧玲珑的真蝽，你有你自己的力学。你的力学和我们的力学都遵循同样的原理，你也懂得杠杆和千斤顶的诀窍。初生的鸟儿为了弄破蛋壳，在嘴上长只老茧。这就是镐头尖，用来把石灰质的墙壁捣碎。之后，喙上的老茧这个暂时性的工具消失了。你的工具比鸟儿的更好。

新生若虫出壳的时刻来到了。你戴上一个帽子，上面有三根硬直的杆子汇聚成角。你的脑袋在帽子里像水压机那样运转，像活塞那样抽动，顶开小屋的天花板。当卵壳粉碎时，被鸟儿当作撞针的老茧消失了，你用作活塞的烟囱帽子也消失了。封盖一旦微微打开到足够通过，你就脱去帽子，扔掉帽子以及那套杆子。

此外，你的卵壳没有破裂，没有像鸟蛋壳那样突然破裂。你的卵壳空无一物，但不是废墟。它始终是一只雅致的小桶，还因为变得半透明而更加漂亮高雅。小真蝽，你在哪所学校学到装饰卵壳和开动小型机械的技艺？有些人说：“是偶然学到的。”你谦卑地重新弄直你的烟囱帽回答道：“情况不是这样的。”

在另外一则转述中，真蝽也受到了赞扬。这则转述如果得到了证实，将大大超过真蝽卵的奇迹。我在此引用格埃尔[1]的一段话，他被誉为“瑞典的雷沃米尔”。

这种真蝽生活在桦树上。七月初，我找到好几只，都带着一群孩子。每个真蝽母亲都被一群若虫围着，若虫有二三十只，甚至40只。真蝽母亲始终在它们旁边，它们常常待在桦树的柔荑花序上，有时在一片树叶上。这些花序包藏着种子。我发现，小真蝽和它们的母亲并不总是在一个地方停留，一旦母亲开始上路远去，孩子们全都紧紧跟随。母亲想在哪里停下，它们就停下。从一个柔荑花序或者从一片树叶去到另外一处，就像母鸡带小鸡一样，母亲把孩子们带到它想去的地方。

有些真蝽母亲从来不离开它们的孩子。当孩子还小时，母亲甚至严加护卫，细心照料。一天我砍下一根住着真蝽家庭的桦树嫩枝，我首先看到母亲惶恐不安，急速地不断拍打翅膀，但没有改换地方，就像要赶走逼近的敌人一样。而在别的情况下，它会首先飞走或者试图逃离。这证明它留在那里只是为了保护幼虫。

摩德埃尔先生观察到，真蝽母亲主要为了对抗同种的雄真蝽，不得不保护它的若虫；因为雄真蝽企图将所遇到的若虫吞下肚里。这时真蝽母亲必然会竭尽全力保证它们不受雄真蝽攻击。

布瓦塔尔德在他著的《博物学奇观》这本书里，把格埃尔所勾勒的家庭图景进一步加以美化。他说：

---

① 格埃尔（1720—1778）：瑞典博物学家，林奈的学生。——译注

令人惊讶不已的是，刚刚下了几滴雨，真蝽母亲就把若虫带到一片树叶或者一根枝杈下面，把它们遮护起来。这个母亲温情脉脉，但惴惴不安。之后，它把孩子们紧紧地聚集成群，自己置身于孩子们的中央，用翅膀把它们遮盖起来。它把翅膀像雨伞那样撑开放在孩子们身上，尽管这样使它感到很不舒服，它却始终保持这种母鸡孵蛋的姿势，直到雷雨过去。

我会这样说吗？大雨倾盆时，真蝽母亲用翅膀做雨伞，母鸡带小鸡般领孩子们散步，抵抗吞食孩子的真蝽父亲的侵犯，这种献身精神使我大惑莫解，但并没有使我感到惊奇，因为经验告诉我，经不住严格检验的趣闻在书本上不胜枚举。

一项不完整的而且语焉不详的报告起了推波助澜的作用。编书的人出现了，他们人云亦云，一字不差地转述一则童话故事，而童话不过是天才的想象。谬误经过再三反复讲述，就会牢牢扎根，成为信条。例如，圣甲虫和它的粪球、葬尸甲和它所埋葬的死尸、捕食性膜翅目昆虫和它的猎物、蝉和它的井穴等，都是如此。在臻于真理之境之前，还有什么东西人们没有讲过呢？真实的事物很简单、非常美，但常常被我们略漏，被迫让位于想象的事物，而了解想象的事物不必花费太多力气。我们对事实不去寻根究底，不去亲眼观察，而是人云亦云，盲目轻信传闻。今天没有谁在提笔写几行关于真蝽的文字时，不提到这位瑞典博物学家那不可靠的叙述。然而，就我所知，还没有谁谈到关于卵孵化的奇迹。

格埃尔可能看到了什么呢？这位目击者博学多才、见多识广，使人不得不相信他。然而，在接受大师的说法之前，我冒昧地自己进行实验。

灰色真蝽，那个传说中的主角，在我们地区比其他各种真蝽更加稀少。在荒石园里的迷迭香上，我只找到了三四只，但是，它们没有在我的钟形罩下产卵。不过，失败并非无法弥补。灰色真蝽不让我看到的东西，大量绿色的、黄色的、红黑两色相间的，所有外形相同、习性相似的真蝽都会让我看到。在一些彼此非常相近的真蝽种类中，某个种类对家庭的照顾保护，除了某些细节之外，在其他种类的真蝽那里也可以找到。现在我们来看看被我囚禁饲养的四种真蝽，怎样对待它们的若虫吧。通过它们共同一致的表现，我将会得出结论。

有个事实首先给了我强烈的印象，真蝽母亲对它的卵毫不关切，根本不像母鸡呵护小鸡那样。将最后一枚卵安放好后，它就离开，不再返回，不再关心卵的存放情况。如果它在长途迁徙中偶然回到那里，它就在这个卵堆上穿行，满不在乎，然后扬长而去。显然，与卵群再度相遇，对真蝽母亲来说，是件根本不值得关心的事。

我们别把遗忘归咎于囚禁中的真蝽可能出现感觉错乱。我在自由的田野里也遇到过大量的卵，其中或许有灰色真蝽卵，但我从来没有看见真蝽母亲在卵旁停留。如果家里的若虫一旦孵出需要照顾，这可是它义不容辞的责任啊！

真蝽性喜漂泊流浪，它一旦从存放卵的树叶上飞走，两三个星期以后它又怎样记得起孵卵的时刻临近了呢？它又怎样再找到它的卵呢？它又怎样把它的卵同另一个真蝽母亲的卵区别呢？如果你认为在辽阔的田野里，真蝽母亲有这样了不起的远见和记忆力，便是接受了荒谬不经的说法。

我从来没有发现一个真蝽母亲长时间停留在固定在树叶上的卵旁边。再说，一个真蝽母亲将所有的卵分为几个部分随意存放，整个家庭分散成一个个小群体，彼此之间有时距离很远。

根据产卵期和阳光照射的程度，卵孵化的时间或早或迟。在孵化期，要把所有非常虚弱、行走很慢的真蝽若虫，从各个角落聚集成群，显然是不可能的。然而，我相信，如果一个虫群偶然被真蝽母亲遇见，这个母亲会全心全意地照顾它们的。其他虫群则必然会遭到遗弃。但是，它们并不会因此而繁衍得少一些。那么，为什么真蝽母亲只给予一些卵关怀照顾，这种奇怪的待遇大多数卵却得不到呢？这些怪异现象引起了种种猜测。

格埃尔提到一些由20来枚卵组成的卵群。我相信，这个卵群不是个完整的家庭，但所有的卵都是真蝽母亲一次产下的，因为一只比灰色真蝽的个子小的真蝽，在一块小叶片上就产了100来枚卵。生存方式相同时，繁殖情况也相同，这应该是普通规律。除了受到监视的20来枚卵以外，其余的那些变得怎么样啦？

尽管我很尊敬这位瑞典学者，但是，关于真蝽母亲的脉脉温情，吞食自己孩子的真蝽父亲的反常胃口，我不得不将它们弃置到充斥史书的童话中。在网罩里孵出的真蝽若虫，和我预料的一样多。真蝽双亲就近在眼前，在同一个屋顶下面，它们面对若虫做了些什么呢？

什么也没有做。真蝽父亲没有跑去掐死这群吵吵嚷嚷的幼儿，真蝽母亲也没有去保护它们。这些真蝽父亲母亲，有的在金属网纱上走来走去，有的在迷迭香花束的小酒店里休憩，有的穿过新生的若虫群，推倒这群若虫，倒也不怀什么恶意，但也并不谨慎小心。这些可怜兮兮的小东西，它们是那么幼小，那么娇弱，一只路过的真蝽用足尖轻轻碰触一下，就会让它们摔个仰八叉，就像身体被掀翻的乌龟一样，足不停地乱动。可是，谁也没有去注意它。

当真蝽小虫处于跌跟斗的危险时刻，忠诚的真蝽母亲应该出现了。真蝽母亲，你去表现母爱吧！你把它们带到安静的地方去吧！用你的鞘翅当作盾牌掩护它们吧！这可是具有感化力量的道德风尚的极好表现啊！然而，谁想要进行长期的观察，就会白白浪费掉时间和耐心。整整一个季节辛勤而频繁的观察，我没有从我的客人真蝽那里得到任何证据，来证明编书的人所大肆颂扬的真蝽母亲对幼虫的关怀呵护。

大自然这个世间万物的乳母，对卵这未来的宝藏给予了无限的温柔关爱。现在她却成了严厉的后母，一旦小生命能够自力更生，她就无情地让它接受生活的严酷教育，使它获得抵抗残酷的生存斗争的本领。大自然开始时是温柔的母亲，为保护初生的小生命，她给予稚嫩的真蝽小盒子和封住盒子的盖子，用一种质朴精巧的杰作罩住微小的昆虫。然后她就变成严厉的导师，她对幼虫说："我将离开你，你得靠自己在生存斗争中设法摆脱困境。"

真蝽若虫的确依靠自己摆脱了困境，我看见它们一只紧挨一只，在空卵壳上停留几天。它们在那里，身体长得更加壮实，体色变得更加鲜艳。一些真蝽母亲去了附近地区，谁也不去注意半醒半睡的小虫堆。

饥饿来临，一只若虫离开虫群，去寻找小酒店。其他小虫紧随其后，像吃草的绵羊那样，肩靠着肩，心花怒放。在第一只若虫带领下，整个虫群像羊群那样朝着生长嫩草的地点走去。它们在那里插进喙，饱吸汁液，然后回到空卵壳顶上休息。它们在日益增大的范围内再次出征；最后，虫群稍稍强壮些，便远去他乡，四处离散，不再返回出生地。自此以后，每只真蝽就随心所欲地生活了。

如果虫群行进时遇到一个走路慢吞吞的真蝽母亲，会发生什么呢？我想象小真蝽们会放心地、完全信赖地跟随这个偶遇的首领，正如它们会跟随任何一只率先行进的虫子一样，于是我们就会看见一只好像母鸡带小鸡那样的真蝽母亲。偶然的相遇，使这个陌生者看起来好像母亲那样，关怀照护小真蝽，其实它压根不关切这群尾随身后吵嚷喧闹的孩子。

我觉得，格埃尔似乎受了这样一些相遇情景的骗。在相遇的过程中，雌真蝽并没有表现出母亲的关怀，而是作者添加的一点色彩，不自觉地勾画出一幅完美的图景。从此，灰色真蝽的家庭美德，就在书中被夸奖描绘得天花乱坠。

第六章 臭虫猎蝽

我突然在一个不大可能有新奇发现的环境里，遇到了臭虫猎蝽这个实验对象。我想研究这种开发死东西的昆虫，便前往村子里的屠户那里。不久以后，就写出了这篇关于这项研究的简要叙述。当人们对某个观念和想法抱有希望的时候，还有什么事不能做啊！为了捕获这种稀有猎物，我便前去村子里的屠宰场。屠户是个大好人，他竭尽地主之谊，殷勤备至地接待我。

我想看的不是令人厌恶的肉铺，而是堆着残渣废料的仓库。屠户把我领到仓库顶楼，房间的天窗一年四季日日夜夜都敞开，从天窗透进来的光线，把房间照得幽幽暗暗。天窗打开是为了使房屋空气流动，在气味令人作呕的空气中，尤其是在我造访的酷暑时节，经常通风绝非多此一举。我只要一回想起这个顶楼，就感到臭不可闻、非常恶心。

在顶楼上，在一根绷得很紧的绳子上，晒着带血的绵羊皮，一个角落堆着发出蜡烛臭味的动物脂肪，另一个角落堆着骨头、角和蹄。这堆旧东西对我很有用处，让我感到称心如意。在我略微撬起的一铲铲羊脂下面，皮蠹和它的蛹满谷满坑，乱蹦乱动。在羊毛周围，衣蛾没精打采，漫天飞翔。在还残存有骨髓的骨沟里，大红眼苍蝇飞来飞去，发出低微的嗡嗡声。我早就料到它们会在这里，它们是光顾残尸的常客。但是，另一个发现是我始料未及的，在用石灰浆粉

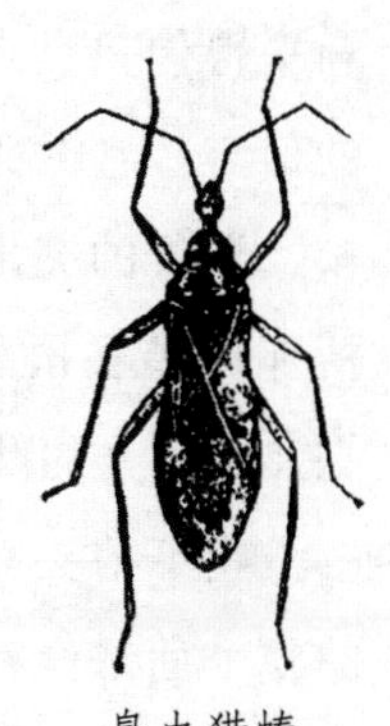
臭虫猎蝽

刷的墙上，一些丑陋的昆虫聚集成群，一动不动，形成一个个黑斑。

我在这些黑斑中认出了臭虫猎蝽，一种相当有名的真蝽。它们差不多有一百来只，分成很多小群。当我把新发现的虫子收集在一起放进盒子时，屠户在旁边观看。他看见我摆弄这些令人厌恶的虫子没有丝毫恐惧，简直惊呆了，他自己可不敢这样做啊。

他对我说："这种虫子飞到我这里来，紧紧贴在墙上，以后就不再动了。我如果用扫帚赶它，第二天它总是又飞回来，怎么也赶不走。不过，我也没有什么好抱怨的，它不弄坏剥下的那些牲口皮，也不碰我储存的油脂。它每个夏天都来这里干什么呢？我真弄不明白。"

我对他说："我也弄不明白呀，但是，我会设法搞清楚的。我搞清楚后，如果对你有什么好处，我就告诉你。你把剥下的牲口皮好好保存起来吧，这些东西或许与它不无关系呢！我们以后再瞧瞧吧。"

我离开堆放羊脂的仓库时，已经成了一个偶然聚集起来的虫群的监护人。这种实验对象其貌不扬，满身灰尘，呈树脂褐色，身体扁平得像只臭虫，脚长而笨，瘦得皮包骨，一点也激发不起我对它的信心。它的头缩小得刚好够搁下它的眼睛，眼睛像顶网状无边圆帽，帽子的突出部分，似乎表明它在夜间视力良好。它的脑袋像手柄那样装在滑稽可笑的颈部，颈子好像一根细带子，前胸乌黑发亮、有闪光的凸纹。

我不抬头，再往下看。它的喙长得奇形怪状，将除大眼睛以外的整个面部全都涂上稀糊。这不是普通的喙，不是半翅目昆虫吸吮树汁的钻头。这是庄稼汉的工具，像弯曲的食指般的钩子。这个家伙用这种不正规的武器来干什么呢？我看见它掠食的时候，露出一根细如发丝的黑色细丝。这是一把薄薄的灵巧的手术刀，其他未露出的部分是刀鞘和坚硬的刀柄。这种粗野的工具表明，猎蝽是个屠夫。

这个工具会有什么了不起的作用吗？用螯针刺、屠杀，这些都司空见惯，并不是什么有价值的资料。然而，我们有必要对意外情况予以认真考虑；兴味盎然的事物在萌生时往往被忽略，但是它会突然出现在平淡无奇的土地上。或许猎蝽为我们保留下来了一些值得历史记载的事迹呢。于是我试着饲养猎蝽。

它的武器是把坚固的土耳其弯刀，肯定了猎蝽是屠夫。它需要猎捕什么呢？目前，这是我饲养它首先必须弄清楚的。以前，我有一次碰巧看见一只暗色的真蝽同最小的斑尖孔花金龟搏斗。花金龟由于身上的黑底白斑，人们给它取了个很好的名字：裹尸布。这次偶然的观察启发了我。我把一群猎蝽安放在铺着一层沙土的大短颈广口瓶里，再把一只花金龟作为食物送给这群猎蝽。春天，花金龟在荒石园里的花朵上比比皆是，在这个季节却寥寥无几。猎蝽接受了受害者花金龟。第二天我发现花金龟已经死去。一只猎蝽把它的探针插在尸体的关节上，对尸体进行加工，把它弄干。

花金龟短缺，我不得已，凡是与猎蝽的身材成比例的猎物我都选用。什么昆虫猎物都是一样，没有区别，我用来实验都取得了成功。猎蝽日常的菜单包括中等个子的蝗虫，虽然它的个子比吞食它的猎蝽还大些，因为捕捉这种昆虫比较容易。同样因为易于捕捉，我也常常将黑角真蝽列入猎蝽的菜单。总之，虫子的食堂没有让我心烦意乱，感到麻烦一大堆。只要猎物的力气不比进攻者猎蝽大，什么都会顺顺利利。

我一心一意想观看猎蝽攻击它的猎物，但是没有成功。猎蝽鼓凸的大眼睛告诉我，事情总是发生在深夜。不管我多早去访察，我都发现猎物已经遭到扼杀，躺在那里，一动不动。昆虫斗士猎蝽开发被它杀死的虫子，上午的部分时间都待在那里寸步不离。它时而在猎物身体的一个部位，时而在另一个部位探测，当受害者身体的汁液一点不剩时，吸吮者就抛弃死者，聚集成群，整天一动不动，平躺在短颈广口瓶里的沙土层上。下一个夜晚，如果我更新食物，它们又开始同样的屠杀。

当猎蝽的猎物是表皮较软的昆虫时，例如蝗虫，我有时会看到受害者腹部的脉搏跳动，可见死亡并不是突然性的、爆发性的；尽管如此，遭受袭击者还是很快无力抵抗了。

我把猎蝽放在一只长着强壮的大颚的中间螽斯面前，螽斯的个子比它大五六倍。第二天，巨人的身体被侏儒敲骨吸髓，吸得精光，就像一只苍蝇被平静地吸干一样。可怕的一击便使庞然大物动弹不得，猎蝽的这一击击中了大虫子身体的哪个部位呢？这一击又是怎样起作用的呢？

没有任何迹象表明，猎蝽是个精通杀戮技艺的玩刀弄剑者，它不像有麻痹技术的膜翅目昆虫那样，懂得解剖受害猎物的身体，了解受害猎物的神经中枢的奥秘。毫无疑问，它把螫针胡乱插进受害者身体任何一个皮肤柔软的部位，它用中毒的方法来杀死受害者。它的喙像库蚊的喙，是有毒的武器，而且毒性更大。

据说猎蝽的蜇刺会引起剧痛。我很想亲身试试蜇刺的效果，以便得出权威性结论。于是我试着让猎蝽蜇刺我，却白费力气。我把猎蝽搁在我的指头上，撩拨挑逗它，但它始终不拔剑出鞘。我不用镊子，而是频频用手碰触我的实验对象，也没有成功。因此，我不是根据自身的经验，而是根据别人的证言，认为猎蝽的蜇刺是严重的。

猎蝽的蜇刺应该是厉害的，因为其目的在于，迅速杀死一只并没有完全丧失活力的昆虫。在沉睡中受到突然袭击的猎物，感到的是阵发性的刺痛，是胡蜂蜇刺引起的那种突然麻木。猎蝽漫无目的地蜇刺，一旦把受害者刺伤，这个匪徒可能就离开一会儿。在死者身上入座就餐之前，让受害者最后伸伸懒腰，打打呵欠。蜘蛛刚刚把一只危险的猎物捕到网里，也是这样谨慎，它们稍微退到一旁，等待被捆绑的猎物临终前抽搐挣扎。

虽然猎蝽怎样杀害猎物的细节，我没有亲眼看到，但它怎样开发死者我是一清二楚的。如我所愿，早上我经常目睹这种场景。猎蝽从弯成食指般、粗糙的刀鞘里，抽出一把精巧的黑色柳叶刀。这把刀子既是螯针，也是水泵，可以插入受害者身体的任何部位，只要这个部位的皮肤细嫩。刀子一旦插进受害者的身体，受害者就一动不动了，而入席就餐者也静止不动了。

这时，猎蝽口器的丝状口针运转起来，一根滑动碰触另外一根，发挥吸液器的作用。血液上升了，是受害者的血液。蝉也是这样吮吸树汁。当它把树皮的某个部位吸干后，就转移到另一个部位去钻凿另一口“水井”。猎蝽也是在猎物身上不同的部位，把它的猎物吸干，从脖子吸到腹部，从腹部吸到颈背，从颈背吸到胸部，又从胸部吸到足关节。它技艺娴熟，做起来省力省事。

我兴味盎然地观看一只猎蝽吮吸它捕获的一只蝗虫，它在蝗虫身上变更攻击点达二十次之多。它根据吮吸的汁液情况，在蝗虫身上某个部位停留得或长或短。它最后停留在蝗虫的大腿上，攻击腿关节。这只小木桶似的虫子被榨干了汁液，最后变得半透明。如果猎物的皮是半透明的，就说明它全身都一样被吸干了。由于这个罪恶的水泵的运转，一只长三厘米的修女螳螂变得透明起来，恰似昆虫蜕皮时抛弃的一件旧衣服。

吸食者猎蝽的胃口令人想起我们床上的臭虫。这种可恨的虫子在夜里搜寻酣睡者的身体，选择一个合适的部位吸沉睡者的血，然后又改换地方，直到晨曦初露时才退走。这时，它的身子已经鼓胀得像颗醋梨种子。猎蝽把这个方法改进得更加恶毒，它首先让受害者麻木，然后把受害者的身体彻底吸尽榨干。只有神话故事中想象的吸血蝙蝠，才会如此可怕，如此凶残。

然而，这个昆虫体液吮吸者，在屠户家的顶楼上，到底干些什么呢？它在那里并没有找到我让它得到的受害者呀！蝗虫、螳螂、螽斯、叶甲，它们全都是青枝绿叶和灿烂阳光的朋友。它们从来不会冒险去令人恶心、阴暗无比的仓库里。紧紧贴靠在仓库墙上的猎蝽吃些什么呢？这样的虫群需要粮食，而且需要丰美的粮食呀！可是，这种粮食又在哪里呢？

当然，这种粮食在动物油脂堆上。一只皮蠹在那里迅速繁殖，同毛茸茸的幼虫乱七八糟地混在一起。食物取之不尽、用之不竭。或许猎蝽是被这些丰盛的食物吸引来的。我于是改变猎蝽囚徒的菜单，用皮蠹来代替蝗虫。

我恰好有供我支配的菜肴，不必跑到屠户那里去备办。这个时刻，我在荒石园里，在芦竹三脚支架上修建了两个空中堆尸台。台上的鼹鼠、水蛇、蜥蜴、癞蛤蟆、鱼等动物的尸体，招引来了附近的昆虫葬尸工。这些葬尸工络绎不绝，前来搜寻。其中，大部分是动物油脂仓库里的那种皮蠹，这正是我需要的虫子。

我大手大脚把皮蠹给我的猎蝽端去，于是广口瓶里发生了疯狂的屠杀。每天早上，短颈广口瓶里的沙土层上遍布皮蠹尸体，其中很多还在割喉者猎蝽的喙下面呢！结论很明显：时机一到，猎蝽就扼杀皮蠹。它虽然并不偏爱这种猎物，一旦遇到，它还是会拼命地把它的血吸得点滴不剩。

我要把这个结果告诉让我获得故事素材的那个老实人，我会对他说："别打扰那些把身子紧紧贴靠在仓库墙壁上睡觉的讨厌虫子，别用扫帚赶走它们，它们能帮你的忙呢！它们与皮蠹进行斗争呢，皮蠹可是毛皮的大侵害者啊！"

满谷满坑的皮蠹很可能并不是把猎蝽招引到屠户仓库去的主要原因。在别处，在户外，这种猎物并不短缺，而且品种繁多，同样备受喜爱，为什么猎蝽宁可聚集在仓库里呢？我猜测是为了安置家小。产卵期不远了，猎蝽为了使它的幼虫有吃有住，便来到了这里。将近六月底，我果然在短颈广口瓶里，看见了第一批猎蝽卵。半个月来，猎蝽一直在产卵，数量很大。我将几只雌猎蝽隔离起来单独喂养，因此，可以估量它们的繁殖力。我数了数，每只雌猎蝽产30～40枚卵。

真蝽在一片树叶上有条不紊地，把它们的卵像串珍珠似的排列起来，但是猎蝽不讲任何秩序。猎蝽的卵远不是精致的珍品，而是粗疏地、随便地播下的种子。它们孤孤单单，相互之间，或者同支撑物之间都不黏附。在我饲养猎蝽的短颈广口瓶里，一枚枚小粒分散在沙土层的表面。猎蝽母亲一点不照管它们，甚至没有想到把它们固定在某个地方。一有风吹，它们就滚来滚去。它们受到的照顾与关怀，并不比植物的种子更多。

猎蝽的卵虽然被漫不经心地抛弃，却不乏优雅的外形。它们呈椭圆形，琥珀红色，光滑，发亮，约一毫米长。一根褐色的细线在卵的上部画一个圆圈，画出一个无边圆帽。我了解到，这根环形线是一条裂缝，卵壳的盖子将循着这条线打开。我亲眼目睹了一次卵盖揭开的奇迹。由于新生的小虫往后推，封盖落下，卵盒打开了，但没有折裂破损。

如果我最终看到了这个活动的无边圆帽，是怎样被稍稍抬起来的，我就会了解到猎蝽的历史中最饶有兴味的情节，我将看到类似小真蝽额上的风帽。小真蝽额上的带角烟囱帽，受到液压脉冲的冲击把卵壳顶盖掀掉。我们不要吝惜时间和耐心，真蝽若虫成批迁出它们的卵壳，也很有观察研究的价值。

如果说这个问题有吸引力，它同样也很困难。要进行观察，就必须在卵盖正好动摇的时候亲自在场；这就要求观察者必须不嫌枯燥无味、兢兢业业、坚持不懈。此外，还需要有良好的照明，没有朗照的阳光，就会看不到虫子的细微活动。猎蝽的习性使我担心卵会在夜间孵化，未来发生的情况表明，我的担心多么有根有据。不要紧，继续下去吧，或许好运会对我微笑的。在半个月内，我的放大镜从不离手，从早到晚我无时无刻不密切监视百来枚猎蝽卵。我把这些卵分放在几根玻璃试管里。

猎蝽卵上出现一条翻转的锚状黑线，预示着卵孵化的时刻已经临近。这条线出现在离卵盖不远的地方，它只不过是猎蝽若虫解脱的小机械，小家伙头上戴着一顶有僵硬条饰的烟囱帽子。然而，自始至终猎蝽的卵壳都保持着琥珀色，没有任何类似钳工作业的痕迹。

七月中旬，卵大批地孵化。每天早上，我在试管里都能找到一整套打开的小罐子。卵壳没有触动过，仍然呈琥珀色。罐子的盖子是凹下的球体，优雅、精确，落在地上，在空卵壳旁边，有时悬挂在罐口边缘。刚孵出的小家伙，幼小，娇美，纯白色。它们在什么都没有盛装的陶罐中间，活活泼泼，蹦蹦跳跳。我总是到得太晚，我想在阳光朗照之下亲眼观看的事情已经结束。

正如我预料，卵盖在沉沉黑夜中裂开。唉，由于缺少良好的照明，这个令我惊讶不已的问题，它的解决过程被我遗漏了。猎蝽将继续保守它的秘密，我会什么也看不到……不，我会看到的，因为坚持不渝、锲而不舍，就会使人具有意想不到的智慧和本领。一个星期过去了，我一无所获。一天早上九点，阳光明媚，猎蝽突然要打开它们的卵壳。这时即使家里起火，也许我也不会受到干扰。当时的景象使我惊讶得目瞪口呆。

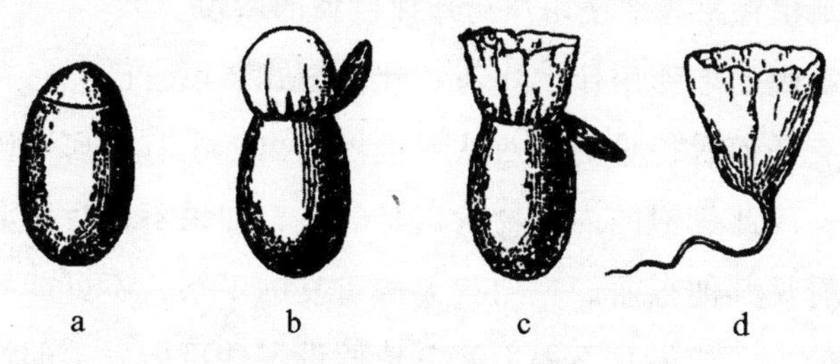

臭虫猎蝽的卵

a.未孵化　b.正在孵化　c.爆炸　d.孵化后

猎蝽的卵盖上没有真蝽卵壳上那种有纤毛的铆钉，仅仅是用胶黏附在卵壳上。我看见卵盖的一端微微抬起，另一端缓慢地转动，慢得用放大镜也无法看出这个动作。看来，卵里发生的事情是漫长而艰难的。卵盖慢慢地越开越大，我从打开的隙缝隐约看见有个东西发出亮光。这是一个发出虹色的薄片，突出隆起，以同样的力度把封盖往后推。现在，一个球形囊泡从卵壳里显露出来。囊泡一点一点扩大，好像在麦秸尖被吹大的肥皂泡。卵盖越来越被这个囊泡往后推，最后终于落下。

这时，这个炸弹似的囊泡爆炸了，囊泡鼓胀到超过了自身抵抗力的限度，顶部被撑裂了。这个囊泡只有一层纤细的薄膜，通常依附在罐口的边缘，并在边缘上形成一个高而白的护栏。另外几次，爆炸使它脱离了卵壳，被抛到卵壳之外，成了一只精致的杯子，呈半圆形，边缘被撕残了。杯子的下端有一根精巧的、弯弯曲曲的柄。

事情现在完结了，道路畅通了。猎蝽若虫能够弄破嵌进出口的薄膜，或者推倒这张薄膜，或者当爆裂的囊泡脱离卵时，找到畅通无阻的通道，用种种方式外出。多么自然而又多么奇妙啊！真蝽发明了三棱烟囱帽和水压机，猎蝽则发明了爆炸器械。真蝽缓慢行动，猎蝽则粗鲁急遽地使用炸药炸掉监狱的屋顶。

用来解脱的炮弹用什么炸药和什么方式装填自己呢？在爆裂的时刻，没有任何看得见的东西从囊泡里涌出，没有任何液体弄湿撕裂的边缘，因此囊泡的内盛物肯定是气体，如果不是我遗漏了，我肯定没有看见其他东西。一项我无法重复的观察，不可能解释清楚这件微妙的事。如果我不得不简单地假设一些可能发生的情况，我就做下面的解释吧。

这个小家伙的身体裹着一张膜被，膜被封闭得严严实实，把小家伙紧紧围住，它是新生若虫离开卵壳时将脱去的外套。卵盖下面的囊泡就接在外套上，被扔到卵壳外时出现的曲柄则是连接通道。

随着小家伙逐渐长大、变粗，这个囊泡储藏室非常缓慢地收纳，若虫在膜被的遮护下呼吸出的气体。生命呼吸不断产生的气体二氧化碳，不是通过卵壳在外面消散，而是储存在这种类似煤气罐的囊泡中，使囊泡鼓起、膨胀，向封盖施加压力。或许卵刚形成，囊泡就开始储存气体了，当猎蝽若虫即将出壳时，呼吸量增大，囊泡也越鼓越大。最后，封盖在囊泡不断增大的压力下顶不住，打开了。蛋壳中的雏鸡有空气室，卵壳中的猎蝽若虫则有二氧化碳炸弹，它通过呼吸活动得到解脱。

真蝽和猎蝽奇特的孵化方式，显然不是孤立的个别现象。有活动卵盖的卵壳，肯定也为其他一些半翅目昆虫所常用，这种卵甚至相当普遍。每种昆虫都用某种方法打开它的卵壳，都有自己的弹簧和杠杆系统。猎蝽卵中这部令人吃惊的机器，是部什么样的机器啊！有了耐心，有了好眼力，就会获得多么有趣的收获啊！

现在我们来观看小猎蝽怎样离开卵壳。卵盖已经掉落了一些时候，这只小虫子原来被裹得紧紧的，现在暴露了出来，浑身白色。它让腹部末端插穿卵壳口，洞口有一圈薄膜状石井栏，是炸弹爆炸后的碎片形成的一条支撑带。小虫子骚动，挣扎，摇摆，向后倾斜，做柔软的体操，想让有接缝的紧身衣破裂。臂章、胫甲、护腿套、胸甲、帽子都一点点被撕碎了，这里当然少不了受到束缚的小家伙使出的劲。一切都被压退，一切都像破布那样碎了。

新生的若虫得到解脱，现在自由了。它用摆动的长触角探索广阔的世界，跳跃着离开卵壳远去。当封盖还紧紧贴在卵壳口上时，它常常把封盖贴在背上和尾部，就像拿着古代的圆凸盾牌奔赴战场一样。它身披这副甲胄干什么呢？它把它当成防御武器收集起来吗？不是。罐子的盖子碰巧同这只若虫接触，一下子就被黏附起来，甚至黏附得很牢固，要让圆盘似的卵盖脱离需要下次蜕皮。这个细节告诉我们，刚孵出的幼虫渗出的体液能够黏附和拦留行走时在路上遇到的小微粒。我们稍后就会看到这种黏胶的作用。

猎蝽的新生若虫离开卵壳的门槛时，背上有个圆盾，或者什么都没有。它腿长、触角长。它急遽跳跃，到处游荡，体态姿势就像一只很小的蜘蛛。两天以后，在进食之前，它经历了一次蜕皮。一般来说，狼吞虎咽的家伙吃饱了肚子后，就解开衣服上的结，为迟迟才端上桌的甜食留下肚子。而猎蝽若虫什么都还没有吃，便让衣服裂开，把它扔掉，换上新皮。它甚至在入席就餐之前，就已经换了个胃。过去它的腹部圆而细小，现在则圆滚滚的。进食恢复元气的时刻来到了。

我是个制订菜单缺乏经验的饭店老板，我为猎蝽若虫端去什么菜呢？我回忆起林奈关于猎蝽的一段话，他说："……戴着面具的若虫吮吸床上的臭虫。"

我觉得这只臭虫猎物似乎不太合适它，短颈广口瓶里的这群吵嚷喧闹的儿童又小又弱，可能不敢攻击这样一只猎物。此外，我需要臭虫，却不敢肯定能找到，我还是来试试别的吧。

猎蝽成虫的口味没有排他性，它猎捕各种各样的猎物。猎蝽若虫也可能如此。我给它们端去小飞虫，却遭到断然拒绝。粮仓是我的虫群的始源地，在那里它们这样小小的年纪，不经过危险的斗争，会找到什么容易得到的东西呢？它们可能会找到动物脂肪、骸骨、皮和别的什么。那么，我就给它送去动物脂肪吧。

这次的菜肴很合小家伙们的心意，它们在动物油脂上安营扎寨，把喙插到里面，大口大口吸饮发臭的油精，然后退走，在沙土上慢慢消化，繁衍兴旺。我看见它们一天天粗大起来，在半个月内，它们长得胖乎乎的，差点让人认不出来了。它们整个身子，包括足，还盖着沙土。

猎蝽蜕皮后，立即露出角质皮层。这只小虫用泥土碎屑随随便便装饰自己，身子上好像布满了虎斑。随它的便吧！这件女式短斗篷即将变成令人厌恶的粗布长罩衫。那时，猎蝽就真正配得上它的外号"假面具"，它用面具盖住自己的面孔，穿着沾满灰尘的风帽斗篷。

如果我们想到要在这套褴褛的服装上，看出一个刻意制作的东西、一种斗争的诡计、一种为了接近猎物而掩饰自身的方法，那就赶快醒悟过来吧。猎蝽笨手笨脚地为自己缝制外套，目的并不在于把自己隐藏起来。这件衣服是非常机械地、自然而然地缝制的，毫无技艺可言，粘在上面的卵盖则被当作了步兵的圆盾。这件衣服或许是它食用的动物油脂的衍生物，被踏越过的尘土，不经过其他加工，就固定在黏胶上面。猎蝽本身是不穿衣服的，但它身上渗出的黏性体液，弄脏了身体，把它变成了一块尘土，好似移动的垃圾。

我再谈谈猎蝽的饮食。林奈不知道从什么地方获得资料，把猎蝽当成我们对付臭虫的帮手。自从那时以来，书本都千篇一律地重复，彼呼此应，对它赞扬有加。传统的看法认为，这种戴面具的猎蝽同我们的夜间吸血者作战。这当然会是我们感谢它的冠冕堂皇的理由。但是，准确无误吗？我冒昧地质疑这个传统的说法。如果真的有人突然发现猎蝽扼杀床上的臭虫，那就再好不过了。我的猎蝽囚徒满足于得到臭虫，而且接受它，但不需要它。比较而言，它们更喜欢蝗虫或者别的昆虫。

因此，我们不要迫不及待地归纳结论，不要把猎蝽看成是受到我们床上发出臭味的虫子吸引的耗食者。我发现，猎蝽想要耗食床上的臭虫，有个主要的障碍。相对说来，猎蝽魁梧强壮，无法钻进臭虫狭窄的庇护所。更重要的是，猎蝽若虫不可能在狭窄而肮脏的臭虫家里狩猎，因为它穿着满是灰尘的宽袖上衣，除非在臭虫爬到我们身上选择食物时侵入我们的床上。然而，没有谁可以肯定，猎蝽与睡觉的人有什么联系。据我所知，谁也没有突然发现过猎蝽或者它的若虫出现在我们的床上。

臭虫猎蝽若虫不配因为偶然几次捕获到臭虫而受到赞扬。它的猎物同林奈所说的，以及那些编书者人云亦云地鹦鹉学舌，完全是两码事。我饲养的猎蝽明确肯定，这种若虫幼时以脂肪物质为生，等到身体强壮后，就像成虫那样使食物多样化，吃任何一类昆虫。对它来说，屠户的仓库是极乐世界。它在那里可以找到动物脂肪食物，以后又会找到动物尸体上的苍蝇、皮蠹等死动物的开发者。在我们住宅里很少受到扫帚打扰的阴暗角落里，臭虫猎蝽的若虫搜寻厨房里油腻的食渣。它突然袭击半睡半醒的苍蝇和无家可归的小蜘蛛，便足以使家族繁衍兴旺。

这个传统的说法有待从我们的书本上删除，但不会对昆虫的荣誉有多大损害。如果猎蝽在历史上不再是臭虫的屠夫，那么它将作为用炸弹炸开卵壳的发明者，更加尊严地在历史上出现。

第七章 隧蜂与寄生蝇

你知道隧蜂吗？也许不知道。不过这也不是什么大缺点，人们可以不知道隧蜂，而照样充分领略和品尝生活的甜蜜和乐趣。然而，这些卑微的、没有历史的虫子，经过我们坚持不懈地、寻根究底地研究，告诉了我们一些十分奇特的情况。如果我们渴望扩大对这个世界上使人不得安宁的喧嚷嘈杂的群体的认识了解，既然我们现在有空闲，就来了解了解隧蜂吧，它们值得我们花力气去研究。

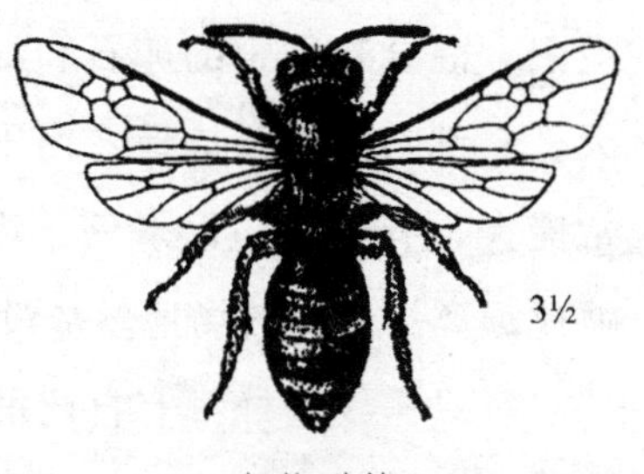

斑纹隧蜂

怎样辨认隧蜂呢？它们是蜜的酿造者，比我们蜂房里的蜜蜂长得更加纤细，更加苗条。它们的身材和体色都千差万别，组成了庞大的群体。有些隧蜂个子超过了普通胡蜂，另一些则与家蝇差不多，或者比家蝇小些。隧蜂品种繁杂，令缺乏经验的新手一筹莫展、深感绝望。但是，隧蜂有一个特征是恒久不变的，所有的隧蜂都非常醒目地携带着它们那个行会的证书。

瞧瞧蜂类的腹部末端，瞧瞧它腹部的最后一个体节，如果你抓到的是只隧蜂，在这个体节上就有条光滑发亮的线，有条细巧的沟槽。当它采取守势进行防御时，螫针就循着这条沟槽滑行、再度上升。这道拔剑出鞘的滑槽，明确地标示出隧蜂族类的所有成员，不分体色和身材。在别的任何地方，在带螫针的昆虫系列里，都没有这道独特的沟槽。这是隧蜂的特殊标记，是隧蜂家族的纹章。

三种隧蜂将在这个历史片段里出现，其中两种是我的邻居、我的熟人。每年它们极少忘记来荒石园定居，它们在我之前已占领了这里。我小心翼翼地避免剥夺它们的领地，相信它们会补偿我的宽容大度。同它们比邻而居，我能够每天随时去探望它们。这种邻里关系对我来说是个好运道，我必须好好加以利用。

居于三个实验对象之首的是斑纹隧蜂。它那长长的腹部环绕着黑红相间的美丽条纹，它苗条的身段、胡蜂一般的身材和简朴而雅致的服装，使它成了隧蜂家族的主要代表。

斑纹隧蜂在坚实的土地里修筑地道，而不必担心在筑巢期常常会发生的干扰劳动的崩塌事故。在荒石园里，路上踩压得很紧实的泥土，混合着细小的卵石和红色黏土，深受斑纹隧蜂喜爱。每年春天，它都与同类集体地，而不是孤单地占领这块土地。这个群体非常庞大，有时达一百来只，建立起一些隧蜂小镇。小镇河汉分明，彼此远离；共同的场地丝毫没有产生共同的产物。

每只斑纹隧蜂都有自己的小屋，除了宅主，任何人都无权擅自进入的不可侵犯的邸宅。猛狠的推搡会提醒胆大妄为的不速之客循规蹈矩，不要冒险钻入别人家里，不得轻举妄动，隧蜂不能容忍这种轻率鲁莽的行为。每只隧蜂都待在家中，每只隧蜂都为自己修建小屋。在这个由邻居而不是由合作者组成的社会中，开始时笼罩着一片完美的祥和气氛。

四月，筑巢工程开始。工程十分隐蔽，毫不惹眼，只通过一些新土堆成的小丘显露出来。工地上没有热火朝天的场面，很少有隧蜂工人露出身子，它们在自己的井坑里忙得不亦乐乎。有时四处都有余泥堆成的小土堆在震动，丘顶倾塌在锥形土堆的斜坡上。这是隧蜂劳动者带着一抱泥屑上升，把泥屑往后推到外面，自己并不露出身子。为了保护隧蜂小镇不受路人侵犯，我必须采取预防措施。路人漫不经心地行走可能会踩踏这些小镇。我便用芦竹编成的栅栏把小镇包围起来，在中心安放一个警示信号，这个信号是一根挂着狭长纸条旗的小木桩；标上记号的小路禁止通行，家里的人谁也不能去那里。

五月，阳光朗照，鲜花盛开，到处一片欢乐景象。隧蜂挖掘工转变为采集工，我无时无刻不看见这些工人在像火山口似的小土堆上，浑身上下净是黄色花粉。首先我想了解蜂巢的情况，蜂巢的布局会提供有用的资料。我用铲子和三齿耙，便使隧蜂的地下室一览无余。

一个尽可能垂直的井坑循着满是卵石碎屑的土地，笔直地或者弯弯曲曲地下降到三分米深处。这个长长的前厅是条简单的过道，高低不平，隧蜂来来去去，容易找到支撑物。整齐的形状和光滑的表面在这里并不合适，这些细致精巧的技艺将留到以后用于修建蜂宝宝的房间。容易下降和上升、容易快速攀登和再下降，对隧蜂母亲来说，这就是全部需求。因此它将进出的过道筑得相当粗糙。地道的直径差不多像粗铅笔那样大。

隧蜂的蜂房一间间以不同的高度水平层层迭起，占据井坑的底部。蜂房是一间间长两厘米的椭圆形洞穴，洞口是根短短的细颈，细颈的开口扩大成雅致的双耳尖底瓮口，好像是只小巧玲珑、水平放置用来进行顺势疗法[①]的小玻璃瓶。在地道里什么都大大敞开。

在小室内部，抛光层很光亮，光滑得连我们技术精湛的粉刷工

---

① 顺势疗法：根据现代医学之父希波克拉提斯所提出的理论，依照每个病人的特点给予最适当的治疗。——校注

都会妒忌。纤细的菱形标记闪闪发光，这是对小屋进行最后加工使之臻于完美的抛光器留下的痕迹。这件抛光器可能是什么呢？除了唇舌外，它不可能是别的什么。隧蜂用唇舌做抹刀，它为了把墙壁弄得亮光光的，很有规律地一下下细细舔抹。

井底的平坡雅致而完美，在修筑之前进行过粗加工。在还缺少储备食物的蜂房里，内壁布满了好像针孔似的小洞，可以辨认得出是大颚的功劳。蜂儿用颚尖压实黏土，向后推，让黏土没有一颗沙质细粒。大颚压实的壁面好似细粒状轨花滚边，抛光层就牢固地黏附在滚边上。滚边层是用很细的黏土修筑的。隧蜂首先精心选择黏土，经过纯化，拌和，然后将黏土一小块一小块地粘贴起来。当吐出的唾液使黏土具有弹性，唾液最后干燥成防水漆时，隧蜂就使用这把轧纹和抛光的抹刀，将它抛光、压纹。

春雨骤降时节，土地的湿度会让小小的泥土凹室脱落，然后化为泥浆，唾沫涂层能够有效地对付这种危险。它非常细微，人们只是猜到它存在，而不是看见它存在。但是，它的效能并不因此而不明显。我用水灌满一个巢室，液体储存得很好，没有任何渗漏痕迹。

小巧玲珑的罐子似乎漆着粗粒方铅矿粉。陶瓷工用烈火熔炼各种矿物使陶器不透水；隧蜂用被唾液润湿的唇舌作为柔软的抛光器，也同样能做得很好。即使在雨水浸湿的地下，隧蜂幼虫受到这样的保护，也会生活在干燥卫生的环境里。

我如果愿意，至少很容易用破布隔离开防水薄膜这层唾沫涂层。我把有蜂房的小土块底部浸入水中，水慢慢浸湿了土地，把它化为泥浆。我用画笔把泥浆扫净，耐着性子细心清扫，一种非常纤细的缎子就会脱离粗糙的外表，这就是透明、无色、防湿的帷幔。如果它不构成网，而构成布料，只有蜘蛛的布料可以与之相比。

我发现，修筑隧蜂蜂房是项耗费大量时日的工程。隧蜂先在黏土地上挖掘一个椭圆弧形的窝巢。它把大颚当作镐，把长着小爪的跗节当作耙。最初的工程不管多么毛糙，肯定也会有困难，因为它是在狭窄的细颈里干活儿，细颈刚够挖掘机械通过。

挖出来的泥屑很快就堆积成一大堆，占了很多地方。隧蜂把余泥集中起来，然后向后退，前足合拢，放在一抱土上。它通过进出通道把泥屑运到上面，向外推压到洞口的小土堆上，土堆在巢穴的门槛外逐渐地加高。接下来的工作是细致地修饰内壁的细粒状轫花滚边和优质黏土抛光涂层，它用唇舌在各个部位耐心地抛光，涂上防水涂料，加上双耳尖底瓮口。这些都是陶瓷制造术的杰作。封闭蜂房的时刻到来时，它还要在杰作上嵌上关闭塞子。所有这一切都需要几何学般的精确。

隧蜂幼虫的房间修建得十分完美，不可能是随着成熟的卵脱离卵巢，逐日临时修建的。三月末和四月，在这个死气沉沉的季节里，百花凋零，气温骤降，隧蜂一直在地下建房子。骤雨频降不适于生产的时期，隧蜂便在此时修建住所。隧蜂母亲在井穴底部深居简出，孤孤单单地建造子女的房间。它会不吝惜精力和时间，细心地修饰房屋内部。

五月，阳光灿烂，百花盛开，姹紫嫣红，房间差不多已经竣工。隧蜂母亲在四处采集食物之前修筑好洞穴，这些准备工作多么漫长啊！洞里有一打左右蜂房已经完全竣工，但仍然空空荡荡，无蜂居住。首先修建完整的小间，这是正确的防御措施，隧蜂母亲以后采集食物和产卵时，就不用分身来干井下矿工的粗活儿了。

五月，气候温暖宜人，草坪绽开了微笑，开满了成千上万朵小花：蒲公英、向日葵、委陵菜和雏菊。在这些花上，正在收获的蜂儿欢快地打着滚。隧蜂的蜜囊被蜜鼓胀起来，足上也涂满了花粉，然后朝它的小镇飞去。它飞得很低，几乎掠着地面。它突然拐弯，迷失了方向，身体左右摇摆，犹豫不决起来。这只隧蜂似乎由于弱视而经过千辛万苦，好容易才在迷路之后，在村子的茅屋中间，重新找到了路。

这么多的小土堆外貌相似，相互毗邻，哪一座是它的呢？它的小土堆具有只有它自己才认识的细小标记，只有它才能够准确无误地认出。因此，它一边曲折地飞翔，一边查看地点，最后找到了它。它把足搁在房舍的门槛上，然后迅速地钻进地里。

井坑底部发生的事，不应该与其他蜂类昆虫的行为有什么区别。隧蜂收获者后退着钻进蜂房，刷落负载的花粉，再转过身来，在满是尘土的食物堆上吐出蜜囊里的蜜。然后，这只孜孜不倦、勤奋劳作的隧蜂又飞回到花朵上。经过多次往返，蜂房里的粮食堆得已经足够，制作糕饼的时刻到了。

隧蜂母亲揉捏面粉，并掺进蜂蜜，把面粉捏成豌豆大小的圆面包。隧蜂的面包和我们的面包不同，外面的面包皮柔软，里面的面包心干硬。当隧蜂幼虫以后有了力气时，才耗食用干花粉做的面包心。蜜囊为圆面包的表面涂上一层甜食，身体虚弱的小虫吃的头几口食物，就是柔软的面包皮，是涂满蜜的美味面包片。根据隧蜂幼虫的发育状况，圆面包各层包含的成分不相同，最表面的是含蜜的粥，最里面的则是干燥的小骰子，节俭的隧蜂就喜欢这样精打细算。

一枚卵弯曲成弓形，横卧在小蜜球上。根据蜂类的习俗，接下来就是把小间封闭起来。采蜜条蜂、石蜂等昆虫，首先积存足够的食物，产下卵，然后把蜂房关得严严实实，以后就不再需要去照管了。

各种隧蜂的方法迥然不同。它们的蜂房堆着圆面包，放着一枚

卵，门户洞开，畅通无阻。由于小屋全都通向洞穴里那条狭长的公共通道，隧蜂母亲很容易每天去探望孩子们，了解家里的情况，又不致过分放弃手头的其他事务。我设想它会不时再向幼虫分发粮食，我觉得，隧蜂的圆形面包同其他蜂类昆虫的食物相比，非常微薄。但是，我只是猜测，缺乏确切的证据。

某些膜翅目昆虫猎手，例如泥蜂，习惯把食物分成几份供应给孩子。为了端出保持新鲜的野味，它每天都让幼虫的筐子装得满满的。由于食物比较容易储存，当幼虫食欲最旺盛的时候，隧蜂母亲能够不按照这样的家庭需要行事，而是每天给孩子供给植物粉末。除此之外，我看不出有什么其他原因能够解释，只要不断地供应食品，蜂房就可以自由进入。

隧蜂幼虫由于受到精心的呵护，吃得很饱，长得很丰满。它们即将化蛹了。这时，而且只在这时，小屋才关闭起来。隧蜂母亲在喇叭形蜂房口制作一只黏土盖子，从此，母亲就不再关心它的孩子，剩下的事会自然而然地完成。

到现在为止，我只观察到隧蜂家庭里的温柔、关怀与呵护。然而，我们回过头来看看，就会目睹一场疯狂的抢劫。五月，每天约上午十点，供应粮食的工作正进行得热火朝天时，我准时去拜访隧蜂居住得最稠密的小镇。丽日当空，阳光朗照，我坐在椅子上，弯着背，手臂搁在膝盖上，将这个姿势一直保持到吃午饭。我静静地观看，一动不动。一只寄生虫引起了我的注意，那是一只无足轻重的小蝇，但它对隧蜂来说，是个胆大妄为的暴君。

这个为非作歹的家伙有名字吗？我相信有的，但对此我不太关心，我不愿意把时间花费在对读者来说味同嚼蜡的资料上。叙述得清清楚楚的事实，比用专业词汇表述的枯燥无味的细节更令人喜爱。但愿对我来说，三言两语谈谈这个罪魁祸首的体貌特征就足够了。它是一只五毫米长的双翅目昆虫，眼睛暗红，面部灰白，前胸灰暗，尾部有五行细微的黑斑，斑上着生粗糙的纤毛，浅灰色腹部显得苍白，足呈黑色。

这种小蝇在我观察隧蜂的移居地里满谷满坑。它在阳光下，在洞穴附近躲藏起来等待时机。隧蜂一旦采集花粉后来到，足被花粉染黄，它就向前扑去，总是跟随在隧蜂身后。隧蜂游移不定、迂回曲折地飞行，它总是跟在后面穷追不舍。最后，隧蜂突然俯冲进它自己的家里，小蝇也同样突然地扑向隧蜂那低矮的小土堆，离入口近在咫尺。它的身子一动不动，把脑袋转向蜂窝的门口，静静地等待。隧蜂终于再度出现，在门楣上停留一些时候，头和胸伸在洞外。这时，小蝇仍然一动不动。

它们面对面，频频互相观望，彼此之间隔着比一根手指头还狭窄的距离，谁也不动一下。隧蜂对窥伺它的寄生虫不理不睬，至少它安静的神态使人相信是如此；而这只寄生虫也没有显得担心因胆大妄为而遭受惩罚。这只矮子小蝇在一爪就会把它压垮的庞然大物面前，始终沉着冷静、镇定自若。

我白费力气等待在两只虫子身上出现恐惧的征象。隧蜂呢，没有任何迹象表明，它已经认识到它的家庭所面临的危险。小蝇呢，也没有任何迹象显露，它会惧怕遭到严厉惩罚。小偷和屋主在一段时间内，你望着我，我望着你。

温良宽厚的隧蜂如果愿意，就可以用足捅破毁坏它房屋的小强盗的肚子；它能够用大颚把它钳得粉碎，用匕首刺穿它的身子。但是，它按兵不动，让那个近在眼前、一动不动、红着眼睛瞄准住宅门楣的强盗安然无恙。它为什么这样宽容大度，这样愚蠢透顶呢？

隧蜂一离开窝，小蝇就马上进去，就像进入自己的家那样大模大样、无拘无束。现在，它随心所欲，在储藏着食物的蜂房里东挑西选；我已经说过，这些蜂房全都门户洞开，它从容不迫在那里安置它产下的卵。直到隧蜂归来，谁也不会去干扰它。用花粉涂抹脚爪、用糖浆鼓胀蜜囊，隧蜂干这些活儿要花费一些功夫，因此，入侵的小蝇有充裕的时间在隧蜂家里为非作歹。这个侵略者的计时器调得相当精确，把隧蜂不在家的时间计算得分秒不差。当主人从田野返回时，小蝇已经干完坏事逃之夭夭，踪影全无。不过，它没有离开主人的洞穴太远，它停在适当的地方，准备伺机而动，再干坏事。

如果这只寄生虫在干坏事时，被隧蜂忽然撞见，会发生什么呢？没什么大不了，我看见一些胆大包天的家伙，在隧蜂用花粉和蜜制作面包时，尾随它去到洞穴底部，停留了一段时间。当收获者隧蜂拌和食物时，这些家伙无法得到这些食物，于是再度飞上空中，飞到隧蜂窝的门楣上等待主人外出。它们从容不迫，迈着平稳的步子回到阳光下，没有丝毫惊惶失措的样子。这清清楚楚地证明，它们在隧蜂劳动的地下深处，什么令人不快的事都没有遇到。

如果一只矮子小蝇在隧蜂的巢脾周围过分大胆妄为，隧蜂为了驱赶这个讨厌鬼，大概敢于做的，就是拍打一下这个矮子的颈项，在劫匪和被劫者之间没有发生激烈的斗殴。从在洞穴底干活儿的巨人的家里再次上来的侏儒，步伐笃笃定定，这个矮子没有损坏一根毫毛。

当隧蜂返回蜂巢时，不管是否载负着食物，都会犹豫一会儿，然后迅速地、蜿蜒曲折地飞翔，时而前进，时而后退，紧紧地贴着地面来来回回地飞行。隧蜂这样混乱无序地飞行，我马上想到，隧蜂企图从正反两个方向飞行，形成错综复杂的网状路径，使它的追害者迷失方向。的确，这样做是审慎之举；但是，看来它并没有这样聪明。

它挂念的并不是敌人，而是寻找蜂窝时会遇到的重重困难。它的家坐落在蜂房搭盖得乱七八糟的小土堆中，在混乱不堪的小胡同中。这些小胡同由于新近挖出来的成堆崩塌的泥屑，天天改变面貌。它显然迟疑不决，因为它经常弄错，扑向并不是它自己的洞穴入口。

它像摆荡秋千那样飞翔，重新开始搜寻。在探寻过程中，每隔一段时间，它都会暂时失踪。最后，它终于认出了它的洞穴，于是猛地钻进去。但是，不管它在地下消失得多快，小蝇仍然待在它的家门口，神气活现，转向洞穴入口，等到隧蜂外出后轮到它去检查蜜罐。

当屋主再度上升时，小蝇就稍稍后退，刚好让出主人通过所必需的空间。这只小蝇为什么自己要挪动位置呢？它们相遇非常和平，如果人们没有别的情报，就根本料想不到，隧蜂是同它擦肩而过的小蝇的牺牲品。隧蜂的突然到来远远没有吓住小蝇，小蝇压根就不理会它。同样，隧蜂也忽略了它的迫害者，除非这个强盗追逐它，在飞行中打扰它。这时，隧蜂就会突然转个急弯，向远方飞去。

当弥寄蝇紧跟食蜜蜂的大头泥蜂和其他昆虫猎捕者，以便把卵安放在即将储存起来的猎物身上时，大头泥蜂和这些猎捕者就是这样行事的。大头泥蜂回到家里，内心十分平和，并不会粗暴地对待突然在洞穴前撞见的寄生虫。但是，它们在飞行中感到自己被跟踪时，就会疯狂地飞翔逃走。然而，弥寄蝇不敢贸然一直下到狩猎蜂堆积猎物的蜂房。它小心翼翼，在门口等待大头泥蜂的到来，恰好就在猎物即将在地下消失的时候将卵贴上去。

然而，寄生在隧蜂家的昆虫，处境困难重重。归家的隧蜂把采集的蜜装入蜜囊里，把收集的花粉涂在足的毛刷上。对小蝇窃贼来说，蜜无法接近；花粉没有稳固的支撑物；而且，隧蜂要积存揉捏圆面包所需要的原料，必须一再来回往返。原料足够后，隧蜂就用大颚尖搅拌，用足把原材料加工成小球。小蝇的卵如果混在揉捏材料中，肯定会在搅拌中处于险境。

因此，小蝇必须将卵放在现成的圆形大面包上。由于隧蜂是在地下揉捏面包，寄生小蝇必须下到隧蜂的家里。它胆大包天得真是令人难以想象，甚至当隧蜂在家时，它也敢闯入。遭到抢劫的隧蜂，由于胆小怕事，或者由于愚蠢，听任入侵者胡作非为。

小蝇目不转睛地长时间窥伺，大胆地侵扰别人的住宅，目的并不在于损害隧蜂收获者，以便自己享受美食。比起做小偷，它在花朵上用少得多的力气，就能找到维持生命的物质。它在隧蜂的小地下室里有节制地品尝食物，了解食物的质量，我想这就是它能够让自己得到的一切。对它来说，唯一的大事，就是安置家小。它偷窃、抢劫东西，并不是为它自身，而是为它的子女。

我挖掘出一些花粉饼，常常发现饼块被弄成了碎屑，大量浪费。从撒布在蜂房地板上的黄粉里，我看到两三只尖喙蛆虫动来动去，它们是小蝇的后代。隧蜂的幼虫，有时同这些蛆虫混在一起。隧蜂幼虫由于食物匮乏，孱弱不堪，极度消瘦。贪吃的共食者小蝇蛆虫，倒也不大折磨这个主人，只是把主人最好的食物抢走。饥肠辘辘的可怜虫衰竭、萎缩、干瘪，很快就消失得无影无踪。它的尸体化为一个微粒，同剩余的粮食混杂在一起，成了小蝇蛆虫的一口食物。

隧蜂母亲在这场灾祸中干了些什么呢？它时时刻刻都很容易探

望到它的幼虫，它只要把头搁在蜂房的细颈口，就肯定会把灾祸的情况了解得一清二楚。浪费掉的圆形大面包，乱蹦乱动、乱成一团的害虫，它都一目了然。它为什么不抓住这些闯入者的肚皮呢？用大颚把强盗咬得稀巴烂，扔出门外，只不过是举手之劳嘛。但是，这个蠢家伙压根就没有想到这样做。于是，那些使别人饿肚子的家伙安然无恙。

它还会做出更荒唐的事呢。蛹期来到后，隧蜂母亲用泥土塞子像关闭其他蜂房那样，谨慎小心地把被寄生小蝇抢劫一空的蜂房封闭起来。当小间里住着即将化蛹的隧蜂幼虫时，这道最后的壁垒是极好的预防措施；但是，当小蝇去过之后，它变得荒诞可笑。在这样不合逻辑的情况下，隧蜂出于本能毫不犹豫地把空室封起来。我说这是空室，因为粮食一旦吃光耗尽，狡诈的小蝇蛆虫就匆匆忙忙溜之大吉，仿佛它能预见到，未来的苍蝇会遇到一道无法逾越的障碍，它在隧蜂关闭蜂房之前就赶快离去。

寄生昆虫小蝇除了居心叵测、诡计多端之外，还行动狡诈。一旦黏土小屋的细颈即将堵塞，它们全都抛弃这个会变为灭亡之地的地方。只要还有这种住所，它们就抛弃。黏土凹室的粗涂层铺了一层波纹织物，十分柔和，而且还涂了一层防水层，可以免遭湿气侵袭，似乎是个很好的隐居之地，可是，小蝇蛆虫不愿意接受。它们担心变成幼弱的小蝇时会受到监禁，于是离开，在井巷附近分散开来。

我挖掘搜寻小蝇的蛹，从来没有在蜂房内部，而总是在蜂房外面找到。我发现这些蛹一个个镶贴在黏土内部，在移居的小蝇蛆虫为自己营造的狭窄窝巢里。下一个春天，当破壳而出的时刻来到时，小蝇成虫只需要通过成堆的崩塌物钻出去，这可是件容易的事。

另一个理由同样急迫，要求寄生小蝇搬迁。七月，隧蜂会第二

次生育。而寄生小蝇只有一代，这时正处于蛹态，等待来年春回大地时羽化。采蜜的隧蜂在它出生的小镇上又开始工作。它利用沉井和春天筑的旧蜂房，就会大大节省时间。精心修筑的宅子，仍然保持着良好的状态，老房子只需要修饰一新就可以再用。

隧蜂非常注意清洁，它如果在清扫小间时遇到了小蝇的蛹，会怎么样呢？它会像处理灰泥碎片那样，处理这些碍手碍脚的东西。对它来说，小蝇的蛹不过是一种废物、一粒砂砾。这粒砂砾被大颚抓住，也许会被压得粉碎，被扔到外面的泥屑中。小蝇的蛹在泥土外任凭风吹雨打，必然死亡。

为了来日的安全而抛弃一时的幸福，我对小蝇蛆虫的远见卓识十分钦佩。它处于两种危险之中，不是囚禁在一个苍蝇无法出来的小匣子里，就是当隧蜂清扫它修复的小间时被丢出去，任凭日晒雨淋、霜袭冰冻，死在外面。它为了避开这双重危险，就逃之夭夭。

我们来看看寄生小蝇的战绩吧。六月，当隧蜂蜂房里一片安宁的时候，我对最大的隧蜂小镇进行了一次全面彻底的搜索。这个小镇包括50来个巢穴，地下发生的灾难一丝一毫都逃不过我的眼睛。我们四个人用指头筛查挖出的泥土，第一个人检查过的，第二人再检查。统计清单真是令人沮丧，我们没有找到隧蜂的蛹，一只也没有找到。隧蜂稠密的“城市”整个消失了，被寄生小蝇虫占领了。小蝇处于蛹状，繁衍兴旺，满谷满坑。我把这些蛹收集起来，跟踪观察它们的发育状况。

一年过去了，小蝇的褐色围蛹没有任何动静。在这些蛹里，蛆虫收缩、变硬，这是潜在的生命种子，七月的夏日烈焰也没有使它们从麻木中苏醒过来。这一个月是第二代隧蜂活跃的时期，上帝似乎暂时停止了活动。寄生小蝇停工休息，隧蜂安安静静干活儿。如果战争接连不断，夏天也像春天那样造成大量死亡，那么隧蜂家族由于过分受到损伤，也许会濒临灭绝。隧蜂窝里的暂时平静，使事物恢复了秩序。

四月，当斑纹隧蜂为寻找一个好地方挖洞穴，在荒石园里的路上到处逛荡，游移不定地飞翔时，寄生小蝇已经迫不及待地羽化了。迫害者和受迫害者的日历协调一致，多么精确，又多么可怕啊！正好在隧蜂开始活动时，小蝇也准备妥当，它即将用饥饿手段，消灭别的昆虫。

假如这只是个别情况，我就不会花费时间去思考这个问题，多一只或者少一只隧蜂，对世界的平衡无关紧要。但是，唉，各种各样的抢劫在芸芸众生的搏斗中成了一条规律。从最低下的到最高等的，所有的生产者都遭到非生产者的剥削。人类由于自己的特殊身份地位，原本应当置身于这些苦难之外，应该高出这些残忍的豺狼虎豹。但是，人们自言自语地说："办事嘛，就是弄来别人的钱。"正如寄生小蝇自言自语地说："办事嘛，就是弄来隧蜂的蜜。"为了更好地抢劫，人类发明了战争，发明了大规模地杀人以及光荣地杀人的艺术。因为如果小规模地杀人，杀人者就会被推上绞架。

我们永远也不会看见，礼拜天在村子的小教堂里歌颂的这个最崇高的梦想实现：荣誉属于高高在上的上帝，和平归于尘世凡人的善良心地。如果战争只涉及人类，也许未来会为我们把和平保存下来，因为心地豁达、慷慨大度的才智之士在为之而努力。但是，灾祸也在虫子那里猖獗为害呀！顽固的虫子永远不会听从理智的支配。既然灾祸普遍强加于人，它就或许是无法根治的。令人担忧的是，未来的生活将会是今天这个样子，是一场永无休止的屠杀。

于是人们拼命想象，终于想象到有个能够用行星来玩杂技的巨人。他力大无穷，不可抗拒；他也是正义和权力。他知道我们的战争、屠杀、纵火、毫无理性的野兽般的胜利；他知道我们的炸药、炮弹、鱼雷艇、装甲车以及所有的死亡机器；他连上帝最小的创造物中产生于欲望的可怕竞争都了若指掌。唉，这个正义的人、强大的人，如果他把地球放在他的大拇指下，他会对把地球砸烂犹豫不决吗？

他是不会犹豫不决的……他会听其自然，让事物遵循它们自身的进程。他会对自己说："古代的信仰是有道理的。地球是个生了虫、被罪恶的害虫咬坏了的果核。地球是个未经开化的粗胚，是迈向更加温良宽容的命运的阶段之一。听之任之吧，秩序和正义最终会到来的。"

第八章 隧蜂看门人

在童年时代，离开出生的村子并不是件大不了的事，甚至还是个喜庆呢。孩子们会看到一些新鲜的玩意儿，看到我们梦想的幻灯。但是，随着年龄一天天增长，遗憾也随之产生，生命在激发对往事的回忆时结束了。这时，在思想的幻影中，我们喜爱的村子将重新出现，最早诞生的新思想改变和美化了村子的面貌。这时，村子的理想形象像浮雕那样高于现实，凸显出来，令人惊奇。古老的、非常古老的并不久远，人们看见它，谈到它。

至于我自己，在三分之一个世纪之后，我闭着眼睛也能够径直走到那块平坦的石头处，我曾经在那里听见铃蟾清脆悦耳的铃声。如果破坏一切，甚至破坏铃蟾蜗居的时光，没有移动和粉碎这块石头，我肯定会再找到它。是的，我甚至肯定会再度找到癞蛤蟆的家。

我看清楚了赤杨在小溪畔的确切位置。赤杨在水下盘根错节的根，是虾子的避难所。我会说："正是在这棵树下，那种难以描述的、钓上肥美的虾子的乐趣和幸福降临到了我身上。这只虾子有长长的触角，有丰满得像枚卵的大螯，臀部十分肥美。"

我会毫不迟疑地重新找到那棵白蜡树。春天，一个风和日丽、阳光朗照的早晨，在这棵树的树荫下，我的心怦怦直跳。我刚刚在杂乱的枝杈中瞥见一种毛茸茸的白色小球，一个戴红色遮阳宽边女帽的小脑袋惊惶不安，退到茸毛中。我能隐约看见金翅雀的巢，孵蛋的鸟正伏在蛋上。这真是个无与伦比的新发现。

有了这样的好运，别的事就无足轻重了。不过，我暂且把这些搁在一边吧，与回忆父亲的园子相比，这些都相形见绌、黯然失色。父亲的园子是个悬空的小花园，有三十步长、十步宽，位于村子的最高处。那里只有一小块空地，可以俯瞰四野。空地上矗立着一座古城堡，城堡四角的小塔已变成了鸽舍。一条小巷一直通到小城堡，我家就坐落在小巷的尽头。沿着漏斗形洼地的斜坡，各家各户的小园子呈阶梯状递进，从山谷层层叠叠直至坡顶。我家的园子位置最高，但面积最小。

园子里没有什么树，仅有的一棵苹果树几乎塞满了园子。园子里种植着甘蓝、萝卜和生菜，菜畦之间长满了酸模，小园简直就是个菜园子。紧靠后院的挡土墙有一排拱形的葡萄架，好似绿色的长廊。即使阳光充足，葡萄树也要很久才能结出半筐麝香白葡萄。这是我们的奢侈品，很令邻居眼红。因为除了这个隐蔽的角落，这个接受阳光最多的角落之外，村子里压根就没有一棵葡萄树。

一排醋栗篱笆，一道防御可怕的土方坍塌的屏障，在前院的土台上形成了一排栅栏。当父母亲对我们放松监督的时候，我和弟弟就趴在篱笆边观看邻家院墙脚下的深沟。墙受到泥土的推压，鼓突出来。墙内是公证人先生的花园。

墙边种植着黄杨木，还有梨树。据说这些梨树能结出梨，结出名副其实的梨。晚秋时节，当这些梨储放在草垫上成熟时，差不多就可以吃了。在我们的想象中，这是个至福之地，是天堂，然而是被人颠倒观看的天堂。我们不是从下面，而是从上面俯瞰它。有这样广阔的空间和这样多的梨，我们多么开心啊！

我们观看蜂房。蜜蜂在蜂房周围忙碌，形成一股橙黄色的炊烟，掩映在一棵大榛树下。一株小灌木孤零零地从墙缝里长出，差不多同我家的醋栗栅栏平齐。它虽然把茂密的树叶铺展在公证人先生的蜂房上面，但至少也把根延伸到我家的田土下面。它属于我们，困难的是如何收获。

一根粗壮的树枝横伸在空中，我骑在树枝上向前挪动身子。如果我滑落掉下，如果支撑物断裂，我就会在疯狂的蜂群中摔断骨头。我没有滑落掉下，树枝也没有断裂。我用弟弟递给我的竿子，把最大的一串果子引到我够得着的地方。衣袋装满果子后，我仍然在树枝上骑着后退，回到坚实的地面上。这是人生多么适意而又自信的美好时光啊！那时，我竟然为了几颗榛子，骑在摇摇晃晃的树枝上，而面前就是万丈深渊。

我就只谈谈这些吧。这些模模糊糊的回忆，对我的梦想遐思来说那么亲切，而对读者来说漠不相关。为什么还要去唤醒一些诸如此类的回忆呢？但愿对我来说，突出这一点就足够了。最先透进思想暗室的微光，在那里留下无法抹除的印记。岁月加深了这些印记，而不是使之淡漠。

现在的时光被每天的忧虑烦恼湮没、弄模糊了，我们对它的细节，比过去的时光知道得更少。童年的光辉使过去的时光变得更加美丽。我在记忆里可以清清楚楚地看见，我那不老练的、稚嫩纯真的眼睛见过的东西，但我无法同样精确地重新绘出这个星期我的眼睛见过的东西。我深深地了解我那已经被抛弃很久的村庄，但对生命偶然把我捎去的那些城市，我几乎一无所知。一根美丽轻柔的带子，把我们同故乡的土地连接在一起，我们是不断裂就不会离开最初生根地的植物。我亲爱的村子不管多么贫困，我都喜欢再见到它，我想在那里把我的骸骨留下。

昆虫也能够对最初见到的东西留下恒久不灭的印象吗？它对童年时见过的地方保持着诱人的回忆吗？我们别管大多数昆虫吧，这个大多数像到处流浪的波西米亚人，只要某些条件得到满足，它们就到处居留。其他成群结队定居生活的昆虫，还记得它们出生的村子吗？它们像我们一样偏爱自己的出生地吗？

是的，它们当然记得，它们当然认识母亲的家。它们回到那里，修复它，住满它，例子俯拾即是，我只引证斑纹隧蜂的例子。我将看到，它对出生的村子的热爱，完美地表现在行动中。

差不多在两个月内，隧蜂在春季出生的子女就蜕变为成虫了。将近六月末，它们离开了家。当这些新手第一次跨越洞穴的门槛时，会在它们身上发生什么呢？显然有些可以和我们童年的印象相比拟的事。在它们那空白的记忆里，形象镌刻下来，非常准确，永不磨灭。尽管岁月流逝，我总是看见小癞蛤蟆蹲踞的石板、醋栗栅栏、公证人先生的乐园，这些不值一提的琐事构成了我生命中最美好的回忆。

隧蜂同样会看到它初次飞翔时停歇过的某株小草，它初次在石井栏上攀爬时足碰到的某粒沙砾。它牢牢地记住它出生的地点，正如我牢牢地记住我出生的村子一样。在一个充满欢乐和阳光朗照的上午，它熟悉了某个村子。

它出发前往附近的花上进食休养，探寻下次将在那里收获的田地。远距离没有使它迷路，因为它第一次巡游时得到的印象非常可靠。它将重新找到部族的临时营地，尽管在隧蜂小镇上，洞穴的数目如此之多而彼此之间差别又如此之小，它认出了自己的洞穴。这是它出生的小房、珍爱的家、给人以抹除不掉的记忆的窝。

但是，隧蜂回到家里后，它并不是这个住宅的唯一主人。孤独的隧蜂在春天单独挖掘的窝，在夏季成了家庭成员的共有产业。地下有一打左右蜂房，然而，在这些蜂房里只有雌蜂。在我研究的三种隧蜂中，这是一条规律；如果说这并不是所有隧蜂的规律，至少也可能是很多种隧蜂的规律。隧蜂每年出生两代，春天的一代只有雌蜂，夏天的一代既有雌蜂也有雄蜂。我将另辟专章叙述这种奇怪的现象。

隧蜂家庭成员的数量不是由于事故，主要是由于让人挨饿的小蝇而减少。这个家庭只有一打左右姊妹，全都勤奋劳动，全都没有婚配对象就生育。此外，隧蜂母亲的住宅不是一座破破烂烂的房屋，出入的地道，是住宅的主要部分，清除瓦砾之后还可以利用。这对隧蜂异常宝贵的时间来说，是个大收获。洞底的蜂房，那些黏土小间，也似乎原封不动；要使用这些巢室，只须用唇舌的抛光器更新一下抛光层。

幸存的所有雌蜂具有同等继承权，谁将继承隧蜂母亲的住宅呢？根据死亡率的高低，一个洞穴里有六七个或者更多的继承者，隧蜂母亲的房屋将归属谁呢？在有关的雌隧蜂之间，在这个问题上没有争执。大厦被认为是共同财产，没有谁提出异议。隧蜂姊妹们安安稳稳地通过同一个入口来来去去，忙着干它们的活儿。它使用而且也让姐妹使用母亲的小屋。

在井底，每只隧蜂都有自己的一小份地产。现在，旧蜂房的数量肯定不够，当旧蜂房已经被全部占用时，它们就花费力气另外挖掘新的蜂巢群。新挖凹室属于个人产业，每个隧蜂母亲都在独自干活儿。它们极其珍视自己的财富和独居生活，洞穴内的其他各处则通行无阻。

当工地上一片热火朝天时，隧蜂进进出出的景象饶有兴味。一只采集花粉的雌隧蜂从田野归来，足的毛刷涂满了花粉。如果大门洞开，出入自由，它就潜降到地下。在门槛停留会浪费时间，采蜜工作刻不容缓，分秒必争。有时好几只隧蜂突然飞来，一只来后不久，另一只又接踵而至。对两只隧蜂来说，过道过于狭窄，特别在需要避免不适宜的轻微碰擦时，更是如此。碰擦会使负载的花粉掉落，于是，最靠近洞穴的那一只迅速进入，其他的则按照到达的先后次序排列在门槛上，十分尊重别人的权利，等待自己的轮次。第一只隧蜂一旦消失，第二只就立即跟上，第三只又迅速敏捷地紧随其后，然后其他的一只只紧紧跟上。

有时即将外出和即将回巢的隧蜂相遇，后者就略微后退，给外出的那只让出路来，相互之间彬彬有礼。我也看见一些隧蜂在即将从井坑里露出时又再降下，为刚刚到达的隧蜂让路。隧蜂相互之间的殷勤、体贴，维持着房屋内有秩序的来来往往。

我仔细观察，还发现了比进入的良好秩序更好的事呢。当一只隧蜂在花间巡游之后返回时，我看见一扇关闭住宅的翻板活门突然沉降，使通道畅通无阻。到来的隧蜂一旦进入，这扇翻板活门就上升到原来的位置，差不多与地面平齐，重新关闭起来。隧蜂从洞穴里出去时，翻板活门也一样运转，门从后面被推顶，便下降，大门因此打开。隧蜂飞离后，大门再度关闭。

每当隧蜂离去或到达时，这扇在井坑里像活塞那样沉降或者上升，打开或者关闭住宅的活门，会是个什么呢？是一只已经变为看门人的隧蜂，它用粗大的脑袋在前厅口形成一道无法逾越的障碍。如果洞穴里的某只隧蜂想进入或者外出，它就“拉绳”，它后退到一个地道变宽能够让两只隧蜂同时通行的地方。想进入的那只隧蜂进去后，它立即再上升到孔口，用脑袋把它堵塞起来。它静止不动，高度警惕，只有在抓捕不知趣的家伙时，它才会离开岗位。

我来利用它在外面短时间出现的时机吧。从身材看，这只隧蜂与其他正忙着采蜜的隧蜂并无区别。但是，它的脑袋光秃秃的，衣服没有光泽，背上的毛差不多掉了一半，美丽的褐色和暗红色相间的斑马纹几乎消失殆尽。它穿的这身破衣服，是在干活儿时磨损的。这一切都有助于我把情况了解得清清楚楚。

在洞穴入口守卫站岗、恪守守门人职责的隧蜂，比其他隧蜂年长。它是这个家的创建者，是隧蜂劳动者的母亲，也是隧蜂幼虫的祖母。三个月前，当它青春年少、风华正茂时，它孤零零地、单枪匹马地干活儿，干得筋疲力尽。现在它的卵巢已经枯竭，它休息了。不，“休息”这个词用得并不恰当，它还在干活儿，它要尽它的余力为这个家助一臂之力。它已经不能再做母亲，于是当起看门人来。它为家人开门，把不速之客挡在门外。

顾虑重重、疑神疑鬼的山羊羔从门缝观望，对门前的狼说：“让我瞧瞧你的白爪子，不然，我不开门[①]。”这只隧蜂祖母和山羊羔同样多疑，它对来人说：“让我瞧瞧你的隧蜂黄爪子，不然，就不准你进来。”谁如果没有被认出是家庭成员，它就不会得到准许进入居所。

的确，你瞧瞧吧！一只蚂蚁从隧蜂的洞穴附近经过。这个肆无忌惮的亡命之徒，它想了解蜜味从地窖底部传出的缘由。看门的隧蜂动了动颈背，意思是说：“喂，走你的路吧！不然，你得当心。”一般来说，这个威胁就够了，蚂蚁会赶快溜之大吉。如果它赖着不走，这位隧蜂警察就会走出哨所，向胆大妄为的家伙扑过去，推搡它，驱赶它。它惩罚了不速之客后，就马上回到警卫队，值勤站岗。

① 这个故事见法国寓言诗人拉·封登的《寓言诗》中的《狼、山羊和山羊羔》。——译注

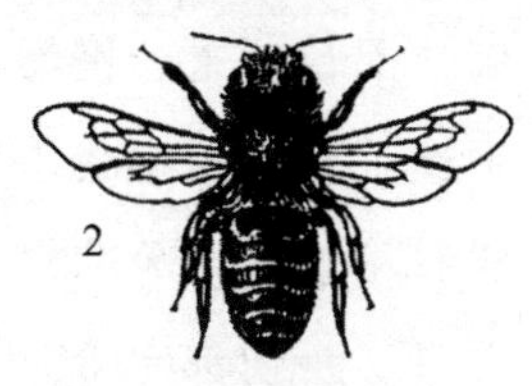

白带切叶蜂

现在我再谈谈切叶蜂。切叶蜂挖掘洞穴时笨手笨脚，于是它以同行为榜样，使用别的昆虫挖掘的旧地道。春天，当可怕的寄生蝇因为没有继承者而让斑纹隧蜂的地道空荡荡的时候，这些隧道非常适合切叶蜂。当切叶蜂寻找堆放它用刺槐小叶制作的羊皮袋似的小屋时，经常在飞行中仔细观察我的隧蜂小镇。它发现一个洞穴似乎很合适，但是，它下地之前发出的嗡嗡嘤嘤声，已经被守护洞穴的隧蜂听见。守护者突然向前冲去，在门槛上做几个手势。这已经足够，切叶蜂明白了，于是离开远去。

有时切叶蜂迅猛扑下，把脑袋插进井口里，看门人这时正守在那里。它略微上升，筑起路障，接着便发生了一场倒也不很激烈的争执。外来者很快就承认了洞穴穴主的权利，不再赖在那里，再到别处去寻找。

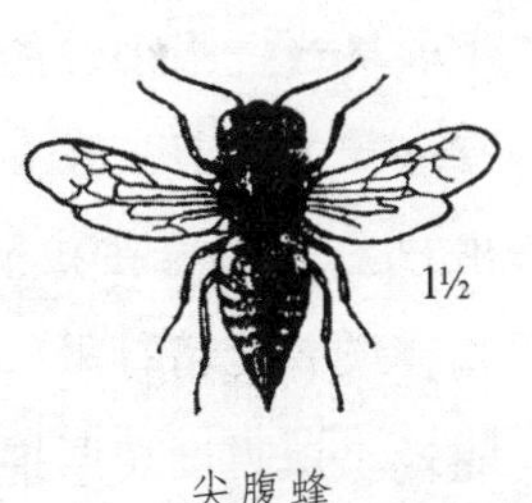

尖腹蜂

一个老贼，切叶蜂的寄生虫媚态尖腹蜂，在我的眼前受到了猛烈的推撞。这个冒失鬼以为它钻进了切叶蜂的家里，它弄错了，它遇到了看门的隧蜂。这个看门人把它狠狠惩治了一番，它于是急忙逃走。其他那些因为忙中出错，或者因为野心勃勃，企图钻进隧蜂洞穴的虫子，也都落得了同样的下场。

隧蜂祖母彼此之间也同样互不容忍。将近七月中，隧蜂小镇熙来攘往、热闹非凡，我认出了两代隧蜂，年轻的隧蜂母亲和年迈的隧蜂祖母。前者数量大得多，步态活跃，衣着鲜丽，不断从洞穴飞到田野，又从田野回到洞穴，来来往往，川流不息。后者形容枯槁，无精打采，懒懒洋洋，从一个洞穴游荡到另一个洞穴。它们似乎迷了路，再也找不到家在哪里。这些无家可归的游荡者怎么啦？我看见它们万分悲痛。春天，由于可恨的小蝇胡作非为，在很多洞穴里，一切都完了。夏天苏醒时，隧蜂母亲孤苦伶仃。它于是离开空荡荡的房屋，前去寻找一个有摇篮要守护，有岗要站的住宅。但是，这些幸福安乐的窝已经有了监护者和创建者。这个监护者珍视自己的权益，冷冰冰地接纳失业的邻居。一个哨兵已经足够，如果有两个，守护场所就会被堵塞。

有时我会看到两个隧蜂祖母争吵。漂泊流浪的那个祖母，突然来到一个蜂巢门口想找份活儿，住宅的合法业主没有离开岗位，在过道里寸步不退。它决不会让出过道，它是用足和大颚进行威胁。另外那一只也进行反击，仍然巴不得进入。于是双方互相推推搡搡。斗殴以外来者的失败告终，外来者于是去别处找碴儿，跟人吵架斗嘴。

从这些很小的场景，我隐约窥见到了斑纹隧蜂的习性中某些饶有兴味的细节。在春天造窝筑巢的隧蜂母亲，一旦工程竣工就足不出户。它隐居在狭窄而肮脏的洞穴底部，干些细小琐碎的家务活儿，或者无精打采，昏昏沉沉，等待女儿外出。炎夏酷暑期间，当隧蜂小镇再度熙熙攘攘，热闹起来的时候，它身为收获者却在外面无活儿可干，于是在前厅入口站岗放哨，只让住宅的劳动者它的女儿进入。它把居心叵测、不怀好意的家伙挡在一边。未经看门人许可，谁也不得入内。

没有任何迹象表明，高度警惕的看门人有时会离开岗位。我从来没有看见它离开自己的房屋，去花上进食，恢复体力。它的年龄以及它担任的不很劳累的家庭职务，使它摆脱了对食物的需要。也许它的女儿采蜜归来后，隔一段时间，就会把蜜囊里的蜜吐出一滴来给它。这个守门的老祖母不管是否进食，都不再外出。

但是，这个看门人需要家庭的欢乐。大多数的隧蜂祖母失去了这种欢乐，寄生小蝇的抢劫，破坏了它们的家庭。它们衣衫褴褛，忧心忡忡，流落市镇。它们短途飞行，迁居，但更常见的是待在老巢里。它们性情乖戾，强迫邻居，力图把邻居赶走。它们一天天数量锐减，年迈力衰，最后终于死亡。它们变成了什么？小灰蜥蜴一直在窥伺它们，轻而易举地就一口把它们吞下肚子。

在自己地产内定居的隧蜂祖母，高度警惕地守护着女儿们的制蜜工场，令人赞叹。我同它们接触越多，对它们越钦佩。早上空气清新的时刻，当收集花粉的隧蜂母亲不外出，找不到被太阳晒得够热的花粉时，我看见隧蜂祖母待在自己的岗位上，待在地道入口，一动不动，脑袋与地面平齐，筑起一道屏障来抵御入侵者。如果我过于逼近观察，它就稍稍后退，在阴影中等待我这个不速之客离开。

在早上八点到中午，当隧蜂正热火朝天地采集花粉时，我再去观察。这时，随着隧蜂进进出出，监护者连续不断地迅速后退把门打开，连续不断地迅速上升又把门关上。

下午，暑热过分酷烈，隧蜂劳动者不再飞往田野。它们退到住宅底部，粉刷新的巢室，制作即将收纳卵的圆形面包。隧蜂祖母始终在洞穴上面，用它光秃秃的脑袋把门关上。即使在热得令人窒息的时刻，它也不午睡，因为这是安全的需要。

夜幕下垂，甚至还更晚些，我回到家里取来提灯，借助提灯的光亮去看望在白天辛勤劳动的监护者。这时，其他隧蜂都在休息，而这个监护者仍然在站岗。显然，它担心会发生什么危险，这些危险也只有它才知道。它最终会进入宁静的洞底吗？我想，它可能会吧。

显然，隧蜂洞穴受到这样的监护，就会免遭五月使隧蜂数量锐减那样的灾难。让盗窃隧蜂面包的小蝇现在来吧！它胆大妄为，不断窥伺，也逃脱不了保持警惕的隧蜂祖母的注意。隧蜂祖母威胁它，恐吓它，把它吓跑。如果它赖着不走，隧蜂祖母就用钳子把它的身子夹得稀烂。可是，它不会出现了，理由我们很清楚，直到春回大地，它都在地下处于蛹态。

但是，即使没有它，在蝇科这种低贱的昆虫里，并不乏利用他人财富的家伙。什么都干，什么样的偷盗抢劫都干的家伙，大有虫在。然而，七月，我每天巡查时，没有在隧蜂洞穴附近撞见过一只。这些恶棍多么擅于干那卑鄙的行当啊！它们多么了解在隧蜂洞穴口的那个守护者啊！今天不再可能干坏事了。什么蝇科昆虫都没有出现，春天的苦难一去不复返了。

隧蜂祖母由于年事已高，免除了当母亲的烦恼，在住宅入口站岗守卫，负责家庭的安全。我由此了解到了在本能的起源中突然诞生的事物，我看到了一种突然产生的才能。它自己过去的行为也好，它的女儿的行为也好，都没有任何让人猜测出这种本能的蛛丝马迹。五月，它年富力强、精力充沛时，胆小如鼠。但是，在迟暮之年，年迈力衰，孤孤单单、孑然一身住在洞穴里时，它变得十分轻率鲁莽。它病残老弱，却敢干年轻力壮时不敢干的事。

从前，当它的暴君寄生蝇当着它的面钻进它的家，或者常常与它面对面地留在洞穴入口时，这只愚不可及的隧蜂纹丝不动，甚至不去吓唬这个红眼强盗，它本来能够轻而易举地惩治这个矮子的。它能够让这个家伙畏惧吗？不会，因为它自己平时总是规规矩矩、老老实实干自己的活儿；不会，因为强者不会让弱者惊吓它。这是对危险一无所知，这是愚不可及。

今天，这只三个月前还愚昧无知的隧蜂，甚至还没有经过初步的见习，就对面临的危险了如指掌。所有出现的陌生人，不论个子大小，不论属于哪个种族，都被挡在门外。如果威胁恐吓的姿势无济于事，这个守卫者就走出门外，向顽固的家伙扑去。胆小怕事的家伙变成了大胆勇敢的士兵。

这个转变是怎样完成的呢？我喜欢设想隧蜂经过春天的苦难教育，学会了提防危险。我很想赞扬它经过经验的教导，学到了守卫的技巧。然而，我必须放弃这种想法。如果说隧蜂慢慢进步，终于有了看门人那种了不起的预防措施，那么对窃贼的恐惧怎么会时有时无呢？不错，五月，它形单影只，家务羁身，不能长时间看门。但是，自从它的种族遭受迫害以来，它至少应该对寄生虫有所了解，而且当它几乎无时无刻不在自己的足下，甚至就在自己家里遇到这只虫子时，它就应当驱赶它。然而，它漠然置之，无动于衷。

因此，隧蜂祖先受到的深重苦难，并没有教会隧蜂子孙改变沉着平静的性格。它亲自经历过的艰难困苦，与七月警惕性的突然觉醒，风马牛不相及。昆虫也和我们人类一样，有自身的欢乐和苦难。它积极地享受前者，对后者却不大关切。总之，这毕竟是动物般地享受生活的最好方式。本能的启发会减轻苦难和保护种族，但是，这种启发只是会让隧蜂有个守门人，而不是向它们传授经验，出主意。

粮食供应工作结束后，当隧蜂不再外出忙着采集花粉，不再负载花粉归来时，隧蜂祖母仍然坚守岗位，和往常一样保持警惕。此时，隧蜂母亲正在洞底的蜂房产卵，这可是攸关一窝小蜂的性命啊！直到蜂房关闭，一切都已经结束，大门始终把守得严严实实，然后，隧蜂祖母和隧蜂母亲离开了房屋。它们毕生忠于职守，耗尽生命后，去到一个不为人知的地方，并且死在那里。

九月，第二代隧蜂出现了。这一代既有雌蜂，也有雄蜂。我曾碰见两种性别的隧蜂在矢车菊和飞廉的花上欢天喜地，乐不可支。隧蜂没有采集花粉。它们进食恢复体力，它们嬉戏玩乐，现在是婚娶的喜庆日子。再过两个星期，雄蜂就会踪影全无，它们已经成为废物，懒汉扮演的角色结束了。留在世上的只有勤劳的、生殖力强的雌蜂，它们将度过冬季，来年四月再开始干活儿。

我不知道隧蜂在气候恶劣季节的避难所。我料想它们回到了出生的洞穴，这种洞穴似乎是最好的越冬营地。一月，我搜查了隧蜂小镇，我的猜测是错误的，隧蜂的老房子空空荡荡。由于长期连绵的阴雨，这些洞穴已经破败不堪。斑纹隧蜂的住宅比这些泥泞不堪的废墟稍微好些，它建在碎石堆下，靠近阳光朗照的墙，有个不错的掩蔽所。隧蜂躲在偶然找到的住所里越冬，隧蜂小镇的隧蜂分散到了四面八方。

四月，四处分散的隧蜂从四面八方聚集到一起。它们将在荒石园的小径上，在被踩踏得结结实实的土地上，选择建设隧蜂小镇的场地。工程很快开始了，第一只隧蜂挖掘了一个井，第二只也马上在附近挖掘一口井。第三只到来了，接着，其他的隧蜂也到来了。它们挖出的泥土形成的小土堆互相邻接，有时在一步宽的地面上，竖井竟达五十个之多。

人们首先会用对出生地的记忆，来解释这些隧蜂的行为：隧蜂群经历冬天的分散后，返回了它们的村子。然而，事实并非如此。隧蜂现在对过去适合它的土地根本不屑一顾，我从来没有看到它连续两年占用同一片土地。每年春天，它都寻找一些新奇的地方，而这样的地方在荒石园里俯拾即是。

隧蜂聚集在一起，是为延续家族和邻里过去的交往吗？属于同一个洞穴、同一个隧蜂小镇的隧蜂互相认识吗？它们喜欢与老熟人一起干活儿，而不愿与外来户共事吗？这一点虽然并没有什么能证明，但也没有什么不让人们相信呀。隧蜂为了这个理由或者其他理由，喜欢与同类比邻而居。

在爱好和平的昆虫中，这种习性非常普遍。它们进食很少，不担心竞争。而其他食量大的大肚汉，则独占田产，并随时储备猎物，把同行拒于门外。读者可以去问问狼，它对在它的领地偷猎的同行有什么看法。人本身是最高等消费者，他为自己设置大炮的边界，并在边界上树起树柱。树柱下写道："我在边界这边，你在边界那边，我们用机关枪互相扫射吧。"只有经过改良的炸药连续不断地爆炸，才会结束争论。

爱好和平的隧蜂多么幸福啊！它们聚集一起会得到什么好处呢？它们没有构筑共同的防御体系，也不会为了驱逐共同的敌人，大家一齐努力。隧蜂不关心邻里的事，它很少去别人的洞穴，也不容忍别人常来它的洞穴。它有自己的苦难，并独自忍受苦难。它对别人的苦难漠不关心，无动于衷。当它的同行聚众斗殴时，它离群远避。各人打扫门前雪，休管他人瓦上霜。

但是，结伴而聚自有它的诱人之处，个人生活会因此而丰富多彩。大家同在一个工地上劳动，相互竞争，个体活动将在集体活动中壮大，也使个人的积极性在群情振奋的炉灶中更加高涨。劳动是巨大的欢乐，是真正的满足，它使生命具有价值。隧蜂对此十分清楚，于是聚集起来，以便把工作做得更好。

有时，它们聚集起来，数量巨大，范围宽广，令我想起庞大的蚁穴。当我从一小撮泥土里辨认出一个巨大土堆，如果能够忘掉事物相对的宏伟，巴比伦和孟菲斯、罗马和迦太基、伦敦和巴黎，这些疯狂而繁忙的城市，就会在我们的脑海里浮现出来。

早春二月，杏树鲜花盛开。在树汁突然的催促下，杏树苏醒了，它那黑而朽的树皮已经枯死，枝干变成了辉煌的白缎子似的穹形。我喜爱春天苏醒的这种魔法，在悲愁的树皮上，初放的花朵在微笑。这时，我喜欢去田野里，参加杏树的节庆。

一些昆虫已经先我而到。一只身穿黑色丝绒马夹、浅红色呢绒袍子的壁蜂正在访查花冠的玫瑰色花丝，寻找一滴甜甜的浆液。有种隧蜂个子很小，衣着朴素，数量更多，干活儿更忙，静静地从一朵花飞到另一朵花。正统科学称它为软体隧蜂，但我觉得，为这种小巧玲珑的蜜蜂命名的学者缺乏灵感。柔软这个词突显的臀部柔软性起什么作用呢？早熟隧蜂这个名称，或许能够更好地描绘杏树上这个小访客。

至少在我家附近地区，在采蜜的蜂儿中，没有谁比杏树的这个小访客更早熟。它在二月开始挖掘洞穴。二月十分寒冷，冰冻频频袭扰。甚至在这个小访客的同属昆虫中，也没有谁敢于离开冬季隐蔽所时，这个勇敢的虫子不管日照多么稀少，就已着手干起活儿来。它同斑纹隧蜂一样，更加喜爱在乡村道路上，在被踩踏得结结实实的泥土上筑巢定居。

它挖洞时堆成的小土堆，小得一个鸡蛋壳就能够包藏两个土堆，土堆矗立在羊肠小道上，不可胜数。今天，我依随博物学家的好奇心，在这条小径的杏树丛中闲逛。这条小径只有三步宽，像条被骡子的蹄子和有篷小推车的轮子压硬了的带子。小径隐蔽在一片绿橡树矮林中，不受北风袭击。在这个用结实坚硬的泥土修建的温暖而宁静的乐园里，小隧蜂的小土堆成倍增加，我走一步路就可能会踩踏几个。不过，意外事故并不严重，隧蜂矿工在地下没有受到什么伤害，之后会越过成堆的崩塌物爬上来，修好受到践踏的门槛。

我想测量隧蜂群的密度，我在一平方米的地面上数出了40～60个小土堆。这座巨大的昆虫建筑有三步宽，延伸到一公里以外，里面一共多少只隧蜂呢？我不敢估算。

关于斑纹隧蜂，我谈到过隧蜂村庄、隧蜂小镇，这种说法是适当的。但在这里，就是使用城市这个词也显得有点不够。有什么理由可以解释这个有无数隧蜂居民的市镇呢？我只看到一个理由：共同生活的诱惑力，是形成社会的始源。同类之间虽然不互相帮助，但彼此擦肩而过，往来接触，就足以把早熟隧蜂召引到同一条小路边，共同生活，就像聚集在同一海域内的沙丁鱼和大西洋鲱鱼那样。

第九章 隧蜂的无性生殖

隧蜂使我想到了另一个问题，一个有关生命最难于理解的问题。时光倒退到25年以前，当时我住在奥朗日。我的住宅孤零零地坐落在草原中间，在院墙的南边，有一条铺着绊脚草的羊肠小道。那里阳光朗照，阳光被墙的粗涂灰泥折射，使小道成了一个酷热的角落，免遭干旱而猛烈的北风的强劲吹刮。

猫来这里睡午觉，半闭着眼睛。孩子们在家犬布尔的陪伴下来这里玩耍。割草的人在骄阳似火、酷热难熬的时刻来这里吃午餐，把长柄镰刀插在悬铃木投下的阴影里。耙干草的女人一再经过这里，她们收割草料后来到这里，在剪平的草地上拾穗。只要一家子来来去去，就会使这里成为一条热闹的通道。

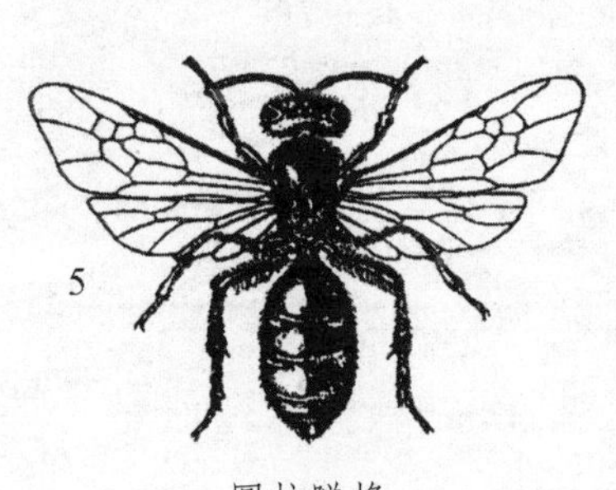

圆柱隧蜂

这条小径似乎不大适合隧蜂安静地劳动。然而，那里阳光如此温暖，环境如此宁静，土地如此适宜，每年我都看见圆柱隧蜂将这个场地代代相传。不错，它们很早就起身干活儿，有些甚至早在夜里就开始劳动，因而避免了土地被踩踏得过于结实的缺陷。

圆柱隧蜂的洞穴占地十多平方米，小土堆约有一千个，彼此相距很近，甚至互相接触，平均距离至多一分米。那里的土地非常粗糙，混合着石匠、泥水匠丢弃的废料和一点植物性泥土，被绊脚草

的根形成一张厚网固着起来。正因为如此，这片土地十分有利于排水，而这正是拥有地下蜂巢的膜翅目昆虫一直企求的环境。

我暂时把刚刚从斑纹隧蜂和早熟隧蜂处了解到的情况搁在脑后，不怕重复，如实地叙述一下我最初观察到的事实。

圆柱隧蜂五月开始工作。除了胡蜂、熊蜂、蚂蚁和蜜蜂等群居昆虫之外，用蜜或者用猎物来供养自己的几窝幼虫的膜翅目昆虫，都单独在育儿室里劳动，是一条普遍的规律。同类昆虫虽然彼此是邻居；然而，劳动产品是单干的而不是合作的成果。例如，蟋蟀的猎捕者黄足飞蝗泥蜂，它们虽然成群结队定居在软性砂岩的悬崖峭壁下，但是，每只都单独挖掘自己的洞穴，并不接纳邻居同它合作钻凿蜂巢。

条蜂结成数不清的小蜂群，开发被烧灼过的泥土陡坡。每只都在自己的通道上钻孔，并且妒火中烧，把任何敢于在那里出现的虫子，全都赶出它们探测的洞穴。三齿壁蜂在一段树莓上挖掘，将在那里建隔室的通道时，它会推搡冒险前来其领地落脚的任何同类。

啊，但愿在道路两侧的陡坡上选择了住所的蜾蠃，没有一只搞错家门，钻到邻居家里，否则，它会受到粗暴的接待。但愿用足挟着圆叶片归来的切叶蜂，没有一只走错地道，否则，它会马上被撵出来。其他蜂类昆虫的情况也是这样，各居其所，他人无权入内。甚至在同一个稠密的移居地定居的膜翅目昆虫之间，情况也是如此；大家比邻而居，但拒绝亲密交往。

因此，面对圆柱隧蜂，我没有感到惊讶。对圆柱隧蜂而言，没有昆虫学上所说的“社会”，家庭不是共有的，大众的关切照料不是为了整体利益。每个圆柱隧蜂母亲都只照顾自己的卵，为自己的幼虫修筑窝巢，收集粮食，决不插手养育其他母亲的孩子。这些巢室只共同拥有进出的门和通道，通道在地里分岔，通向不同的蜂巢。一个蜂巢就是一个圆柱隧蜂母亲的产业。我们的都市住宅也同样是由一道大门、一个前厅、一道楼梯，通往不同的楼层和不同的套房。每套房就是一个家庭，相对封闭，自成一体。

过道是公共的，我很容易从蜂巢的食物供应上观察到。我注意观察一个洞穴的情况。这个洞穴开凿在一个刚翻过土的小山岗顶上，这个山岗很像是蚂蚁堆积起来的。我迟早会看到隧蜂负载着在附近的菊花上采集的花粉飞来。

它们往往一只只分别突然来到，但是，三四只，甚至更多，同时出现在洞口的情况也不鲜见。它们停落在小山岗上，没有丝毫仇人见面分外眼红的迹象，依次下降进入通道。只须观看一下它们平静的等待、安宁的下降，我就可以确信这个洞口是它们共有的过道。每只隧蜂都拥有相同的权利，有权使用这条过道。根据对一条通道所通达的蜂巢群所做的统计，我估计一条通道的物主，平均为五只或者四只隧蜂。

当土地第一次被开发，当井穴慢慢从外到内挖掘时，几只圆柱隧蜂轮换参与它们将来会从中得益的劳动吗？我根本不相信。正如斑纹隧蜂和早熟隧蜂那样，每只圆柱隧蜂都单枪匹马投入劳动，独自挖掘一条属于个人财产的通道。以后当这个地下隐居所经受了考验，代代相传的时候，前厅便成了共同财产。

我假设第一组蜂巢修建在一块处女地的地道尽头，蜂巢和地道都是单独一只圆柱隧蜂的劳动成果。以后当离开地下住所的时刻到来时，在这个窝巢里出生的圆柱隧蜂，就会在面前找到一条畅通无阻的，或者至少找到一条只被粉末性材料堵塞的道路。这些物质的阻力比邻近那些还没有被掀动过的砂土的阻力小。外出的通道是条

简单粗糙的路，是圆柱隧蜂母亲在修建洞穴时开辟出来的。所有的圆柱隧蜂都在这条路上行走，没有丝毫犹豫，因为所有的蜂巢都直接通到那里。所有的圆柱隧蜂也都从蜂巢走到井底，又从井底回到蜂巢，在下一次解脱的激励下，参加清理场地的劳动。

地下的圆柱隧蜂囚徒同心协力，通过共同劳动，以求更加易于解脱。做这种假设纯属徒劳，因为每只虫子都只顾自己。它们休息后总是返回去，修筑那条阻力最小的道路，那条以前由母亲修筑、今天已经或多或少被填平了的通道，完全是迫不得已。

在圆柱隧蜂的洞穴里，一些早熟的隧蜂不等其他同类就先行一步，已经外出了。这是因为集结成小堆的蜂巢都有自己的出口，并且通向共同的通道。这样的布局，使得同一个洞穴的圆柱隧蜂居民，为了自己的那一份产业，能够同心协力清理洞穴出口井。如果一个劳动者筋疲力尽，退回自己的蜂房，另一个劳动者会跟着顶上，但不是来助它一臂之力，而是因为这个接替者心急如焚。最后，道路畅通了，圆柱隧蜂去到了地面。只要阳光灿烂，它们就分散在邻近的花上。一旦气温降低，天气转凉，它们又回到洞穴过夜。

短短几天过去了，产卵的时刻即将来临。圆柱隧蜂从来没有抛弃地下小窝。阴雨连绵或者狂风大作的日子，它们就去地道躲避。每天傍晚夕阳西下时，大部分隧蜂都会回到那里。毫无疑问，每只虫子都回到了自己出生的蜂巢。这些蜂巢仍然完好无损，这些隧蜂对这些蜂巢仍然记得准确无误。一句话，圆柱隧蜂定居一地，不外出漂泊流浪。

隧蜂足不出户的习性必然会产生一种后果，为了产卵它就在出生地选择洞穴。洞穴的地道是现成的，如果需要把地道挖到更深的地方，把它引到新的地层，只须根据修筑者的意愿加以延长。旧蜂巢略加修缮，还能派上用场。

隧蜂为了后代重新占据了出生的洞穴。那里有个独一无二的大门，有个独一无二的前厅，供所有返回老屋的隧蜂使用。因此，尽管隧蜂各自单干，也形成了一个社会的雏形。它们进行没有共同利益的合作，从表面上，却好像建立了一个共同体。在这个共同体里，各人的权利相同，都拥有相同的家庭遗产。

然而，继承者的数量很快就必须加以限制，因为进出地道里熙来攘往，过于喧闹嘈杂，将妨碍劳动的进度。于是，隧蜂又在地道内部开辟出新路，新路往往同老路纵横交错，最后地下到处被弯弯曲曲的狭长通道凿穿，形成错综复杂的迷宫。

隧蜂主要在夜间挖掘蜂巢和开凿新地道。每天早上，蜂巢门前都会耸立起一个圆锥形新土堆，证明挖掘工作是在夜间进行的。锥形土堆的体积还表明，有几个隧蜂挖土工参加了劳动，因为一只隧蜂挖土工单枪匹马不可能挖出这么多土来，不可能把这么多泥屑运上地面，并且在短时间内把它堆积起来。

旭日初升，邻近的草原还挂着露珠，圆柱隧蜂就已离开地道，开始采集食物。劳动的场面并不怎么热烈，或许是清晨凉爽的缘故。在洞穴上空没有丝毫活跃欢乐的气氛，没有一点嗡嗡嘤嘤的声响。一些隧蜂低低地、懒懒地、悄悄地飞来后，腿被花粉染黄，在余泥形成的圆锥形土堆上站稳脚跟，然后潜下陡直的狭长通道。另一些又重新攀爬通道，出发采集花粉。

为了储备食物，隧蜂来来往往，一直持续到上午八九点。这时暑气开始酷热起来，小路恢复了熙来攘往、穿梭不停的热闹景象。时时刻刻都有过路的隧蜂来到，它们来自家里或者别处。在这块没有被过分踩踏压实的土地上，一堆堆泥屑小丘很快就在人们的脚下

消失得无影无踪，隧蜂地下隐蔽所的标记消失得一个不剩。

隧蜂回到家后，整天都不再露面，可能在忙着制备食物和抛光蜂巢。第二天，地面上又出现了新的圆锥形土堆，这是夜间劳动的成果。清晨，采集花粉的工作重新开始，进行几个小时后，一切又都停顿下来。隧蜂白天停工休息，夜间和早上劳动几个钟头，直到工程全部竣工。

圆柱隧蜂的狭长通道下降到地下两分米的深处，然后再分成几条支路，每条支路都通向一个蜂巢。每个蜂巢有6～8个蜂房，一个挨着一个，与主轴平行，主轴的走向接近水平线。蜂巢的基底呈卵形，颈部缩小变窄，长约20厘米，最宽处为8厘米。隧蜂的蜂巢不是结构简单的洞穴，它们有自己的内壁，整个蜂巢可以干净利落地整块脱离包裹它的泥土。

蜂巢内壁的建筑材料相当细腻，可能是选自附近的粗土堆，并掺进了唾液。蜂巢内壁被细心地弄得溜光，并盖着一层薄薄的防水膜。不过，我还是略去这些蜂巢的细枝末节吧，斑纹隧蜂已经让我了解得够清楚。我暂且搁下这个住所，谈谈圆柱隧蜂最突出的特征。

五月一到，圆柱隧蜂就开始忙碌起来。雄蜂从不参加辛苦劳累的筑窝造巢工作。修建蜂巢、积存粮食等家务与雄蜂完全无关，这条规律似乎没有例外。隧蜂像其他膜翅目昆虫一样遵循这条规律，因此，看不见雄隧蜂把从地下挖出的泥屑推出地道，就是顺理成章的，这压根就不是它们做的事嘛。

但是，当人们的注意力集中到雄蜂身上时，发现隧蜂洞穴附近压根就没有一只雄蜂，肯定会惊得目瞪口呆。如果说雄隧蜂是些饱食终日无所用心的懒散家伙，那么这些二流子在修建中的地道附近转悠，在一扇门和另一扇门之间逛来荡去，在工地上空飞翔盘旋，死皮赖脸地纠缠未婚的雌隧蜂，也是合乎情理的。

然而，尽管隧蜂人口稠密，尽管我无时无刻不密切观察，也没有发现哪怕一只雄隧蜂。隧蜂的性别很容易分辨。雄隧蜂瘦小纤细，腹部狭长，披着红色披巾，即使没有抓住它，甚至隔着一段距离，我也可以辨认出来。雄雌两种性别的隧蜂，好像分属于两个不同的品种。雌蜂身体呈淡褐色，雄蜂身体呈黑色，腹部有几个红色体节。在五月的劳动期间，洞穴附近没有出现一只身穿黑衣、腹部细长、有红色体环的隧蜂，总之，没有出现一只雄隧蜂。

雄隧蜂如果不来探查洞穴周围，就可能在别处，在雌隧蜂采蜜的花上。我没有忘记拿着捕虫网去田野里搜寻，却没有取得什么成果。然而，到了九月，这些现在无法找到的雄隧蜂，在小路旁边，在刺芹的头状花序上，比比皆是。

这个奇特的蜂群现在只剩下隧蜂母亲，我猜测它们每年繁殖好几代，其中至少有一代具有另外一种性别。因此，研究工作结束后，我继续每天监视圆柱隧蜂的洞穴，以便抓住能够证实我的猜测的时机。在六个星期内，洞穴的上面万籁无声、一片沉寂，没有一只隧蜂出现。羊肠小道被行人踩得结结实实，失去了泥屑形成的小丘，隧蜂的地下隐居所的唯一标记。地面上没有任何迹象表明，地下的温热会使麇集的蜂群羽化。

七月来临，地面出现了几个新的小土堆，说明地下正在进行开辟解放之路的工程。一般说来，雄隧蜂比雌蜂早熟，先于雌蜂离开出生的蜂巢，因此，在现场观看第一批隧蜂出窝，以消除哪怕一星半点怀疑的阴影，也非常重要。强制性的挖掘比起隧蜂自然离去，有个很大的优点。在两种性别的隧蜂离去以前，挖掘可以把洞穴里的蜂群直接置于我的眼前，什么都别想逃过我的眼睛，又可以省得

去监视的困难。我无论多么认真，都不能担保监视万无一失，毫无疏漏。因此，我毫不气馁地用铲子探寻。

我一直挖到地道的尽头，挖出一些大土块。我仔细地把土块放在手中弄碎，仔细检查里面是否可能有隧蜂蜂巢。我发现，蜂巢里已经羽化的隧蜂占绝大多数，都关闭在完好无损的蜂房里。蜂蛹虽然数量略微少些，但也随处可见。我收集了各种体色的隧蜂，从没有光泽的白色到烟褐色，不同时期羽化的隧蜂应有尽有。我还收集了少量的幼虫，收获颇为丰盛。这些幼虫正处于化蛹之前的麻木状态。

我用铺着新鲜细土的盒子收容隧蜂幼虫和蛹，把它们放在用指头按压成的蜂房里。我等待它们变态，最终判定它们的性别。隧蜂出窝后，我立即辨认、计数，然后将它们释放。

我假设隧蜂的性别分配可能在各个蜂窝之间会有所变化，于是，我又进行第二次挖掘。这次的挖掘点离前一个仅几米远，我又挖到相同数量的隧蜂、蛹以及幼虫。

晚生的隧蜂变态需要几天时间，之后，我进行总清点，共清点出了150只隧蜂。然而，在还没有一只隧蜂离开的洞穴里收集到的大量隧蜂中，我只看见了雌蜂，清一色的雌蜂。或者根据严格的数学统计，我只发现了一只雄蜂，独一无二的一只雄蜂，而且它又虚弱又瘦小，还没有完全脱掉蛹的襁褓就已经死亡。这只独一无二的雄蜂肯定是偶然出现的。一个有249只雌蜂的群体的存在，必须以除去发育不全的雄蜂为前提。说得更确切些，什么前提都没有。因此，我把这只雄隧蜂当作毫无价值的偶然事物排除，我的结论是：圆柱隧蜂七月的一代只有雌蜂。

七月的第二个星期，筑巢工程重新开始。地道修复了、延长了；新蜂巢修筑了，旧蜂巢修复了；随后，隧蜂们供应粮食、产卵、关闭蜂房。七月还没有结束，蜂巢里又出现了单性独居现象。我再补充一点：在工程进行期间，没有一只雄隧蜂出现。在我的挖掘工作提供的证据之外，我又找到了大量证据。

七月，由于天气炎热，隧蜂幼虫发育迅速。一个月的时间就足够羽化出成虫。从8月24日起，圆柱隧蜂的洞穴上空又热闹起来，但是，这时的情况迥然不同，雄雌两种隧蜂首次同时出现。雄蜂身穿黑色号衣，细长的肚腹装饰着红色体环，非常容易辨认。它们摇摆不定地几乎贴着地面飞行，它们来来去去，从一个洞穴飞到另一个洞穴，忙得不亦乐乎。寥寥几只雌隧蜂出来一会儿，接着又回去。

这时，我又用铲子去挖掘蜂巢。我不加区别，能收集到什么就收集什么。隧蜂幼虫十分稀缺，蛹却俯拾即是。我捕获的隧蜂共有雄蜂80只、雌蜂58只。以前在附近的花上和在洞穴周围都不可能找到的雄蜂，今天我如果愿意却可以成百地弄到手。它们比雌蜂更多，两者数量的比例差不多为四比三。根据一般的规律，雄蜂更加早熟，大部分晚熟的蜂蛹只羽化出了雌蜂。

一旦两种性别的隧蜂同时出现，我就期待会有第三代诞生。第三代将以幼虫的形态度过冬季，五月又重新开始每年的循环。然而，我的期待落了空。整个九月，当阳光照射洞穴的时候，我看见大批雄隧蜂从一个井穴飞到另一个井穴。有时一只雌隧蜂从田野返回，突然飞来，但足上没有花粉。它寻找自己的地道，找到后就潜降下去，消失得无影无踪。

雄隧蜂对这只雌隧蜂的到来十分冷漠，不接待它，也不纠缠着向它求爱。它们继续摇摇摆摆、曲曲折折地飞行，搜寻洞穴的大门。我在两个月内一直追踪观察它们的情况。它们如果钻入地下，是为了即时下降到某条地道。

我常常见到好几只雄隧蜂聚集在同一个洞穴的门槛上，它们正都等候自己的轮次进入洞穴。它们之间的交往与同一个洞穴里的女主人一样和平。有一次，一只雄隧蜂走出洞穴，而另一只想进入；然而，突然的头碰头并没有引发任何争执。出来的一只稍稍靠边，让出能容下两只的空间，另一只则尽力钻进去。如果考虑到属于同一个物种的雄隧蜂之间，经常怒目相对、剑拔弩张，它们的和平相遇就会令人惊讶不已，给人留下深刻的印象。

井穴的出口没有耸立起泥屑堆成的小土丘，说明工程还没有恢复，我最多偶尔在洞外看到只有几片泥屑。请问，这是谁堆积起来的呢？是雄隧蜂，而且是由它们单独堆积的。懒散怠惰的雄隧蜂想干活儿了，它们成了挖土的工人，把会妨碍它们不断进出的泥屑抛到外面。我第一次看见雄隧蜂比筑巢的隧蜂母亲更加勤劳地频频来到洞穴内部，这种特殊的习性，我在别的膜翅目昆虫身上都没有见过。

我立刻看到了这些反常行为的原因。在洞穴上空飞行的雌隧蜂寥若晨星，它们大多隐居地下，或许整个秋末都足不出户。它们即使冒险外出，也会立即返回，它们当然采集不到什么。而雄隧蜂这边始终没有献媚求爱的举动，大多数都在洞穴上空飞翔。

我虽然全神贯注地观察，却没有一次撞见过雄雌隧蜂在洞外交配。由此可见，婚礼是秘密的，是在地下进行的。为什么雄隧蜂在一天最热的时候忙得不可开交，搜寻地道大门呢？为什么它们接连不断地下降到地道的最深处呢？为什么它们接连不断地一再出现呢？那么，这些问题就都能够得到解释。它们原来是在寻找雌隧蜂，寻找蜂房里的秘密隐居者啊！

我用铲子翻了几下土地，我的猜测很快就成了确实可靠的事实。我挖出了很多对隧蜂，证明雄雌隧蜂的交配是在地下完成的。

婚礼结束后，身上系着红色腰带的雄隧蜂离开洞穴，从一朵花到另一朵花，度过风烛残年后，在洞穴外面死去。而雌蜂则把自己关在蜂房里，等待来年的五月回归。

九月是隧蜂的婚庆时节。每当碧空万里、丽日高照的时候，我都看到雄隧蜂在洞穴上空，飞来飞去做一系列动作，看见它们进进出出、络绎不绝。如果太阳被云遮没，天色阴暗起来，它们就进入过道躲避起来。性子最急的把半个身子潜下井穴中，只把黑色脑袋露在外面，仿佛是为了等待阴雨天的第一次暂时晴朗。在这个晴朗时刻，它们可以去附近的花上逛一会儿。它们一直在洞穴里过夜，早上我目睹了它们起床的情景。我看见它们把脑袋搁在天窗上，了解天气情况，然后回到蜂巢，直到阳光照射进蜂巢。

整个十月，它们都这样度过。但是，随着气候恶劣的季节临近，以及等待求爱的雌隧蜂逐渐减少，雄隧蜂也一天天少起来。十一月初寒来临，洞穴上空一片寂静。我再次用铲子翻土，在雌隧蜂的蜂房里只找到雌隧蜂，一只雄隧蜂都没有。雄隧蜂踪影全无，都已经死亡，它们成了纵情狂欢和恶劣天气的受害者。对圆柱隧蜂来说，一个生命周期的循环就这样结束了。

二月，经过冰封雪飘的凛冽季节后，大雪刚刚覆盖大地半个月，我渴望再次了解隧蜂的情况。我当时正患肺炎卧病在床，濒临死亡。谢天谢地，我这次生病，根本就没有感到什么痛苦。但是，要活下去极端困难。我神志还有一点清醒，我作为观察者根本干不了别的什么事。我眼睁睁看着自己行将就木，好奇地注意到我可怜的身体器官逐渐损坏。假如没有丢下幼小的儿女这种痛苦的折磨，我将心甘情愿地离开人世。冥间想必会让我了解到很多事物，更加重大的事物，更加客观的事物；但是，我去冥间的时刻还没有到来。

当思想的烛火开始悠悠地从无意识的黑暗中显露出来时，我想向隧蜂向我最甜蜜的乐趣道别，向我的邻居隧蜂道别。我的儿子埃米尔拿着铲子去挖掘冰冻的土地。他当然没有遇到一只雄隧蜂；但是，雌隧蜂满坑满谷，冻僵在蜂巢里。

埃米尔为我带来了几只隧蜂。在它们的小房间里，没有一星半点霜迹，而覆盖的泥土被霜冻透，小屋的防水漆的效能令人惊叹。至于隐修的雌隧蜂，屋子里的暖气使它们从麻木中苏醒，开始在我的床上游荡。我用临终时刻模糊的目光跟踪着它们。

五月终于到了，我这个病人和隧蜂都心急如焚地等待它的到来。我以患病之身离开奥朗日前往塞里昂，我想这是我人生的最后一站了。当我搬家时，我的邻居雌隧蜂又开始劳动了。我看了它们一眼，惋惜的一眼，从它们身上还有很多东西可学。从现在起，我就永远不会再遇到这样的隧蜂邻居了。

现在我概述一下圆柱隧蜂的习性，而不是用老方法，写详细的观察报告。早熟隧蜂提供的最新情况，也将成为概述的一部分。

我从九月开始挖掘到的雌圆柱隧蜂，正如前两个月雄圆柱隧蜂的殷勤献媚所证实的，正如我挖掘时遇到的一对对隧蜂以最明确的方式所肯定的，显然已经怀孕。这些雌隧蜂像很多产蜜昆虫，例如像条蜂和石蜂那样在蜂巢里过冬，春天筑巢，夏天羽化出成虫，直到来年五月都把自己关闭在小房间里。

但是，圆柱隧蜂与它们有个巨大的差别：秋天，雌圆柱隧蜂暂时走出蜂巢去地面接待雄圆柱隧蜂，交配后雄蜂死去，只剩下孤零零的雌蜂。雌蜂回到蜂房，在地下度过气候恶劣的季节。

我先在奥朗日，然后又在塞里昂较好的环境里，在荒石园里观察过斑纹隧蜂，它们没有这些地下生活习性。它们是在光线、太阳和鲜花带来的欢乐中庆祝婚礼。将近九月中，我看见第一批雄斑纹隧蜂出现在矢车菊上。它们常常好几只共同追求一只正值婚龄的雌斑纹隧蜂。一会儿这一只，一会儿另一只，雄蜂突然扑到一只雌蜂身上，搂住它，缠住它，离开它，再搂住它。它们通过斗殴来决定谁将占有女伴，其中一只雄蜂被雌蜂接受后，其他雄蜂就逃之夭夭，快速地从一朵花飞到另一朵花，不在花上停落片刻。它们振翅翱翔，它们仔细观察，它们进食，它们更忙于交配。

早熟隧蜂没有向我提供准确的资料，这既由于我的过错，也由于布满石子的土地挖掘困难。挖掘这块土地需要镐，而不是铲子。我猜测，早熟隧蜂也有圆柱隧蜂的婚配习性。

秋天，雌圆柱隧蜂很少离开它们的洞穴，即使外出也决不会忘记在花上短暂停留后返回。它们全都在出生的蜂巢里越冬。相反，雌斑纹隧蜂迁居离巢，在外面同雄斑纹隧蜂相遇交配，不再返回洞穴。我在秋末初冬时挖掘，总是发现这些洞穴虫去楼空，已经废弃。这些雌斑纹隧蜂离去后，在它们最先遇到的藏身处越冬。

春天，雌隧蜂因为已经在上年秋天受孕，于是外出。雌圆柱隧蜂走出蜂巢，雌斑纹隧蜂走出各种各样的隐藏处，雌早熟隧蜂也走出蜂房。这三种雌隧蜂都像胡蜂那样，没有雄隧蜂的帮助，独自修筑窝巢。这时，除了几只在秋季受孕的胡蜂母亲，胡蜂家族基本上已经灭亡。或许，雄蜂的确协助过雌蜂，只不过是在雌蜂产卵的六个月前。直到那时，隧蜂的生活中没有任何新鲜事。但是，这时出乎意料的事发生了。

七月，第二代隧蜂出生，但是没有雄隧蜂。缺少雄隧蜂的合作，不再是个简单表象，而是确切的事实。这个事实已被我连续不断的观察，和我在新一代隧蜂出生之前进行的夏季挖掘工作所证

实。在这个时期，稍在七月以前，如果我的铲子挖掘出了三种隧蜂中的任何一种，也总是雌隧蜂，而且只有雌隧蜂，无一例外。

不错，人们可以说隧蜂的第二个世代是在秋季与雄隧蜂交配，能够在一年之内两次筑巢的隧蜂母亲所生。但是，斑纹隧蜂证明，这种说法是不能成立的。我看见隧蜂母亲不再外出，只在洞穴入口站岗放哨。有了这种看门人职务，这种全神贯注的职务，隧蜂母亲就不可能再从事任何采集和筑巢的劳动。因此，即使认为隧蜂母亲并没有耗尽体力，也不会有新家庭。

关于圆柱隧蜂，我不知道是否可以援引同样的理由。它们有看门人吗？过去，当我家门前有这种隧蜂时，我的注意力还没有被唤起，因此，缺乏这方面的资料。不管怎样，我认为斑纹隧蜂的看门人，还不为圆柱隧蜂所知。圆柱隧蜂的雌性劳动者数量庞大，可能就是没有看门人的原因。

五月，斑纹隧蜂母亲孤孤单单从冬季避难出来，单枪匹马地修筑自己的窝巢。当女儿七月接替它时，它成了这个家独一无二的祖母，守门的职位非它莫属。在圆柱隧蜂家族，情况迥然不同。好几个雌性劳动者住在同一个洞穴里，这是它们共同的冬季宿营地。如果家里的工作完成时它们还活着，看门人这个角色由谁来扮演呢？它们数量过大，拼比干劲，可能就是不需要看门人的原因。但是，在掌握更多的情况以前，我还是对此打个问号吧。

不过，从五月产的卵里孵出来的，是雌隧蜂，而且只有雌隧蜂。它们济济满堂，形成一个世代。虽然那个时期没有雄隧蜂，它们仍然生殖。两个月后，这个单性的一代产出的卵孵化出了雄雌两种性别的隧蜂。雄蜂与雌蜂交配后，周而复始的生命循环又重新开始。

总之，根据我所研究的三种隧蜂的情况，隧蜂每年有两代。一代是春季的一代，由隧蜂母亲秋季受孕，越冬后在春天生育。另一代是夏季的一代，这一代是无性生殖的，雌隧蜂仅仅通过潜在性的母性而生育。雄雌隧蜂交配只生出雌隧蜂，而无性生殖既产出雌隧蜂也产出雄隧蜂。

隧蜂母亲这个生殖女神，第一次生育不需要助理，为什么后来却需要呢？身体虚弱、游手好闲的雄隧蜂，来这里干什么呢？它是个废物嘛，为什么现在变得不可或缺呢？对这个问题我们会提出令人满意的答案吗？对此，我表示怀疑。我没有希望得出什么结论，就让我去问问蚜虫吧。关于无法解释的两性问题，它比谁都更加精通。

第十章 笃薅香树蚜虫的瘿

就生殖行为的古怪奇特而论，蚜虫是出类拔萃的。人们除非去探寻大海的秘密，否则是找不到比这更加稀奇古怪的事的。我们可别期望蚜虫在本能方面有什么了不起的行为。这些卑微的虫子，看上去好似虱子，腹部略呈圆形。这些足不出户的虫子，连抬抬足也显得奢侈，它们是干不出什么了不起的事的。然而，它们将告诉我们，通过什么样的实验会显示出一条主宰生命遗传的普遍规律。这个实验因狂热和多变而令人惊异。

我更喜欢观察笃薅香树蚜虫。它们是我的近邻，这对我频繁的观察来说是不可或缺的条件。它们具有某种技艺。我将它们关在荒石园里，如果园子里的情况不过于混乱，我就可能跟踪观察蚜虫科昆虫的发育情况。

喂养蚜虫的小灌木笃薅香树，在塞里昂的丘陵上漫山遍野，触目皆是。这种畏寒的植物，喜爱长在受烈日灼烧的碎石堆上。它那普普通通的花开过之后，便长出一串串美丽的小浆果。浆果先呈玫瑰色，然后呈浅蓝色，有笃薅香味。这些小浆果是秋季迁居的瘿绵蚜珍爱的美味。初次看见这种植物而又不了解它的历史的人，甚至会发现它第二次结果，第二次的果实与浆果迥然不同。

在笃薅香树的枝杈梢孤零零地或者成群地矗立着弯弯曲曲的角，恰似惟妙惟肖的辣椒。这些辣椒呈淡淡的草黄色，而非珊瑚红。叶丛中还挂满了杏子似的果实，比果园里的杏子更新鲜，更光亮。人们被外观迷惑，打开这些假冒品。多可怕啊，多恶心啊！它包藏的竟然是数不胜数的虱子似的虫子，这些虫子在粉质的细屑中乱蹦乱动。

前往圣地的进香客告诉我们，在索多姆近郊的某些小灌木上，可以摘到一些外观很美但内部全是灰粉的苹果。笃耨香树上美丽的杏子和有角的辣椒，就是索多姆的苹果，雅致的外表里只包藏着灰粉。这些浪潮般翻滚的灰粉，是有生命的，是盖满灰尘的蚜虫，是瘿。蚜虫丰满肥胖的子女就生活在这里，与外界隔绝。

为了从容不迫地跟踪观察这些稀奇古怪的树瘿是如何变化的，我需要一棵便于经常检查的笃耨香树。离我家门几步远正好有一棵笃耨香树。当我在荒石园里补种一些木本植物的时候，我高兴地想到要种一棵笃耨香树。一棵有收益的树，一棵将结出令人满意的果实的树，也许会在贫瘠的土地上死去。而这棵树呢，除了当柴烧以外什么用处也没有，却枝繁叶茂，长势喜人，亭亭玉立，每年都肯定会盖满瘿。我现在非常走运，拥有一株生满"虱子"的树，我就用它的普罗旺斯俗名"虱树"称呼它好了。

我被荒石园里发生的事吸引，没有一天不去那里看看。我逼近观察，这棵长满虱子的树也有它的优点呢，它包藏着千奇百怪的秘密。冬天它光秃秃的，那些将近夏末数量太大、使树叶不堪重负的蚜虫小屋，同树叶一起消失得无影无踪。现在除了角瘿外什么也没有剩下，而角瘿也不过是些破破烂烂的黑房子。

小灌木上的巨大蚜虫群到哪里去了？它们怎样重新占有笃耨香树呢？我仔细观察树皮、树干、树枝和枝杈，但白费力气，我没有发现任何能够预示下一次入侵的迹象，没有处于麻木状态的蚜虫，也没有等待春天孵化的卵。在附近，特别在树下腐烂的枯叶堆里，什么都没有。然而，蚜虫肯定不可能来自千里之外，一个微乎其微

的小不点，正如我想象，不会穿越田野到处漫游，它肯定就在向它提供食物的树上。但是，这棵树又在哪里呢？

一月的一天，我徒劳地搜寻后，感到十分厌倦，便把墙上的梅花地衣成片成片地剥下来。房基和笃藕香树的粗枝干上，都薄薄地覆盖着一层梅花地衣的黄色玫瑰结。我在实验室里用放大镜仔细观察我收集来的地衣，这是什么呀？

真是个了不起的发现啊！在这一小片地衣里，在这片还没有指甲大的地衣里，我发现了一个世界。在地衣里层的表面，在弯弯曲曲的鳞片中，镶嵌着大量褐色小粒。这些小粒不到一毫米长，有的完完整整，呈卵形；有的被截去一段，像尖顶形小袋子那样半打开。这些小粒全都清清楚楚分成几节。

我眼前的小粒是蚜虫的卵吗？其中，一部分又旧又空，一部分又新又满，很像胚孢。但是，我很快就打消了这个念头，因为卵没有像昆虫腹节那样的分节。更重要的原因是，这个小粒在前部显露出一个脑袋和触角，在后部可以辨认出足，整个身体脆弱而干燥。这些小粒已经结束生命，已经走完自己的路，现在已经彻底死亡了吗？没有，我用针尖按压，它们身上出现了微量体液，这是活物的标志。这些小粒只是表面看起来死了。

这个小东西最初一动不动，它有足和触角，它在地衣的掩护下游荡一会儿，然后，在变得没有活力以前定居下来。这时它用已经硬化、变为金黄色的薄皮制作一个木乃伊匣子。这只匣子是新生命的加工厂，在需要的时刻，我们会看到这种稀奇古怪的物体的起源。这个物体过去是只昆虫，现在则配得上“卵”这个名称。

我熟悉的那棵笃藕香树，荒石园里的那棵笃藕香树，刚才让我看到的小粒，我大概也会在田野里找到。我的确又看到了，但不是在地衣下面，因为小灌木的树皮往往裸露着，掩蔽场所并不短缺。一些笃薅香树的茎干，已经被拾枯树枝的女人，笨手笨脚地用小枝剪砍掉。这些茎干的截面是个裂口，木头裂开，裂缝很深，树皮被折断，有点像卷起的破布。废弃物一旦干燥就成了宝贝。

在茎收缩得最厉害的部位，在木头的裂缝和破树皮下面，都有不计其数非常令我关切的小粒。根据颜色，这些小粒至少有两类，一些呈褐色，其他的都呈黑色。后者在我那棵笃薅香树的地衣下面十分稀少，在裂缝里却占大多数。我将两种小粒都收集起来，然后耐下性子等待，我期待着揭开谜底。

四月中旬，在我饲养小粒的玻璃试管里，黑色的卵首先孵化，两周以后，褐色的卵也孵化了。卵壳前部被截去，匣子大大张开。除此之外，卵壳没有什么其他改变。从匣子里出来了一只小昆虫，一个小黑点，用放大镜可以辨认出，这是一只已经成熟的蚜虫，一条标准的腹管紧紧贴在胸部。我最初的猜测是正确的，在地衣下面和枯枝的隙缝里找到的褐色或者黑色的谜一般的小粒，实际上是孵化蚜虫的"种子"。

从有足和脑袋的外表看，这些种子是一只只小昆虫。它们最初十分活跃，之后变得死气沉沉，最后转变为卵的样子。最初的小粒几乎是完整的，现在则以另一种形态重新诞生。小粒的皮变成了壳、分节的匣子、琥珀色或者煤玉色的薄膜，而身体的其余部分则缩成卵的样子。

观察这个奇特创造物的根源和行动的时刻还没有到来，时间顺序同观察的时机是对立的。我还是继续研究这些刚孵化的虫子。这些呈粒状的黑色小蚜虫，腹部凹进，体节清晰，表皮粗糙。用放大镜仔细观察，可以看出它们身上覆盖着少量粉尘，令人想起李子的

青霜。它们在宽敞的监狱里碎步小跑，显得忐忑不安。它们想要什么？它们在寻找什么？毫无疑问，它们想要一个坐落在一棵理想的树上的宿营地。

我来帮助它们吧，我把一根笃藊香树枝放进试管里。细芽开始在枝梢把鳞片外衣微微打开，这正是蚜虫们所企求的。它们攀登枝杈，在绒毛状芽尖上定居下来，安安静静，心满意足。

我一边直接观察笃藊香树，一边在实验室里进行实验。在4月15日还屈指可数的小黑虱，十天以后变得数不胜数，我仅仅在一个芽尖上就数出了20多只。大多数叶芽，至少位置最高的和最粗大的叶芽，都住得满满的。这些叶芽的占有者，在小叶那层微薄的绒毛上蜷缩成一团。这些小叶才刚刚绽露出来呢！

每个家伙停留几天后，当树叶开始长出时，都开始为自己修建一所单门独户的小院。它用喙加工一片小叶，叶尖被染成紫色，鼓胀起来，边缘合拢，形成一个扁平的、不规整地半开着的小袋子。每只袋子差不多都有一粒大麻籽那样大，是一顶帐篷。一个袋子里只住一只蚜虫，从来不多住一只。

这只小小的虱子似的虫子，在与世隔绝的隐蔽所里会干些什么呢？进食，特别是生殖。短短几个月后，当它们成千累万时，事情就会变得紧迫起来。这里没有蚜虫父亲这些浪费时间的多余家伙；有多少只蚜虫，就有多少个蚜虫母亲。它们也不再产卵，因为卵发育得过于缓慢，只有摆脱一切准备阶段，直接胎生，才符合这些虫子的狂热激情。蚜虫若虫出生后生气勃勃、充满活力，除了身体较小外，同蚜虫母亲一模一样。

蚜虫若虫一旦呱呱坠地就插入喙，吮吸一点树汁，长得粗胖起来。只需几天时间，它就发育老熟，像母亲一样快速地胎生没有父亲的世代。直到每年的迁移期结束，子孙后代，其中包括关系最疏远的子孙后代，都通过孤雌胎生保持香火，而不会有别的始源。在更加易于观察的时节，我将会再谈到这种令人惊愕的生殖方法。这个方法会搞乱我们的思绪。

5月1日，我打开几个在新叶的叶尖上形成的紫色隆起。我有时在那里仅仅只能找到小壶的制作者，在芽尖上保持原状的蚜虫；我有时在那里遇见它时，它已经蜕了皮，并有一个小家庭。它抛弃黑色皮壳以后，身体转呈绿色，胖乎乎，粘有少量粉末。小家庭里此时只有一只若虫，最多两只。若虫身体呈褐色、细长、裸露。

为了解这个家庭的变化情况，我在玻璃试管里放置了两个即将孕育出后代的小壶。两天内，我获得了12只若虫。这些若虫很快离开它们出生的小袋子，去到封闭玻璃试管的棉絮团那里。这样急迫地迁移，意味着这些幼虫在别处，在已经舒展开的嫩叶上，有等待它们去扮演的角色。可是，紫色小屋脱离了富于营养的新叶后干枯了，它所孕育的蚜虫居民都死亡了，我无法继续计数的工作。不过不要紧，我刚刚了解到，一天的时间足够蚜虫生育三次。尽管这样的出生率只能维持两个星期，小壶里的蚜虫母亲却组建了一个很大的家庭。这个家庭的成员逐渐分散在笃藕香树上广阔的拓荒地上。

半个月后，当树的嫩枝渐渐长大，树叶舒展开来时，褐色的卵孵化了。我在这些彼此之间无法清楚分开的虫群中，迟疑不决地观察。在观察允许的范围内，我发现一个晚生的世代像早熟的世代那样开始出现。这个世代在小叶尖垒起了紫色结节，一个形状和大小可与葡萄种子相比的囊袋。这些小室同以前的小室一样，开始时只居住一只黑色蚜虫。

两个世代同样有迅速大量生殖的激情，隐居的蚜虫很快就有了

家庭。这个家庭的新成员抛弃了出生的陋室，去别处营生。最后，母腹枯竭了，这个小蚜虫母亲死在干燥的窝里。

共有多少只蚜虫来自地衣下面，侵袭笃薅香树呢？数以千计，但是，这个数量还远远不够。它们都急急忙忙用喙加工自己的那张小叶，用小叶肿胀的叶尖为自己修建住宅。它们在自己的家里马上生育，十倍地、百倍地开枝散叶。树上现在已经住满了移居的蚜虫，它们全都善于建立居民稠密的社会。

应该把这些蚜虫移民看成是一个简单的行业团体，它们属于同一个公会、同一个家族，它们根据攻击的部位，用不同的方式开发笃薅香树吗？既然工场是公共的，是否应该将它们当成彼此之间素昧平生的昆虫呢？对此，我犹豫不决；而且，一些严肃重大的理由也肯定了问题的繁复性。

a.半月瘿绵蚜的瘿　b.白瘿绵蚜的瘿

这些蚜虫除了在制成品方面的差异外，还有卵的颜色作为明显的区分特点；有的卵呈黑色，有的卵呈红色，与这些迥然不同的卵色对应的，是各自独立、互不依存的家族。也许通过细致耐心、深入透彻的检查，我能够在同种颜色的各种卵里找出区别来。我在地衣下面和枯树枝的裂缝里进行搜寻，只不过是收集到两种外壳的卵而已，至少从表面看是两种。然而，我会在树上找到五种蚜虫工人。这些工人虽然彼此相像，却修筑互相迥异的建筑。虽然没有其他胚孢，它们逃过了我这个小心谨慎的观察家细致认真的观察，卵在同样的壳下，当然，颜色有黑褐之分，却似乎具有不同的内容。

最后，物种最重要的特征形状，在将近季节末，也显现出非常突出的差别特征。直到这个迟晚的时刻，各种瘿里的蚜虫群，一旦离开它们的家，仍然彼此相像得无法区分。当岁末蚜虫最后一次成群移居时，另一代蚜虫出现了，这代蚜虫与先前几代迥然不同。至此，我观察到蚜虫有五个种类。

这些物种的统称是瘿绵蚜，这个学术名称它们是当之无愧的。笃耨香树蚜虫和其他那些住在榆树上和杨树上的蚜虫，的确是制作瘿的工匠。它们通过喙连续不断的吸食动作，做成一个空心的瘿。这种瘿是供蚜虫共同体食宿的大本营。

在笃耨香树上，最简单的蜗居是一种小叶的侧面褶裥。褶裥突然向上卷起，贴在叶面上，仍然呈绿色。这个褶裥是个低矮的住宅，屋顶几乎贴着地板了。蚜虫家庭因此住得很挤，成员不多。这些羞怯的绿色褶裥缝制者叫白瘿绵蚜。它体色苍白，因为它不懂得为它的宅子着上深红色。

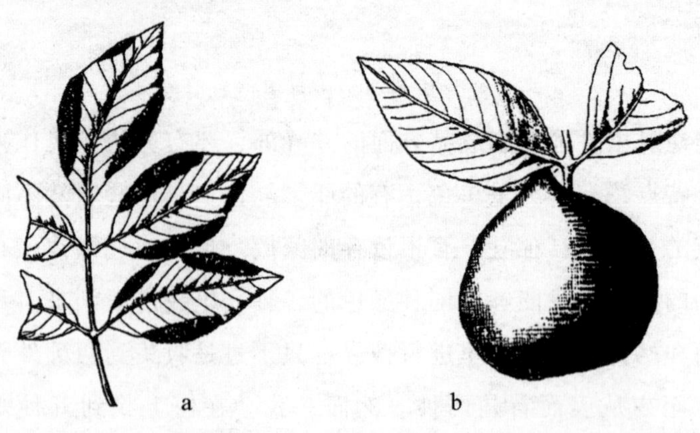

a.蓇葖瘿绵蚜的瘿　b.胞果瘿绵蚜的瘿

在别处，侧面褶裥也是卷向叶面，但是大大增厚，被叶肉鼓起而有了皱纹，还被染成胭脂红，好似空心的大肚子纺锤。这个芍药、牡丹和翠雀草似的居所属于胥葵瘿绵蚜。

还有些褶裥先被安放在小叶的趋光面，然后向小叶的背光面弯成直角，好似悬吊着的帽子护耳，或厚实的月牙小面包，呈草黄色，它是半月瘿绵蚜的作品。

小球状瘿位居蚜虫技艺的更高等级，它像一个光滑的圆球，呈淡黄色，大小从樱桃到中等杏子不等，悬挂在叶柄上。这些小叶尽管有庞大的膀胱似的累赘，但颜色和形态仍然正常。这些美丽的细颈瓶的吹制工人是胞果瘿绵蚜。

最杰出的建筑物是角。考虑到建筑者卑微的身份，这些角的确是宏伟巨大的纪念性建筑物。其中有些角瘿长达一拃，直径像瓶颈那样粗。它们三只三只地集结在高枝杈梢，好似野蛮人的战利品，弯弯曲曲、稀奇古怪；又像羱羊的角。

角瘿绵蚜的瘿

冬天，大多数瘿都同树叶一起落下，没有在树上留下一点痕迹。然而角瘿牢牢地黏附在小枝杈上，一直坚持留在那里。要彻底摧毁它们，还需要恶劣天气的长期侵袭。它们的根基很难消失，下一年还在原处不动，但已经破破烂烂，只剩下一小段。在这个截段上，蜡黄色的絮状物互相挤压。这种破絮在繁衍兴盛期裹罩着蚜虫居民。在这些角状的宫殿里居住着角瘿绵蚜。

最初的深红色小壶，是个临时栖息所，蚜虫大规模迁移之前，就在那里进行准备工作。在这些异常简陋的小茅屋中，每座都有来自树下的黑色蚜虫。出生于一枚卵的单性蚜虫，匆匆忙忙直接胎生有生命的小东西。这些小东西在嫩树叶上逐渐分散、蔓延，这只单性蚜虫自己却死亡。这时，真正的瘿，好几代蚜虫将在那里找到居所的城邦开始出现。我刚刚认出的五类蚜虫全都开始着手干活儿，全都自己单干，让小屋第一次鼓胀增大。晚些时候，会有人来助它们一臂之力的。

五月，结构最简单的瘿，小叶的侧面褶裥，已经开始长出。这些褶裥在叶片上翻折起来，变成绿色的卷边。在黑色蚜虫那使人微微发痒的喙下，一个狭窄的滚条在小叶的边缘向内弯曲，这条起始线长两厘米。小蚜虫加工好某个部位后，就移动位置，去别处干活儿。只要工具在运转，它就一动不动。

这个卑微的小东西如何让平整的叶面翘曲起来呢？它并没有做别的什么，只不过插入它的喙而已。针的刺戳不管多么灵巧，都会在保持外形的情况下损坏组织。小家伙肯定会滴注某种毒素，引起树汁过度汇集，使受害植物中毒。它刺激植物，使植物的受害部位肿大隆起。

滚边慢慢变宽，慢得使我的研究工作难以进行，我就像用肉眼追踪观察一根草萌芽一样。滚边现在是个倾斜的屋顶、一个半开的褶裥。蚜虫在角上，在供水站管理员的岗位上，用精巧的探测器激发、引导树汁流动。屋顶在24小时内下降完毕，紧紧贴在叶片上。屋顶原本是个突然降落的活门，但是由于探测器运转得非常缓和、适度，因此，小蚜虫不会在两个薄片之间被压碎，仍然能够自由活动，好像在露天一样在褶裥里来来去去。

啊，小黑虱的穿孔器是个多么奇妙的工具呀！小孩使用器械时，用指头紧紧按压某根杠杆、某个龙头，使这个庞然大物开动起来。同样，蚜虫也用精巧的探测器激发出强大的水力，开动小叶的机翼。它以自己的方式，成为一项巨大工程的工程师。

帽子护耳形或者纺锤形的瘿，则以小叶边缘瘦薄的胭脂红卷边作为起点，内壁很快增厚，变得多肉、有节，鼓胀成瘿，绿色完全消失。被蚜虫加工的那部分小叶在简单翻折时，保持原有的绿色，为什么现在会自然而然地染成黄色呢？为什么有的植物组织的厚度不增加，而有的增大呢？为什么纺锤是放置在叶面上，而帽子护耳突然把小叶弯成肘形并且垂直下降呢？为什么工具一模一样，作品却截然不同？这是因工具使用者不同而性质发生变化的毒素所致吗？我被这些问题弄糊涂了。

谈到小球状的瘿，问题就更加难以弄清。黑色蚜虫定居在小叶的叶柄上，紧靠主叶脉。它在那里停留下来，静止不动，很有耐心地用穿孔器挖掘一个细小的洞穴，小叶背光面随即出现局部鼓泡的凸纹。微小的蚜虫沉降，被淹没在一只袋子里，仿佛支撑物在逐渐下陷，袋口由于两片唇瓣的合拢而自动关闭起来。

蚜虫躲在自己家中，与世隔绝。养育蚜虫的小叶，形状和颜色都没有发生任何变化，胞果则被染成淡黄色，由于蚜虫的刺激性口器引起的离心扩张而一天天变大。蚜虫隐士以及随后出生的子女，一起不断地刺戳，将近夏天，胞果变得像颗大李子那样大。

角瘿一般是附在最小的叶子上。枝杈梢瘦弱的小叶是最后长出的新叶，它刚刚舒展开来，还没有染上健康的绿色，长不到4～5厘米。蚜虫巨大的角形大厦就建筑在这些植物的苦难之上。小叶没有被充分利用，仅仅利用了其中一片，总之，只利用了微不足道的一点。

蚜虫开发这微不足道的一点叶片，就获得了奇特的能量。角瘿同枝杈梢紧紧粘连起来，合为一体，当树叶落下时，它却能够固着在树上不会掉下。而且，角瘿之间也彼此紧紧粘连。蚜虫用喙引发树汁汇流，就好像向笋瓜供给养料的西葫芦一样，液汁都汇流向内茎。小不点居然建造了庞然大物。瘿最初像古罗马士兵的角形盔饰，优雅，整齐，绿得很均匀。我把它打开，内部呈雅致的肉红色，像绸缎那般柔软，目前只有一只黑色蚜虫住在这个美丽的豪宅里。

从褶裥一直到角，五种住宅都修建起来了，以后只需要随着蚜虫数量增加而扩大。那么，这些各自根据自己的方式，孤立地被圈围在里面的蚜虫干些什么呢？它们首先换装变态。它们过去身体呈黑色、苗条，适于在新叶上长途跋涉；现在身体转为呈黄色、发胖、静止不动。它们在喙插入被笃薅香树汁鼓胀起来的内壁后，安安静静地生育下一代。它们就像消化食物一样，连续不断地生育，它们没有别的什么事要干。

我们之后会称它们为蚜虫父亲吗？不，父亲这个词的意义与生殖这个词的意义相抵触。我们之后称它们为蚜虫母亲吗？也不，母亲这个词的准确意义与之截然相反。它既不是父亲，也不是母亲，甚至连中间状态也不是。我们的语言无法表述这些蚜虫稀奇古怪的行为，必须借助植物，才能对这些行为有一个近似的概念。

在我们国家，普通大蒜几乎永不开花。种植使它失去了两性的区别，它的花朵没有代表父性的雄蕊和代表母性的雌蕊，产出的种子也就不是真正的种子。然而，它仍然繁衍兴旺。它的地下茎直接长出粗大多肉的芽，这些芽聚集成小鳞茎，每个小鳞茎就是一个活的胚芽。胚芽埋在土里后，继续发育生长，长出大蒜。农夫在菜园里种植大蒜，除了采用大鳞片来繁殖外，便无计可施，因为大蒜本身缺乏一般意义上的种子。

与大蒜同属的另几种植物还做得更好，它们长出一个正常的花茎，花茎从外表看好像小球状的花序。按理这个绒球会开放成伞形花，然而，它压根就没有开花，而是长出小鳞茎。由于性别已经消失，这几株植物并没有像其他植物那样开花结果，只是结出胚芽，胚芽聚缩为多肉的鳞茎。地下茎毫不吝啬，长出大量胚芽。大蒜虽然失去了性，它的未来却得到了保证，它不会断子绝孙。

在某种程度上，蚜虫的起源类似于大蒜。这种奇怪的小昆虫在腹部也长出珠芽，它摆脱了卵缓慢的发育过程，独立生殖新生命。

洛蒙德①说，雄性比雌性更加高贵。这是乡村学究的格言，通常都遭到博物学的否定。在昆虫那里，劳动、技艺、才能等真正高贵的特性是母亲的天然属性。不过我还是遵从洛蒙德的教诲吧。既然准许选择，我就来谈谈从语言角度看更加高贵的雄蚜虫吧。如果在这个问题上可以讲得清晰，那么什么也不能阻止我对雌性谈论这一点。

蚜虫母亲被隔离在小室里，它脱胎换骨，肚子大起来。它产下女儿，女儿们都用口器为瘿的增大尽一份力，都用大肚子为家族的壮大尽一份力，于是蚜虫家族就像雪崩似的，小雪球变成了大雪堆。

九月，我随便打开一只瘿，把里面的东西摊开来放在一张纸上。我手拿放大镜，注意观察。褶裥、纺锤、帽子护耳和角，让我们看到了差不多同样的景象，只有数量除外。一些瘿里数量有限，另一些瘿里数量过大。蚜虫身体呈很漂亮的橘黄色，那些最粗大的肩上还有些发育不全的突起。这是不久以后就会长出翅膀的翅芽。

---

① 洛蒙德（1727—1794）：法国语法学家及教育家。——译注

蚜虫全都穿着漂亮的、比雪更白的宽袖长外套，外套向后伸出，好似拖裾的长裙。这个华丽的装饰好似树皮渗出的一绺蜡质浓毛，经不起画笔碰触，吹出一口气就会弄坏。但是，它很快又会渗出另一绺浓毛。在阻塞的瘿里，蚜虫摩肩接踵，拥挤不堪，蜡质服饰常常像碎片那样落下，化为粉尘，由此产生了一堆粉质破衣服，一床细鸭绒被。在这床绒被里有一大群虫子乱蹭乱动。

我还看见另外一些蚜虫，同橘色蚜虫乱七八糟地混在一起。这些蚜虫数量少得多，容易辨认出来。它们身体较小，有时呈铁红色，有时呈相当鲜艳的朱红色。它们矮矮胖胖的，身上起皱。根据年龄和瘿的种类，它们当中一些膨胀成乌龟形，另一些呈钝尖的三角形，背部有6～8行白色绶带，这是类似其他蚜虫的宽袖长外套的蜡质渗出物。要观看这套服装的细微部分，必须用放大镜仔细检查。在这些蚜虫身上，找不到其他蚜虫迟早会长出的不发达的翅膀。

还有一个特征比其他特征都更加重要，它使这些矮子蚜虫得以脱颖而出。我不时看见它们背上有个巨大的隆起，一直延伸到颈背，把虫子的个子增大了一倍。这个隆起今天出现，明天消失，之后又再出现。我如果随意用针尖挑开一个隆起，没有遇到什么障碍，就可以从里面取出一颗蛋白质微粒。在这颗微粒上，可以辨认出两个黑色眼斑和体节的痕迹，我做的剖腹手术使一个胚胎裸露出来。

我从语言的角度保留从雄性昆虫谈到雌性昆虫的权利。我把几只雌驼背蚜虫连同一块碎瘿片隔离在一根小玻璃试管里。它们背上的隆起消失了，为我产出了幼虫。然而，非常不幸的是，观察不能继续，因为碎瘿片干了，我的实验对象死了。但是，不管怎样，实验证实了这些矮子蚜虫是生殖者，它们像背着孵化袋那样背着一只囊袋。

将近季节末，我在瘿里找到的红色小龟似的虫子，是虫满为患的共同体的母亲。只有它们生育。在它们的周围，子孙后代麇集一处，乱蹿乱动。这些子子孙孙是橘黄色的胖娃娃，它们装饰着雪白的饰物，吮吸着汁液，吸得肚子鼓胀起来，并为迁移准备好翅膀。

驼背蚜虫母亲全都是瘿的创造者黑色蚜虫的女儿吗？或者它们组成了一个具有不同等级的世代？我认为，后一种情况在角瘿中是可能的，因为生殖者在那里数量很庞大，单一起源无法解释为什么会有如此众多的后代。至于其他蚜虫居民少得多的瘿，在我看来，仅仅一代红色蚜虫就足够了。

我引证几个大概的数字。九月的第一个星期，我打开一个从最粗大的瘿中选出的角瘿。它有两厘米长，最大直径约四厘米，里面的居民主要是体色橘黄的蚜虫。这些蚜虫大腹便便，身体光滑，长着不发达翅膀。它们是那些小个子蚜虫母亲的后代。小个子母亲身体呈朱红色，矮胖，有皱纹，前部减缩，后部截去一段，看上去差不多呈三角形。根据我估算，这个混乱的群体中大概有几百只蚜虫。

为了估算整个虫群，我把它们堆放在直径18毫米的玻璃试管里。它们形成的圆柱体长65毫米，体积为16532立方毫米。按一只蚜虫约1立方毫米计算，这只瘿里将近有16000只虫子。我无法一只只数，就进行大略的测量。赫尔歇尔[①]也用这种方式测量银河里的星星。蚜虫们似乎想以数量的无限性同银河里的星星竞争。在四个月内，黑色微粒，瘿的创造者，留下了这些后代。

① 赫尔歇尔（1738—1822）：英国天文学家。——译注

第十一章 笃藕香树蚜虫的迁移

九月末，角瘿装得满满的，几乎有一小桶鳀鱼之多。如果蚜虫一只紧贴一只插进喙，只组成一层，那么空间就不够了。因此，蚜虫们根据喙的长度按层次排列，上面是粗大的蚜虫，第二层是中等蚜虫，在中等蚜虫的足之间是小蚜虫。小蚜虫们全都一动不动，用喙认真吸吮。在饮水的虫子上面，是吵嚷喧闹的虫群，这群虫子在小酒店里寻找自己的位置。虫群中产生了骚动，上面的虫子下降，下面的虫子上升。通过连续不断地轮换，每只虫子都能够轮到喝上一小口。

在混杂的虫群中，白色的蜡质饰物变成粉，填满了小屋，好似屋里飘满了丝絮。蚜虫就在丝絮里完成变态。那里没有安宁，虫子的表皮擦伤弄破，足全都扭曲变形。那里的空间刚好够虫子宽大的翅膀展开，却没有一只弄皱。要在这样的嘈杂中毫无阻碍地改变面貌，必须具备一颗平常心。

肚子鼓凸的橘色蚜虫现在变得好似美丽的蚊虫，黑色，瘦长，有两对翅膀。隐居生活结束了，现在是在自由的天空飞翔的时刻。但是，怎样才能出去呢？围墙里的虫子根本无法破墙而出，它们没有任何工具。好啦，虫子囚犯办不到的事，堡垒自己会办到。当蚜虫群成熟时，瘿也成熟了。小灌木的日历和虫子的日历是多么吻合一致啊！

褶裥稍微撬起上部的薄层，纺锤像衬着玫瑰色绸缎里子的小包那样略微打开，帽子护耳分开有很多节瘤的厚嘴唇，门本身只通过

汁液的作用向性急者打开。然而，在小球瘿和角瘿里，运转机制没有这样温和，门是猛然打开。球瘿一天天膨胀起来，在侧旁爆裂成有星状裂痕的裂口，角瘿则在顶端裂开。

蚜虫成批出来活动，值得仔细观察。我选择了一些角瘿，开裂的角尖预示着瘿即将整体断裂。我将它们放在实验室的窗前，在离关闭的窗格几步远的地方曝晒。我还在房间里竖起一根结实的笃耨香树小枝杈，我指望这个诱饵，至少指望它被当作凉亭，引诱蚜虫起飞。第二天，一只角微微打开，将近中午时分，阳光灿烂，天气平静而炎热，长着翅膀的蚜虫出来了。

它们一小群一小群从容不迫地出现，就像一股平静的水流。它们身上盖满粉尘，一到裂缝的边缘就展翅飞离，同时用振动的双肩抛投一枚细小的灰土火箭。它们全都波浪式地起伏飞翔，径直飞往窗口，那里的日照更加光耀夺目。它们撞击窗玻璃，在窗棂上滑动。它们在那里沐浴着阳光，驻留下来堆积成一层，根本不打算远离。

虽然屋里的其他地方都非常光亮，但离去的蚜虫总是朝太阳照射的窗子飞去。成千上万只蚜虫中，没有一只走另外一条路，也没有一只稍微向左或者向右斜飞。在这些小蚜虫笔直的轨道面前，你会感到万分惊奇。这些小家伙虽然在到处都照得亮堂堂的空间里自由自在，但还是全都奔向阳光带来的欢乐。一把从高处扔下的铅粒也不会比它们更加准确地落到地面。铅粒是受到重力的牵引，而这些有生命的微粒服从光的旨意。

我的窗玻璃挡住了它们，如果没有这道障碍，它们会去哪里呢？肯定不会去附近的笃耨香树，确凿的证据就在我的眼前。我把蚜虫喜爱的小灌木枝竖立起来作为临时休息处，那些出走的蚜虫，谁也不理会这根枝杈，谁也不在那里停留。如果一只蚜虫在这条路线上撞到绿色矮树丛，跌落在一片树叶上，它很快就站立起来跑掉，急急忙忙在窗子上阳光朗照的地方同其他蚜虫会合。它们从此摆脱了胃的需求，不再同笃藕香树打交道，全都逃之夭夭。

迁移活动已进行了两天，当最后那些行动缓慢者离去后，我把瘿完全打开。接受实验的蚜虫群，是经我严格挑选的。这个群体最先混杂着红色的无翅蚜和黑色的有翅蚜，有翅蚜全都已经离开，无翅蚜则留了下来。坚持留在家里的蚜虫，同过去一样个子小，矮胖，有皱纹，呈朱红色。它们当中很多背着褡裢，那是蚜虫母亲的口袋。我认出这是一群蚜虫母亲，现在孤零零地待在家里。它们还在任凭风吹雨打、寒暑侵袭的瘿里苟延残喘。衰竭程度较轻的蚜虫母亲继续生殖，但产下的是短命的早产儿。孕育时间不够，住所也破烂不堪，最后，蚜虫母亲们同太迟来到这个世界的若虫一道死亡，瘿变成了荒凉的废墟。

我回过头再谈谈飞行时受到窗玻璃阻挡的蚜虫移民。它们的外貌、体色、身材全都一模一样，是同一个物体千篇一律的单调重复，没有哪怕是细微的特点显示出它们之间的区别。然而，我猜测，我将在这群虫子中找到雄、雌两种性别。在此之前，蚜虫仍然处于卑微的若虫形态，现在才刚刚羽化为完整的昆虫。动作迟钝、大腹便便的“虱子”变得好似纤细的蚊虫，它们为拥有四只彩虹色的翅膀感到自豪。对别的虫子而言，这肯定是婚恋嬉戏的先兆。

怎么，在瘿的孩子那里，这些翅膀，这些成熟年龄才有的优美雅致的翅膀，却违背了婚庆的允诺。它们没有举行婚礼，也无法举行婚礼。在蚜虫群中谁也没有性别，然而每只蚜虫都有自己生下的一胎小蚜虫，它们像先辈那样直接胎生产下一胎婴儿。

我用沾湿唾液的麦秸尖，随便粘住一只长着翅膀的蚜虫。我用

大头钉紧紧按压它的腹部，我施行的粗糙的产科手术立即产生了效果。这只蚜虫受到强压，腹部撒落了一串胎儿，共五六个。不管我让谁生育，这个现象都会重复发生，一成不变。

然后，我又去查看自然生产的婴儿。两小时过去了，窗户后面的蚜虫囚犯在窗玻璃上，在窗洞灰泥层上，在窗棂上准备生育。什么位置、什么姿态，对它们来说都无所谓，因为事情已经刻不容缓。

蚜虫产妇抬起两只大大的前翅，松软地振动两只较小的后翅，腹尖弯曲起来，接触到支撑物，成功了，胎儿垂直地安放在支撑物上，脑袋朝上。紧跟着，蚜虫产妇又在稍远处，同样迅速敏捷地产下第二个胎儿，然后又是另外一个，依次类推。在很短的时间内，蚜虫产妇像播种似的产完所有的胎儿，一胎的总数平均是六只。

蚜虫幼虫垂直地固定在支撑物上，平衡是必不可少的。新生儿包裹着一层十分细薄的膜，两分钟后，这个襁褓裂开，后退，幼虫的足露出来，向四面八方自由地摆动。如果这只小蚜虫俯卧在地上，它的足就无法摆动。经过一阵摆动，首先发挥作用的关节就有了力量，变得柔软灵活。这只蚜虫做了一会儿体操后，然后卧倒，前去广阔无垠的世界游荡。

当它立起身来东奔西跑时，蚜虫成虫却不顾它年龄幼小，把它推倒，处境岌岌可危。它被从涂有树胶的柱座上扔下后，往往会死去，不能蜕皮。几根蛛丝挂在窗户角上，几只长翅膀的蚜虫钩在蛛丝上。这些吊挂在蛛丝上形成花环的虫子照样生育，但产下的幼虫掉落在窗洞边缘，因找不到竖直的栖所而无法蜕皮。

窗棂上很快就住满了十分活跃、快速行走的虫子，同有翅蚜乱七八糟地混在一起。在危险的窗棂边缘，这是一副多么嘈杂喧闹的景象啊！这些忙碌的小东西在寻找什么呢？它们需要什么呢？我的无知将导致它们灭亡。在两三天内，长翅膀的虫子死了，它们扮演的角色完结了。可是，它们的孩子扮演的角色开始了。这些孩子流浪一些时候也不动了，这群孩子死了。在用画笔清扫之前，我先简单地叙述一下它们的体貌特征。这些昆虫的身体呈淡绿色、细长，差不多一毫米。它们动作灵活敏捷，足抬得相当高，碎步小跑，忙得不亦乐乎。

将近九月中，球瘿稍早于角瘿爆裂，微微打开它们的褶裥、帽子护耳和纺锤。笃藕香树的五个瘿具有同样的用途。蚜虫成虫或者长翅膀的黑色虫子，出生于开放的住所，朝夕之间，每只直接胎生五只或者六只若虫，正如角瘿的蚜虫成虫那样。

帽子护耳瘿产出粗短的虱子似的蚜虫，身体后部比前部宽阔，呈深暗橄榄绿色。最惹人注目的是腹管，它紧紧贴靠在小家伙身体下部，向后突出，令人想到螽斯的产卵管。这些纤弱的虫子会用这部机器做什么呢？这是一把军刀、一把利剑。这个刀具竖起后会妨碍行进，为了把它插入滋养植物里，小家伙似乎竖立在它的足上，足长与巨大的腹管成正比。我喜欢观看大腹管运转，可是，我的蚜虫囚徒拒绝接受我送给它们的树叶和新鲜的瘿，它们在封闭试管的棉花塞子上蜷缩成一团。它们有事要做，它们想走开吗？去哪里呢？

球瘿里的蚜虫呈浅黄褐色，小叶褶裥的蚜虫呈绿黑色。两种蚜虫同样粗短，优雅地蜷缩得像小癞蛤蟆。它们的腹管都不太大。这种奇怪的腹管向后突出，静止的时候好似尾部的附器。纺锤形瘿的幼虫身上也有这样的腹管，但是，这个小家伙呈长方形，体色淡绿。

我不想再深究这些枯燥无味的细节，辨别出笃藕香树上的五种共食者，不属于同一个有多种行业的亚种，而属于不同的种就足够

了。如果说在此之前的各代蚜虫彼此相似，似乎肯定了特有的单一性，那么，长翅膀的蚜虫正好证明了相反的情况。这些粗短的虫子和苗条的虫子，这些带腹管的虫子，腹管的长度时而正常，时而奇怪地延伸，这些嫩绿色的虫子、暗绿色的虫子、淡黄色的虫子，显然有各自单独的形态。

通过仔细观察，我能将我发现的五类特点写出来，但是，读者将被描写性的散文弄得十分扫兴，感到非常厌腻，会很快把这一页翻过去的。那么，我们还是继续下去，离开昆虫实验室、试管和短颈广口瓶，去看看在荒石园里的笃薅香树上发生的事吧。

我在天气最炎热的时刻频频去检查瘿，现在瘿在我眼前打开了。角瘿从顶端裂开；一些球瘿侧旁皲裂，另一些球瘿拆开了唇瓣，隙缝立即变得相当宽大。尽管骄阳似火，黑色蚜虫移民仍然一个个不慌不忙地、异常平静地出现。在实验室里，在阴影中，蚜虫的迁移行动也并不会稍加克制。它们在出口停留了几秒钟，然后从盖满尘土的背上抛掷一股粉尘，张开翅膀飞离。稍有风吹，它们一起飞就可以飞到我目力不能及的远方。

好几天内，蚜虫常常分成小部分成群移居。当整群有翅蚜消失后，还剩下没有翅膀的蚜虫。它们是驼背的矮子，是离去的大蚜虫的母亲。它们当中有几只来到出口的边缘晒一会儿太阳，然后很快返回；另一些蚜虫会立刻出现，可能它们也对强烈的光照感到十分惊讶。之后再也没有一只虫子出现，光线没有为它们带来欢乐。它们在遭到破坏的瘿里又勉强活了一两个星期，它们的末日临近了。干燥的瘿使它们饥饿难熬，精力衰竭的高龄使它们就地死亡。

直到现在，都没有出现什么新的情况。我从荒石园里的笃薅香树了解到的情况，我在实验室里使用妙法巧计也看到了；窗玻璃和实验用的试管，甚至还比笃藕香树提供的情况更多，我因此获得了关于有翅蚜的资料。在自由的田野里，很重要的一点逃过了我的注意，因为蚜虫在远处，在我不知道的地方生育。正如蚜虫移民的飞行所证明的那样，新生幼虫必定到处散布，距离相当远。难道我因此就不能在笃藕香树上，找到我在实验室里观察的、我熟悉的蚜虫若虫吗？能够，但必须是在一定的条件下。

我再重复一遍，笃藕香树蚜虫要走出它们的瘿，走出那坚固且没有出路的掩蔽所，没有任何拆毁围墙的方法。它们身强力壮，能够使植物性组织产生轻微的瘙痒感，使这些组织鼓胀成瘿瘤，却对围墙无能为力。解脱的时刻到来时，它们不管多么迫不及待地渴望外出，都必须等待瘿自动打开，必须等待角的顶端裂变为有棱角的开口，必须等待小球的旁侧裂开，堡垒还没有自动拆毁，就不能外出。

然而，也可能发生这样的情况：长翅膀的蚜虫群已经成熟，并且准备在围墙出现缺口之前繁殖。这或者是因为瘿还不够膨胀，或者是因为过早的干燥侵袭了瘿，使它以后不能打开。

在这场灾难中，蚜虫囚犯们干了些什么呢？在自由的空中能干什么，它们就干了什么。事情刻不容缓、不能推迟，紧迫的时刻来到了，它们一些堆在另一些身上生育，拥挤不堪，几乎无法挪动身子。一大堆乱七八糟的翅膀在蜡质灰粉中动个不停，一大堆混杂的足在变化不定的支撑物上寻找平衡，很多幼虫遭到踏踩，被弄得形体损伤，最后不能蜕皮，干燥成尘土小粒。然而，大部分幼虫因为生命力十分旺盛，能在拥挤不堪、异常混乱的环境中摆脱困境，生存下来。

十月，我打开一只球瘿，或者虽然已经干燥但没有破裂的角瘿，我发现塞满了黑色蚜虫。这些蚜虫全都长着翅膀，全都已经死

去，在产下后代后死去了。在尸堆下，特别在靠居所内壁，我用放大镜发现了几千只小虫，令人目瞪口呆、万分惊讶。这是一个新的群体，是在尸堆中躁动不安的未来，是有翅蚜的后代，是出生在监狱里的蚜虫母亲的后代。在这群动个不停的蚜虫若虫中，有些步伐比较笨拙但生气勃勃的朱红色小点，它是蚜虫群体的祖母。它们繁衍兴旺，据说还能度过寒冬。

我心中充满了希望，只要这些祖母外观还好，我就把它们保存起来，它们扮演的角色还没有结束。我把它们连同被刀子剖开的瘿搁在一边。它们如果待在破破烂烂的小屋里任凭风吹雨打，当恶劣天气袭来时就会死去。但是，在玻璃的掩护下，它们能够坚持住吗？我猜测它们能顶得住。

的确，开始时情况并不太糟，那些朱红色的小家伙外观依然很好。然而，初寒乍到，它们就一动不动了，但外貌仍旧鲜活，仿佛它们会在来年春天苏醒。这些表面现象欺骗了我，这些纹丝不动的虫子永远不会再动了。四月以前，整个虫群都死去了。我的照顾只是把它们的死亡推迟了一些时间，但终于未能阻止这种不可避免的结局。尽管如此，我仍然十分钦羡小个子红色蚜虫祖母顽强的生命力，它们活了半年，而它们的女儿只活了几天。

正如那根枝杈所证明，黑色蚜虫移民，那些长着翅膀的蚜虫，从此摆脱了摄食的需求，离开了它们的笃耨香树，不必再去寻找。这根枝杈搁在蚜虫出走的路上，却没被当作临时休息处。黑色蚜虫移民似乎也不关切选择家小的居所。在我的窗前，蚜虫幼虫随便停下，随便停在它们偶然飞去的任何地方，停在窗玻璃、窗洞灰泥涂层、窗棂上。没有尝试任何情况显示，陌生的地方被它们认为不合适。它们没有丝毫不安的迹象，没有尝试飞向别处，飞向更为有利的地方。这一大群长着翅膀的蚜虫严肃而安静，生育，闲逛。

田野里的情况不会有什么两样。移居的蚜虫一旦获得自由，就抖落身上的蜡质粉尘，根据主导气流朝着这个或者那个方向飞去。气流推动着有翅蚜的翅膀，与挺着沉重的大肚子的蚜虫形成了鲜明的对照。它们很快飞到阳光下，在天空翱翔，在空中欢天喜地跳起芭蕾舞。它们就这样离去，只要软弱的翅膀能够飞翔，它们就尽量在空中飘浮。接着，它们被阳光中的精彩表演弄得精疲力尽，于是随便碰到一个物体就马上落下，在那里站稳脚跟，就像关在窗户后面的蚜虫囚犯那样不再飞翔。它们就在那里生育，生育的地点无关紧要，之后等待它们的只是死亡。

蚜虫们这样急迫地而非耐心地寻找生育地点，在移居的蚜虫子孙中，肯定会有大批死亡。在光秃秃的地上，在石头上，在干燥的树皮上，蚜虫若虫必然死去。它们在短期内需要食物，却又不能长途跋涉去寻找。它们的喙有时很大，像尾部的长剑那样超过了腹尖，要求重新竖直，插入新鲜汁液的源泉中。要么饱餐一顿，要么死路一条；在我亲眼目睹蚜虫若虫出生的试管里，我的蚜虫囚犯由于食物短缺，存活下来的不到15只。

我又用许多蚜虫越冬的草做实验，但没有一种成功。我虽然缺少直接观察，逻辑推理却助了我一臂之力。毫无疑问，这些很小的虱子，此时此刻是它们种族独一无二的代表。它们将度过严冬，将成为来年春天占有笃藕香树的蚜虫群的始祖。这些弱小的虫子不能暴露在气候恶劣季节的霜刀雪剑之下，掩蔽所是必不可少的。这个掩蔽所既要向它们供应粮食，也要向它们提供居处。然而，到哪里去寻找这样的掩蔽所呢？它们会找到的，这个掩蔽所位于地下，在冬天仍然有绿色植物存活。

的确，人们推测某些禾本植物茂盛的叶丛为它们提供了避难所。这样的居所深受各种蚜虫喜爱，它们在那里把喙插进甜甜的根状茎上。那里雨、雪都很难渗进，笃藕香树蚜虫能够找到理想的冬季宿营地。关于在这些隐居所里发生的事，我只能如此猜测。

第十二章 笃蓐香树蚜虫的交配和卵

小不点蚜虫幸运地到达了冬季宿营地，用喙把自己固定在那里。它在那里饮水，也在那里创建一块蚜虫移居地，但是劲头赶不上享受了夏日炎热的先辈。它仍然快速地生育，无性的直接胎生，在自己身边聚集起一个小小的族群。这个族群的最终形态是长着翅膀的黑色蚜虫，同我刚才看到从瘿里迁移出来的蚜虫一样。

它们能够飞翔，也到处旅行，但旅行的方向与先辈相反。它们的祖先从笃蓐香树飞向田野，而它们则离开禾本科植物下的冬季宿营地来到小灌木中居住，并且将在那里修建瘿，它们的夏季栖息所。要观察它们到达的情况，毫不困难。

五月上旬，我每天都探视荒石园里的笃蓐香树。小灌木的叶子已经密密匝匝，但还没有显露出成熟的绿色。大多数小叶在叶梢都有鼓突的胭脂红小袋子，这是春天的蚜虫群制作的第一个作品。早上十点左右，如果天空平静，阳光灿烂，长着翅膀的蚜虫就会到来。它们孤零零地来自四面八方，扑向上部枝杈的叶子，马上又徒步搜寻。它们聚集在一起，满谷满坑。

这些蚜虫真是忙得不可开交，在树枝上，在树干上依次往来奔跑，络绎不绝。这支蚜虫商队的大部分成员从上向下行进，表明寻找的目标在地下这个方向。这种普遍下降现象非常明显，特别惹人注目。然而也有几只蚜虫逆向上行，或者漫无目的地东游西逛。这几只蚜虫不同于其他蚜虫，它们的身体被截去了一段，后足后面好像被切断，使它们失去了腹部。我的天啦，这个上帝的创造物多么

稀奇古怪啊！它们是用胸部在行走。相反，下行的蚜虫有状态良好的腹部，略微肥大，呈淡绿色。我们很快就会发现这些好像被截去腹部的虫子的秘密。

我跟踪观察那些大腹便便的蚜虫，它们神情冷漠地在光滑裸露的树皮上行走，来来往往，川流不息。假如它们遇到一个玫瑰花结形的地衣，就停留一些时间。地衣在小灌木丛下，在树干上触目皆是。下行的蚜虫队伍偏爱在这些地方行走。

梅花地衣的黄色玫瑰花结盖满了蚜虫访客，这些客人把腹部末端缓慢地、巧妙地插进地衣的鳞片之间，然后在一段时间内静止不动。在隐花植物的掩护下发生的事瞒过了我，事情结束了，而且结束得很快。蚜虫再度行走，但它们失去了腹部。它们再次上升，飞走。下午一点钟，树干上只剩下失去腹部的蚜虫，它们慢慢吞吞，落在后面。在半个月内，如果天气晴美，蚜虫们又重新开始忙碌起来。

在神秘的地衣那里到底发生了什么呢？在实验室里进行的观察会告诉我的。我用画笔随意地在一支玻璃试管里清扫下行的蚜虫长列，对它们施行剧烈的产科手术。这个手术曾帮助过我查看秋天的蚜虫移民腹内的情况。

我用针在一张纸上挤压它们的腹部，它们全都产下了一群有黑色眼斑的胎儿，无一例外。我再次面对的又是孤雌胎生的生殖者。它们全都毫无区别地生育，既配不上父亲的称号，也配不上母亲的称号。

它们是装载子孙后代的袋囊，它们扮演的角色是在飞行中，把一群身体羸弱，无法自己去到笃藕香树上的蚜虫带到那里。两种长着翅膀的蚜虫，是蚜虫家族的空间运载工具，它们在空中穿梭往来。风和日丽的日子，迁居空中木屋的季节来到时，它们从禾本植物飞往小灌木。当天气寒冷，移居地下庇护所的季节临近时，它们又从小灌木飞往禾本科植物。

这两种有翅蚜服饰相同，形态和身材也差不多一样，生殖能力都不强。秋季的迁移蚜虫一胎产下半打左右若虫，春季的迁移蚜虫一胎产下的也局限于这个数量。

在针的挤压下被掏空腹部的蚜虫提供证据之后，我让事物恢复正常的进程吧。我从玻璃试管里扫除几只有翅膀的蚜虫，它们来自笃耨香树的高处。我给它们一根小灌木枯枝作为探测场地。可是，它们迫不及待就生产了，不到一刻钟的时间内，蚜虫囚犯生下了一群孩子。

这情景和窗玻璃前的秋季迁移蚜虫，急切地向我显示的情况相同。它们一生最重要的时刻来到了，它们随便遇到什么支撑点，不管是否适合，是否有利，就在那里生育。因此，到达笃耨香树上的蚜虫，迫不及待地去到树下。树下铺着地衣，是最好的避难处。如果它们迟迟抵达不了那里，就在途中掏空它们的袋子，那么，无遮无盖的若虫将会面临极大的危险。

我现在暂时用来布置试管的小柴枝相当于小灌木，有翅蚜快速地走遍这根柴枝，在上面留下了一群喧闹吵嚷的若虫。在很短的停留期间，它将孩子们随意地弃置在柴枝上。这只头脑不清的虫子，就像一部毫不在乎地随意扔掉自己产品的机器。

这些蚜虫若虫正如秋季的蚜虫若虫一样，生下来时是站立着的，身体后部贴在支撑表面上，并且裹着十分纤细的襁褓，用放大镜也几乎看不见。刚出生的蚜虫胖娃娃在两分钟之内静止不动，接着，襁褓撕裂了，足解脱了，小虫蜕了皮，跌倒后趴在地上。然后离开到别处去。于是世界上又多了一只蚜虫。

在短短几分钟内，蚜虫母亲的腹部枯竭了。这只播种孩子的虫子一下子就变得难以辨认，最初圆鼓鼓装着胎儿的袋子，随着它抛投出袋里的胎儿，就皱缩干瘪起来，最后终于变成一个微不足道的小颗粒，只剩下一块长着翅膀的胸部。我就这样找到了关于笃藕香树之谜的谜底。

在笃藕香树上下行的蚜虫商队肚子膨胀，它们去到地衣里存放重负。在这棵树上上行的蚜虫商队从地衣里返回，生育后腹部消缩不见了，它们在玫瑰花结中短暂栖留是为了安置后代。

我的确收集了一些地衣碎片，从中找到了大量在鳞片的掩护下蜷缩成一团的小虫。这些小家伙与试管里的小东西一模一样。我再补充一点：生育完成，肚腹消缩，长着翅膀的蚜虫第二天或者第三天死了，它们扮演的角色结束了。

在试管里出生，或者从它们的天然掩蔽所取出的小虱似的蚜虫，分属四种类别，很容易根据体色辨识出来。为数最多的呈草绿色，头和透明的足无色，形态比较轻捷、细长。其他几类蚜虫的个子要粗两三倍，身子鼓突，有些体色很淡，略带黄色，有些呈鲜艳的琥珀色，还有些呈淡蓝色。

一只有翅蚜一胎生下6～8只若虫。这一胎既生下身体纤细的绿色若虫，也生下身体圆鼓鼓的若虫，但有的体色苍白，有的呈绿色。很可能这三类蚜虫代表着不同的种类。然而，在产下这三类蚜虫的有翅蚜之间，我看不出外形上有什么区别。毫无疑问，我如果用显微镜对细枝末节进行观察时，锲而不舍、毫不退缩，我就会看出一些区别来。

现在，我来观察一些饶有兴味的现象。幼小的蚜虫不管体色怎样，全都没有喙，但有两个十分清晰的黑色眼点。它们因此具有视觉，能够自己导向，彼此结交，聚集成群。但是，它们没有喙，什么食物都不吃。

它们十分活跃，在我用来装饰它们出生的试管的笃藾香树的枝杈上东游西逛。它们在树皮的隙缝停留，潜降到里面进行探测，然后又忙不迭地游荡。最后，它们在被粗鲁地截断的小枝杈两端躲藏起来。它们蜷缩在纤维的间隔中，尾部露在外边，脑袋钻进隙缝中。

第二天，我发现它们大部分聚集在封闭试管的棉花团里，纹丝不动。这地方就好似地衣里小小的藏身处。我看见一些蚜虫隔一段时间就悄悄用足调情，我还看见有些成双成对结合在一起，身子细长的在上面，肚子圆凸的在下面。

事情明摆着嘛，我终于亲眼目睹了两种性别、两种真正的性别。我看见它们交配。雄蚜虫比较细小，总是呈绿色；雌蚜虫比较粗大，体色根据种类变换。

它们好似冻得僵直的情侣，这是什么样的婚礼啊！要相隔很久触角才略微摇摆一下，脚才略微动弹一下。这两个结成一对的小东西互相缠住，搂抱了一小时左右，然后分开离去，大功告成了。

目睹这样的苦难婚姻，最初我简直不敢相信自己的眼睛。按理结婚的时令是开花的季节，这是合乎惯例的。昆虫为了庆祝自己的婚礼而改变形态体貌，让自己变得更加健壮，更加漂亮。它们长出翅膀，用首饰把自己装扮得漂漂亮亮。可是，我的试管里的已婚虫子沦降到最悲惨的境地。

它们的前辈没有性别，长着翅膀，现在仍然囚禁在瘿里，它们丰满多肉的尾部带着像白鼬皮饰带那样的长飘带。试管里的已婚虫子，这些种族的精英，却没有翅膀，没有雪白的饰物，没有橘黄色的肥大肚子；它们是整个家系中最可怜的、最瘦弱的。性在其他任

何地方都在发展，在这里却在衰退。这真是对主宰生命的伟大法则的嘲讽。

笃藕香树的蚜虫移民摆脱了传统的有性生殖。然而，蚜虫这个族类远远没有因此受到损害，相反异常繁衍兴旺，它们在一个季节内可以由一只繁衍成千百只。为什么不可以这样以我们种植的大蒜、普罗旺斯芦竹、甘蔗等植物为榜样，连绵不断地延续下去呢？过去单独一只蚜虫，很有效率地生育下一代，现在又有什么必要两只呢？

方法的急遽改变，理由是产品的改变。蚜虫先辈可以比拟为被根蘖围住的根，它们产下细微的小生命。小生命很快行动起来，把喙插进瘿的内壁；而那些卑微的主妇则变身为卵袋保留起来。卵袋是个精巧雅致的家，整整一年，生命将保存、潜藏在那里。过去我们有穗，现有我们有种子。

为了抵抗恶劣天气的侵袭，为了让生命的活力一直潜藏到遥远的将来，卵像种子一样，需要两种能量结合起来，把它们的潜在性相互协调后，就更有效能。至于这种需要的理由，我承认自己一无所知，而且可能永远也一无所知。

现在，我来瞧瞧在蚜虫身上，事情是怎样发生和发展的。雄蚜虫，身体染成绿色的蚜虫，在交配后紧紧抓住封闭试管的棉絮，朝夕之间就在那里干燥，变为灰尘，它死了。它的雌性伴侣仍然待在原处，一动不动。

我心血来潮，想看看这个雌性伴侣的腹内有些什么变化。在显微镜下我看到它半透明的皮下有个由微粒形成的乳白色椭圆星形，差不多占据了这只小蚜虫的整个身躯。这椭圆的星形是无限渺小的星云，在星云里有一只卵，是中心天体。此外，我就看不见什么东西，没有卵巢和产卵管，没有像念珠饰那样的胚孢。

几乎全部母性物质都被分解、融化，并且根据新的定律铸造出来。这种母性物质过去充满活力，现在变得死气沉沉，并且聚集成球形，成了胚孢。未来的生命潜藏在这个胚孢里。原有的母性物质的生命已经结束，它以后将复活，复活后仍然保持原来的形态。关于主宰生命嬗变的高级炼金术，要找到比这更好的例子，真是谈何容易。

从这只熔炉里会生产出什么来呢？眼前什么也没有，因为没有卵。整只虫子都变成了卵，仅有的一枚卵。卵壳是小蚜虫变干的皮，保藏着足、头、胸、腹、生殖组织的表皮分节。从表面上看，除了没有生气活力之外，这就是初始的小蚜虫。

循环圈现在闭合起来，把我们引回出发点，引回我在笃藕香树的地衣下面，以及在树枝的隙缝里收集到的谜一般的小粒。试管的棉花塞里有黑色的和红棕色的两种小粒，同小灌木直接向我提供的一模一样。

这些小粒都同种子一样，几乎全年保持稳定不变，等待有利的季节回归，以便发芽。它们五月出生后，直到来年四月才孵化，于是开始了奇怪的世代。这个世代不可能用几句话来归纳，因为它太复杂。

出生于蚜虫卵的小东西，使一张新叶的叶尖鼓凸成胭脂红色的小口袋。独身蚜虫在这只袋子里产下一个逐渐分散，并且将在别处一只只建立瘿的家庭。

住宅的第一个修建者，最初也单独生育合作者。这些合作者长大后变成驼背，带着褡裢，用红色来装扮自己。它们是狂热的种族繁殖者，它们有众多没有翅膀的、身体呈橘黄色的蚜虫子孙。这些

子孙的身体九月变黑，并且长出翅膀。

在这个时期，膨胀的瘿打开了，长着翅膀的蚜虫飞往田野。每只蚜虫都在田野里撒播它一胎所生的6～8只若虫。若虫们便在地下，可能还在某些禾本科植物下面度过气候恶劣的季节。

瘿里的家族会在冬季栖居地繁殖，但很节制。最后的一代是长着翅膀的蚜虫，它们同秋天的有翅蚜相似，抛弃地下的窝巢，去到笃藕香树上。它们在那里把腹里还剩下的6～8只幼虫，安放在树木的裂缝里或者地衣的遮掩下。

迄今为止，整个蚜虫家族都是单性繁殖。然而现在出现了性别和卵。春天，有翅蚜一胎所产下的若虫，雄、雌两性都有。这些若虫是些衰弱的小生命，在整个家族中体形最小。这些矮小的虫子不吃任何食物，成双成对地交配，它们没有什么别的事要做。不久以后，雄虫死去了；雌虫则一动不动，转变为卵的状态。

第十三章 食蚜者

将通过食物进入体内的化学成分，不经多大的改变聚集成营养物质，是一项细致的工作，需要合作者的连续协作，并以各自的方式进行选择和提炼。这项工作始于植物这座细胞工厂，土壤中的矿物成分和空气，在阳光的作用下合成化合物，成为储备热量的仓库，太阳能在此聚集成为动物生活的家园，动物将靠消耗太阳能维持生命活动。

这项工作在微小的收集者体内持续进行，它们耐心地一点一点加以完善，把糟粕变成精华，把吸收的点滴食物加工成昆虫和鸟类的食物，之后又经过一个又一个消费者的加工，变成了大动物乃至我们人类的食物。

在这些微小的聚敛财富者中有蚜虫。它很渺小，这是事实，可是它们那么多，好嫩，好丰满啊！它的肚子是个盛着甘露的壶，专供别人饮用。虽然要从成千上万只蚜虫身上，才能提取一滴甘露，可是赴宴者有的是时间，而且蚜虫多得取之不尽。蚜虫具有疯狂的繁殖力，也根本不在乎这样的消耗。它们的殖民地就像一座座工厂，以飞快的速度大批量地为一群更高一级的动物生产食品。我们来瞧一瞧在笃耨香上工作的蚜虫吧。笃耨香这种灌木生长在被太阳光钙化了的岩石缝中，它摄取的养分很少，而且受到局限，可是它在吝啬的岩石缝里依然长得很繁茂。在这么贫瘠的地方，它的根能得到什么呢？从岩石中分化出来的一些矿物盐，和偶尔下雨留下的少许水分和凉爽。这就足够了，它枝繁叶茂，把石头变成了可吃的东西。

但是，要利用饱含树脂的笃藕香的绿荫，需要一些特殊的消费者，它们必须不嫌弃那股怪味，看来爱吃这种植物的昆虫很少，至少我还没见过。不过没关系，这种流淌着树脂的灌木将会为野炊做一份贡献。这种被别的昆虫拒绝的东西，最低贱的昆虫蚜虫却接受它，把它当作美味佳肴，不再奢求更好的东西。蚜虫用它的柳叶刀切开树叶，使叶片鼓起来形成一个仓房，躲在里面大量繁殖，并且长得胖胖的。

蚜虫对来自岩石并经过植物粗加工的物质进行提炼，从中吸取精华，把它变成高级产品。有朝一日，它肚子里的产品经过中介者的传输，也许将为鸟尾提供小脂肪球。

我想认识那些最早开发蚜虫的昆虫，特别希望看到它们的活动情况，偶然的机会帮了我的大忙。躲在笃藕香上呈圆泡形、角形或凹凸不平的碉堡围墙里面的蚜虫们，只要不给贪恋嫩肉的侵略者留下入侵的裂口，就可以安安逸逸地生活；但是，由于干燥而变得疏松的瘿难免会有裂口，而且对于处在迁移期的隐居者来说，裂口是必不可少的。那么，对那些自己不会打开食品罐头的侵略者来说，也就留下了一个掠夺的有利机会。

我那棵笃藕香上最漂亮、最早熟的一些球瘿八月底开始爆裂。几天后，在炎炎烈日下，我正巧看到一个球瘿裂开三条辐射状的口子，从里面淌出泪滴似的黏液。长了翅膀的蚜虫一个一个慢悠悠地出来，停在门槛上，笨拙地做着起飞前的试飞动作。球瘿里面还有许多蚜虫挤来挤去，正准备动身去旅行。

黑色短柄泥蜂

一只正在捕猎的瘦弱的黑色小膜翅目昆

虫，匆匆地飞向这个敞开的筐子。这是黑色短柄泥蜂，我经常在蔷薇茎里发现它们的蜂巢，蜂巢里的储藏物有时是叶蝉，有时是黑色的蚜虫。有八只黑色短柄泥蜂越过笃藕香里流出的浆液，钻进瘿中，它们并不在意自己可能会被粘住。

不一会儿，它们就从瘿里叼出一条蚜虫，急匆匆地飞走了。它们要把战利品送到储藏婴儿食品的储藏室里去；尔后很快又回来，叼住另一条蚜虫，再飞走；如此往返，采集工作进行得非常迅速。机会难得，它们赶紧在成群的蚜虫离开之前尽量多捞一把。

有时它们不用钻进球瘿，在门口就能逮住钻出来的蚜虫，得到可意的猎物，这样既迅速，危险性又小。只要瘿还没掏空，它们就会以这种令人目眩的方式继续劫掠。这八名强盗是如何获悉食品罐头已经打开了呢？早来一步不可能得手，因为它们自己无法攻破壁垒，晚来一步就只能得到一些空壳。它们知道瘿开裂的确切时间，因而蜂拥而至。一个个瘿终于被掏空了，它们撤走了，也许在寻找另外的瘿。

许多蚜虫躲过了大屠杀，因为它们有翅膀，黑色短柄泥蜂每次离开的那段时间，给了它们逃跑的机会。然而，如果遇上后一种食客幼虫，它们就会被斩尽杀绝。这种幼虫，身上夹杂着玫瑰红色和棕色，它能找到既完好又装满了尚未长出翅膀的蚜虫的瘿，用大颚猛咬蚜虫家的肉质隔墙，根本不在乎咬破的地方会涌出酸涩的树脂，小口小口啃下来的瘿壳渐渐地在洞眼周围堆积起来。

我饶有兴致地看一条幼虫凿墙，它把大颚伸进洞眼，又是拽，又是咬，然后弯下头部，时而向右摆，时而向左摆，把那些黏糊糊的杂物堆积起来，在洞眼周围筑起了一道黏糊糊的坎，木质残渣淹没在一片笃藕香的黏液中。

不到半小时，瘿的外壁就被钻出一个圆洞，正好和幼虫的脑袋直径一般大。脑袋能伸进去，身体也一定能钻进去，幼虫毫无困难地绷直身子，往狭窄的洞中钻。它进去了，马上掉过头来，在天窗上织一个大网眼丝帘，除此之外洞口不再封盖任何东西。从瘿的伤口里溢出的树脂，流淌下来滴在网上，凝成一个坚固的盖子。从此，它便可以安全地住在一个储满粮食的蜗居里了。这些粮食足够它快快活活地过一辈子。

蚜虫一条一条被扼杀，幼虫吸干它们的汁后，一甩头就将它们抛在了身后。蚜虫的尸骸很快堆积起来，幼虫将它们聚集在一起，用丝粘制成一床毯子，作为圣体盒与活着的蚜虫群隔开，同时也便于刽子手逮住身边的蚜虫，随心所欲地狂饮大嚼。

只要节约一点，这些食物供它享用一辈子是绰绰有余的，但是幼虫是个败家子，挥霍无度，它杀死的蚜虫比它能吃掉的多得多。对它来说，把这些蚜虫开膛剖腹，与其说是为了让它们尽早与那些死尸相聚，倒不如说是一种消遣；因此屠杀进行得很迅速，里面的蚜虫无一能幸免。

直到蚜虫一条都不剩了，恶魔还没有长大，它必须再去撬开其他的瘿。幼虫离开瘿时，要么捅开天窗的出口，要么重新钻一个洞，这对它那好使的大颚来说是件容易的事。如果幼虫有胃口，同样的屠杀将在第二个、第三个乃至更多的瘿里重演。现在该考虑蛾的未来了，在风干变硬的瘿里，幼虫用霉变的蚜虫做成一顶大帐篷，把自己围在里面，然后在帐篷中间用漂亮的白丝为自己织一件衬衣。它将在里面度过冬天，蜕变成蛾。

幼虫能轻松地进入瘿，又能轻松地从里面出来，如同钻孔的工具那么灵巧。但是羽化成蛾之后，它该如何从这样的保险箱里出来呢？和其他鳞翅目昆虫一样，它很柔弱，又没有本领；而且它出生的这个房间不会自动开启，因为蚜虫的死亡中止了瘿的膨胀，使瘿无法胀裂开来，在不变形的情况下瘿一直封闭着，并且变得跟核桃壳一样硬。如果说待在用蚜虫尸骸做的被子里过冬很惬意，那么当野外举行节日庆典的时刻到来时，它一定会感到囚禁之苦。我简直不明白，一只柔弱的蛾怎么能够从里面钻出来。

幼虫早已考虑到了这一点。春天，在蜕变前，它打开一直被一滴树脂封住的出口；如果树脂太硬无法打开，它就重新挖一个直径和第一个一样大的圆孔，正好脑袋可以钻过去。瘿现在已经干枯，不会再往外冒树脂，这个小天窗将畅通无阻。采取了预防措施后，幼虫重新钻进死蚜虫制成的毯子里，准备在里面蜕变。这就是幼虫为蛾出壳所做的所有准备。蛾将从这个小洞钻出来，而且还不会把衣服弄皱，这问题令我百思不得其解。七月，蛾从瘿里钻出来，一切都清楚了。幼虫钻好的出口绰绰有余，当然，幸好蛾的翅膀还未张开，而是弯曲成沟槽状紧贴在身体的两侧和背部，为了钻过小孔，蛾把它的服饰卷成半圆筒，做成一个套子。

蛾是怎样从瘿里钻出来的，最终又将怎样回到里面呢？这时的蛾不是我们通常熟悉的模样，它卷成一卷绸缎，而且还是一卷精美的绸缎，很节省空间。绸缎上有白色、棕色和深苋红色的斑点，一条白线横贯背部如同一条腰带，前部是深红色的，第二条白线不那么清晰，在翅膀罩上画出一个尖拱，指向后部的第三条线，衣服的后摆有一条灰色的宽流苏边；触角很长，呈丝状垂在背上；唇须竖立，像尖尖的冠状盔顶饰。这只蛾身长12毫米。啊！好一个高级强盗，一个蚜虫的灭绝者！

其他不会钻洞的昆虫就利用复叶合拢形成的瘿，这种瘿有的扁平呈绿色，有的隆起或呈纺锤状，或呈月牙状，疙里疙瘩，色彩斑驳。复叶接缝很密，我们肉眼看不出来，可是小苍蝇知道哪里有缝隙，能准确无误地在接缝处产下一枚卵，一处就一枚，因为一个瘿里的食物不够养活几条蛆虫。瘿随着里面蚜虫的长大而扩张，接缝微微裂开，哪怕只张开一点点，等在外面的蛆虫，这位耐心的观察家就会马上插进去，用嘴撬，用臀部拱，从这里启封。现在它进去了，到了蚜虫的家里，房间关得很严，因为缝很快又合起来了。它把蚜虫全吃光以后，将从里面出来，以一只漂亮的小苍蝇的形象出现，那时瘿也将熟透裂开了。稍后我们再来看它们在瘿里，因饥饿而大肆吞食蚜虫的伟绩。它们属于食蚜蝇科，其中有些在露天工作，更便于我观察。

正是这个原因，我忽视了那些在笃藕香上的刽子手。食蚜蝇明目张胆地在别的植物上下手，先不去理睬它们吧，我们还是回顾一下，钻进叶瘿的蛆虫和在开裂的瘿里搜捕猎物的黑色短柄泥蜂，以及在瘿上钻洞的幼虫。

即使只观察这三种昆虫，我也能大致了解生命的转换之术。黑色短柄泥蜂繁衍的后代一样带翅膀；蛆变成小苍蝇；幼虫变成衣蛾。它们如果在露天里蜕变，便很容易被路过的飞鸟叼走。那么，来自岩石的物质，首先经笃藕香的作坊加工，其次经蚜虫的蒸馏釜加工，再经过食蚜者的胃加工，最终为燕子营造精美的杰作提供了砾石。

如果真的有份更加完整的仓储和提货计划，那会是一种什么情形啊！居住着蚜虫的一棵小灌木就是一个世界，它既有牛奶场，又有野生动物园；既有肢解畜生的车间，也有糖厂、肉店和罐头加工作坊。为了开发动物质，所有企业都在运作，所有工艺都用上了。

这些工厂像我们的工厂一样嘈杂，工种更繁杂，常常极富创意。我们停在一家工厂门口看看吧。

我宁可先查看一种大的金雀花。六月，金雀花的小树枝散成丝条状，看上去像灯心草似的，它使那块多石子的土地香气四溢。这是圣体瞻礼节[①]用的圣树，它黄色的花瓣配上鲜红色的虞美人，装满了一个个带花边的小花篮。花匠们从中取出花瓣作为天然的祭物，抛向辅祭手中晃动的提香炉冒出的烟雾中。在这个盛大的节日里，山上的金雀花盛开着采摘不完的花朵；而荒石园里那朝夕相伴的金雀花，给人带来的则是思想，是知识的小花。

夏天，如果稍稍有一丝凉爽来缓解酷热，就会生长出无数的黑色蚜虫，一个挨着一个，密密麻麻地覆盖在金雀花绿色的树枝上，如同野外的金雀花一样。金雀花上的蚜虫，腹部末端也长着两根空心腹管，这两根腹管里装着蚂蚁的甜食蜜露[②]。请注意，在笃藊香上的瘿里，成熟的蚜虫已丧失了这些腹管，可能是被囚禁在与世隔绝的地方，无人来享用它们的蜜露，因而也就不必白费劲去制糖了。但是那些生活在露天、面临垂涎者威胁的蚜虫，从未忘记生产蜜露。

它们是蚂蚁的“奶牛”，蚂蚁挤它们的奶，以挠痒来刺激蚜虫排出甜液，小滴的甜汁刚流到管口，就被挤奶者喝掉。这些有牧羊人习性的蚂蚁，它们把成群的蚜虫圈养在牧场边，用小块泥土建造起来的小屋里，足不出户就能挤奶并把肚子填饱。金雀花下的一簇簇百里香，被蚂蚁变成了羊圈。

---

① 圣体瞻礼节：这是罗马教皇乌尔班四世于1264年设立的一个宗教节日，于圣灵降临节后的第二个星期天举行，以赞美圣饼，因为圣饼中有耶稣的圣体。——校注

② 这里所说的“腹管”是蚜虫的“警报器”，不是法布尔那个时代认为的排出糖浆的器官。腹管在蚜虫遇到天敌或其他外界不利刺激时，能分泌出一种警报信息素，使其同类逃逸，免遭被害。而排出蜜露即糖浆的器官是肛门。——校注

另一些对牧羊术不甚精通的蚂蚁，则采用自然开采法。我看见一伙蚂蚁排着长队往金雀花上爬去，又见另外一伙儿从树上下来，吃饱喝足了，舔着嘴唇，鼓胀的肚子像半透明的珍珠。尽管挤奶工人为数众多并且热情高涨，还是应付不了这么大一群奶牛，于是乳牛角质的乳房便会自动排出涨满的乳汁，随随便便让它流淌；下面的树枝、小树丫、树叶沐浴在甘露下，便裹上一层蜜糖。那些不会挤奶的美食家，便成群结伙拥向阳光灼熬着的焦糖。胡蜂和飞蝗泥蜂、瓢虫和花金龟，尤其是苍蝇和小飞虫，这些美食家身材各异，色彩缤纷。来得最多的是金绿色的腐尸蝇，它吃完腐尸的脓血之后又来舔食蜜露。无数只苍蝇窜来窜去发出嗡嗡的声响，来了一批又一批，无休无止，争先恐后地吮吸、舔食，刮净残留的蜜露。蚜虫是引诱昆虫的糖厂主，它慷慨地把所有在酷暑天渴坏了的昆虫，都邀请到自己的糖厂里。

蚜虫本身如果被当作食物，它的功劳就更大了。甜食是奢侈品，而肉类则是必需品，有的昆虫部落就整个以它为食。我们来回忆一下那些最著名的部落。

一些像李子树的果实那样裹着一层青绿色粉霜的黑色蚜虫，密布在金雀花丫杈上，犹如一个鞘套。它们一个挨一个，屁股露在外面，叠成两层，大腹便便的老家伙在外面一层，一群孩子在里面一层。一只夹杂白红黑三色的蠕虫，以水蛭的步态爬到那群蚜虫身上。用宽大的后部支撑着，竖起尖尖的头部，突然把头向前一甩，挥舞，扭动，然后盲目地把头扎向那层蚜虫，那鱼叉般的大颚不管落在什么地方，都能准确地捕捉到猎物；因为猎物遍地都是，在身边四周都有，这恶魔瞎着眼也可以逮住它们。蠕虫伸出叉子，用叉子尖叉住蚜虫提起来，马上收进口中，喉塞一伸一缩，像水泵抽水一样把蚜虫吸干，被逮住的蚜虫蹬着腿挣扎一会儿就死了。它猛一甩头，把皱巴巴的皮扔在一边，马上又转向另一只蚜虫，吸完一只又一只，直到吃得肚满肠圆。这个贪吃的家伙总算吃够了，蜷缩起来，打起瞌睡消化食物。过一会儿，它又重新开始捕食。

那么，在大屠杀中，那群蚜虫在干什么呢？除了一些被拖出去的之外，其余的谁也不动，被捉走的蚜虫周围的邻居也没有显出不安。生命并不重要到非让蚜虫激动地去捍卫不可，蚜虫只想把喙安在一个好地方，又何必因为死亡将至而影响消化呢？周围肩并肩的同伴在消失，一个一个被恶魔抓走，“被吮吸者”们却无动于衷，没有一点担心的表示。这种麻木不仁就如同一根小草，面对前来吃草的山羊一样。

这只黏糊糊的蠕虫爬行时粘起了一些蚜虫，那些被粘起而后又脱落的蚜虫疾步小跑，赶快寻找一个地方重新安顿下来。有时它们爬到敌人的背上让这个魔鬼驮着走，根本不知道魔鬼的胃口大得多么可怕。当一只被蠕虫的叉子叉住时，另外一些则被这个受害者腹部流出来的黏液粘住，成串地挂在蠕虫的唇上，它们虽然还完好无损，但已经在吞噬机器的嘴边了。这些蚜虫是否会多少做一点努力去摆脱厄运呢？丝毫也没有，它们等待着轮到自己被吸干。

屠杀进行得很快，屠杀者一点也不知道节约粮食，反正粮食吃光了，还会再有。大肚子蠕虫抓住一只蚜虫把它开了膛，这块肉不好，那块肉瞧不上眼，都被扔在一边，立即换上另一块，另一块也被扔掉了，一块一块接连被扔掉；有时它要从许多蚜虫中，才能挑中一块合口味的肉。可是对蚜虫来说，有多少

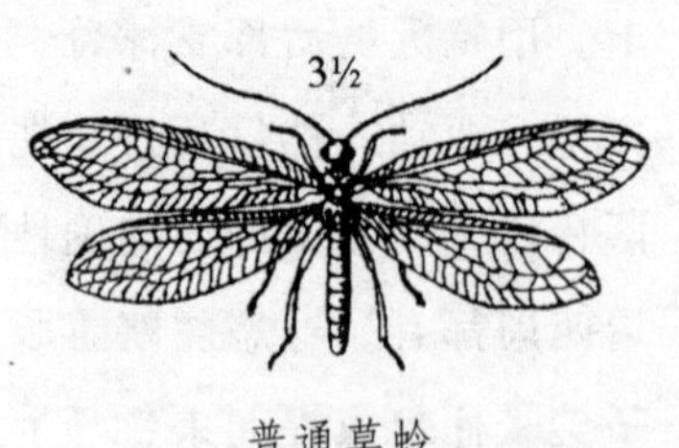

普通草蛉

只被咬到，就有多少只死掉，蠕虫的大颚每次都会给它们造成致命伤。因此蠕虫爬过的地方，总会留下一堆吸干了的蚜虫皮，留下一堆死去和正在死去的蚜虫，这就是屠杀者的行径。

我一时好奇想估算一下遇难者的数量，于是就把屠杀者和一根布满蚜虫的金雀花细杈丫装进玻璃瓶。一夜工夫，屠杀者就把16厘米长的树枝上满满一层蚜虫都剥下来了，大约有300只。这个数字表明，这条蠕虫在两三个星期的生长期内，一共要消耗几千只蚜虫。昆虫学里把这种热衷于开膛剖腹的虫子变成的美丽的双翅目昆虫称作食蚜蝇。这没有什么特别的意思，只是表明它是小苍蝇。雷沃米尔用形象的语言把它称作捕食蚜虫的狮子。

离停在金雀花上的那群黑蚜虫不远处，竖着一些优美的枝状装饰物，装饰物上每一根丝线端都有一个小绿球，那是一枚卵，是另一种食蚜者草蛉的卵。那种奇特的产卵方式和悬空摇晃的卵，让人想起黑胡蜂的悬索，它为了使新生的幼虫不受活猎物的伤害，把卵悬挂在从卵室里垂下来的线绳末端。草蛉恰好相反，它们的卵不是垂挂下来，而是放在高处，一束纤细的圆柱把卵托起来，卵就产在支架上。它们建构这种特殊装置的目的是什么呢？我和前人一样欣赏这优美的束状，一个产卵支架托着一些卵。我无法理解这种造型有何用途。美观和实用一样也有其存在的理由，也许这就是唯一的解释。

3

普通草蛉的幼虫

身为一种可怕的昆虫，草蛉所缺少的仅仅是高大的身材。它身上长着一束束粗粗的刺毛，足长，踮起脚尖显出一副非常高傲的样子。这只可怕的虫子用肛门做支撑，是个踩着高跷的双腿残缺者。它的大颚像尖端弯曲中间空心的钳子，插进蚜虫的大肚子，把蚜虫吸干，而无须做出其他的动作。蚁蛉和龙虱幼虫的管状钩也是起着同样的作用。草蛉第二代的残忍冷酷超出了第一代，就像休伦人把从战俘头上剥下的带发头皮系在腰上那样，它们也把吸干了的蚜虫披在背上，像披着战服一样在蚜虫堆上挑拣、觅食。它们每吸干一只蚜虫，就会在自己的外套上添加一件破衣服。

现在我来看看高雅的瓢虫家族。最普通的瓢虫是七星瓢虫，红色的外壳上点缀着七个黑点，俗称瓢虫。普罗旺斯农民把它叫作卡塔里奈多。它的名声不错，年轻的村姑把它放在竖起的手指上，放飞时对它唱道：

> 告诉我，卡塔里奈多，
> 我将去向何方，
> 我将何时出嫁。

瓢虫飞起来，如果飞向教堂就意味着姑娘要进修道院，飞向相反的方向表示姑娘将要结婚。天真的七星瓢虫占卜术也许是对飞鸟古老崇拜的追忆。这种占卜术肯定不亚于我们能想象出来的其他占卜方法。

令人遗憾的是，这种昆虫爱好和平的名声与它的习性极不相符。事实总是破坏诗意，说实话，瓢虫是个杀戮者，一个大名鼎鼎的杀手，我找不出谁比它更凶猛。瓢虫迈着碎步吃掉一群一群蚜虫，腾出一片空地。它和它那有同样食肉习性的幼虫，随意放牧过的树枝，一

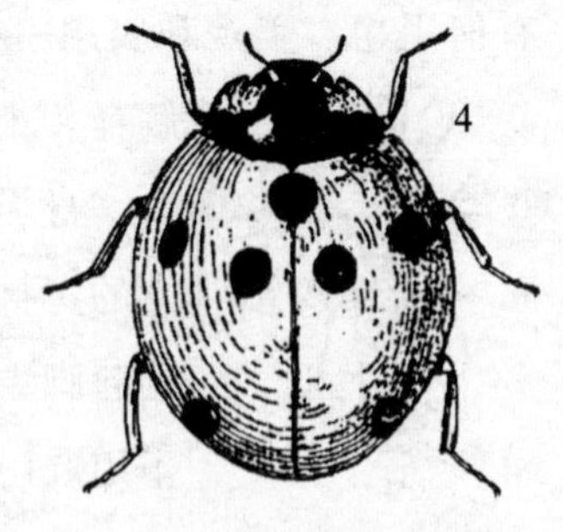

七星瓢虫

只活蚜虫也不会留下。

现在我们来看看金雀花下面的情况，在干枯的落叶里有一只幼虫，穿着之考究是我从没见过的。它用皮肤里渗出的洁白的蜡，给自己做了一件带有条纹的蜡衣，使它看起来像一只鬈毛狗。一条白色的小虫，并无优雅可言。当人们要抓它时，它就碎步小跑，犹如一滴奶滴滚到一粒沙子上。古老的博物学家用一个形象的词“长鬈毛猎犬”来赞美它。

长鬈毛猎犬也是热衷的食蚜者。由于它穿着宽袖的长外套不容易保持平衡，所以宁可在地上拣那些在树上开发蚜虫群的瓢虫及其幼虫碰落下来的猎物，在落下的蚜虫中间进行围猎。如果树上掉下来的不够多，它也会冒险爬上树和别人一起猎食蚜虫。六月中旬，在监禁中生长的长鬈毛猎犬蜷缩进枯叶的皱壁中，化成了铁锈色的蛹，一半露在棉纱灯芯外套外面。两周后，成虫羽化出来了，它也是一只瓢虫，长着一些短短的柔毛，黑黑的，每个鞘翅上都有一个大红点。我认为它是橄榄树瓢虫。

食蚜蝇、瓢虫、草蛉都是贪食者和野蛮的屠杀者。我们再来看看其他一些尽管没少干杀戮勾当，却懂得用温文尔雅方式的杀戮者。它们不是自己享用蚜虫，而是把卵一个一个产在蚜虫的肚子里。我观察到两例：一个在蔷薇上，另一个在大戟上，这些优雅的杀戮者都属蚜茧蜂科，是携带产卵探测器的小膜翅目昆虫。

我将寄居着大量棕红色蚜虫的一根大戟枝梢，放在试管中，再放入六只携带产卵探测器的蚜茧蜂。我搬动和安置的动作，都不会妨碍它们的工作。从这个试管里，我可以轻松地观察到小小腹内探测者的艺术。

一只杀戮者正十分放肆地在一群蚜虫背上走来走去，寻找可意的猎物，它得手了。蚜虫在树枝上密密麻麻，杀戮者无法直接靠在树枝上，便坐下来，坐在被选中的受害者旁边的一只蚜虫身上，然后把腹部末端挪到前面，以便能看清操作工具的尖头。机器一开动，探头就准确无误地朝精密测算好的位置插入，而不会杀死受害者。

短而灵巧的锐器已经出鞘，毫不犹豫就扎进了蚜虫肚子那软绵绵的奶脂囊。被刺的蚜虫没做任何反抗，锐器在不声不响地运作，嚓！好了，一枚卵被放进了肉鼓鼓的肚子里。杀戮者把它的手术刀收进刀鞘，两条前腿相互摩搓，用被唾液沾湿的跗节把翅膀擦亮。无疑，这是心满意足的表示：穿刺做得很成功。很快就轮到下一个，第二只、第三只、第四只……每做完一次仅稍稍歇一会儿，只要卵巢里的卵还没排尽，蚜茧蜂就会日复一日地继续干下去。

当我一手拿着树枝，另一手拿着放大镜观察时，那些苗条狭小、对自己充满自信的矮个子刽子手正在工作。在它们的眼里我是什么呢？什么也不是。我这个庞然大物，它无法看清。它才不过两毫米，长着长长的丝状触角，腹部有一肉柄，肉柄的基部呈红色，其他部位黑里透亮。

蔷薇枝上的绿色蚜虫稍大一些，成虫的腹部和足呈浅红色，若虫较小，纯黑色。也许每一种蚜虫都有相应的蚜茧蜂科昆虫为它接种。

当蔷薇蚜虫被寄生虫噬咬肚肠，感到肠绞痛时，便会离开饮水的树枝，离开群体，相继到附近的树叶上安顿下来，在那里枯萎变成空壳。大戟蚜虫则相反，它们并不离群，麇集的蚜虫慢慢变成了一层干壳。接种在蚜虫肚子里的蚜茧蜂科昆虫，为了从因干枯而变成了小盒子的蚜虫身体里出来，便在蚜虫遗骸的背上钻一个圆孔爬出来，而把空壳留在原地。那个空壳苍白干燥，没有变形，甚至比活蚜虫看起来还胖些。蚜虫的破衣裳在树枝上粘得非常紧，用画笔还无法把它从蔷薇枝上刷下来，往往得用针撬，黏附得这么牢，真让我吃惊。这不可能是因为死蚜虫的小爪嵌入了树叶，而是别的东西在起作用。

我把干蚜虫剥离下来，查看底部，它身上有一条像扣眼似的切口纵贯腹部，切口里镶着一块东西，就像我们把太小了的衣服加大拼接一块布一样。原来这是一块织物，一块布，从它的结构一眼就能看出和那张变得像羊皮纸似的表皮不同，它是一块丝织品，而不是皮革。

蚜虫肚子里的寄生虫，预感时候到了，便草草地在空壳里织一条毯子，然后在寄生的蚜虫肚子里自上而下切开一条口，更确切地说，是蚜虫肚子里不断在长大的寄生虫把肚皮给撑裂了。寄生虫在裂口处吐的丝比别处多，从而在丝与树叶直接接触的地方形成了一条宽胶带。这条胶带不怕雨淋，也不怕风吹和树叶晃动，因此，蚜虫躯壳可以稳稳地粘在那里，直至寄生虫羽化。

记录到此结束，非常简明扼要。归纳说来，蚜虫是食品作坊里最早的加工者之一，凭着坚韧的探测器，这位原子的聚敛者对岩石提供给植物并经过植物粗加工的基本物质进行提炼，在它那圆形的蒸馏釜中，微量的汤汁被精炼成了肉这种高级食品。蚜虫再把自己的产品提供给大批的消费者，那些消费者又把蚜虫的产品加工成更高级的产品，直到物质完成循环转移，进入物质垃圾站。垃圾站里堆满了死亡生物的垃圾，而那些垃圾也是构成新生命的砾石。

在地球最原始的时期，假如能采用一种植物开发岩石，再采用一种蚜虫开发植物，就足够了，因为提炼成生命物质的基础一经奠定，高等动物的诞生就成了可能。昆虫和鸟可以来了，它们将会发现筵席已经备好。

第十四章 绿 蝇

一生中，我有过的几个愿望，都不会妨碍别人的安宁。我曾经希望在我家附近拥有一个能避开冒失的路人，周围长着灯心草，水面上漂着水浮莲的水塘。空闲的时候我可以坐在杨柳树荫下，想象水中的生活。那是一种原始的生活，比我们现在的生活更单纯，在温情和野蛮之中带着淳朴。

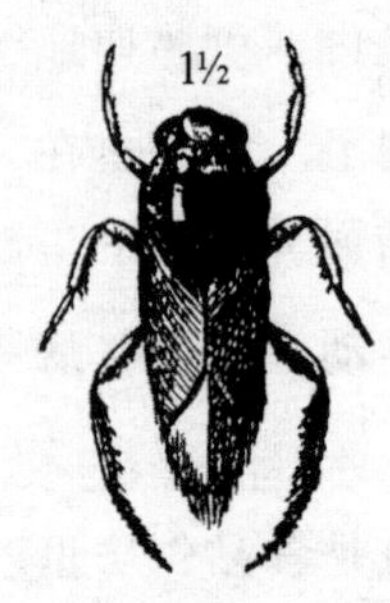

仰泳蝽

我可以对软体动物的天堂进行观察，可以欣赏豉甲嬉戏、尺蝽划水、龙虱跳水和仰泳蝽的顶风航行。仰泳蝽仰躺在水面，挥动着长桨划水，两条短短的前足则收在胸前，等待捕捉猎物。我可以研究扁卷螺产卵，它那模糊不清的黏液中凝聚着生命之火，就像朦胧的星云中聚集着恒星。我可以欣赏新生命在蛋壳里旋转，勾画出螺纹，也许这就是未来哪个贝壳的轮廓。如果扁卷螺略懂一些几何学，它就能勾画出犹如地球绕着太阳运转的轨道来。

经常到池塘边去漫步可以带回很多思想，可是命运做出了另一种安排，池塘成了泡影。我试着用四块玻璃建造人工池塘，可是资源很贫乏，这个水族实验室还比不上骡子在松软的泥土上留下脚印后、经阵雨积满了水、生命奇迹般地充溢其间的小坑。

春天，当英国山楂树开花，蟋蟀齐鸣时，第二个愿望不止一次在我的脑海里闪现。我在路上碰上一只死鼹鼠和一条被石块砸死的游蛇，两者均死于人的愚蠢行为。鼹鼠正在掘土，驱除害虫，农民的铁锹挖到它，将它拦腰斩死，然后扔在一旁。游蛇被四月的融融暖意唤醒，来到阳光下，擦破皮肤，换上一层新皮。有人发现了它，说道："啊！可恶的东西，我要做一件大快人心的事。"于是，这条无辜的蛇，这条在保护庄稼、在消灭害虫的激烈战斗中，帮助过我们的无辜的蛇死了，它的头被砸得稀烂。

两具尸体已经腐烂发臭，谁从那里经过，都像没看见，转身便走开了。观察家停下来，从脚边捡起两具死尸，瞧了瞧，有一群活物在上面攒动，一群生命力旺盛的虫子正在噬咬尸体。还是把它们放回原处，让殡葬工去继续处理吧，它们能非常圆满地完成任务。

了解那些清除腐尸的清洁工的习俗，观察它们忙忙碌碌地分解尸体，仔细地研究它们将死亡物质迅速地加工后收进生命的宝库，这个愿望长久以来一直在我的脑海里萦绕。我遗憾地离开了躺在满是灰尘的路面上的鼹鼠，瞥了一眼那具尸体和它的开发者们，我该走了。这里臭烘烘的，不是高谈阔论的地方，否则，过路人会怎么想啊！

如果我让读者身临其境，他们又会怎样想呢？关注这些卑下的啃尸者，难道不会玷污我们的双眼吗？哦，请你别这么想。我的好奇心主要牵挂的事情，一个是起始，一个是终结。物质是如何积聚，获得生命的？当生命停止时，又是如何分解的？如果有个池塘，那些带着光滑螺纹的扁卷螺，就可以为第一个问题提供资料；那只略微发臭、还不十分令人恶心的鼹鼠，将回答第二个问题，它会向我们展示熔炉的功能，一切都在熔炉里熔化，重新开始。不必再忸怩作态了！让外行人离开这里吧，他们是不会理解有关腐烂物这个高深课题的。

我现在可以实现我的第二个愿望了。我有场地，有安静的小院，没有人会来打扰我，笑话我，我的研究也不会得罪任何人。到目前为止，一切都挺顺利，但还是有点麻烦事。虽然我已经摆脱了路人，但是我还必须提防我的猫，它们经常闲逛，如果我的观察物被它发现，准会遭到破坏，被叼得七零八落。预计到它们的破坏行为，我建造了空中作坊，只有那些专营腐烂物者才能飞抵的作坊。

我把三根芦竹绑在一起，做成三脚架，安放在荒石园里的不同地点，每个支架上都吊着一个离地面一人高、盛满细沙的罐子，罐子底部钻一个小孔，如果下雨，水可以从小孔流掉。我把尸体放在罐子里，游蛇、蜥蜴、癞蛤蟆是首选物，它们的皮肤上没有毛，便于我监视入侵者的举动；毛皮动物、禽类和爬行动物、两栖类交替使用。邻居的孩子在两分硬币的诱惑下，成了我的供应商。每当春夏季节，他们常扬扬得意地跑到我家来，有时用棍子挑着一条蛇，有时用包菜叶包着一条蜥蜴。他们给我送来了用捕鼠器捕到的褐家鼠，渴死的小鸡，被园丁打死的鼹鼠，被车轧死的小猫和被毒草毒死的兔子。买卖双方都很满意，以前村子里从不曾有过这样的交易，将来也不会有。

四月过去了，罐子里的动物增加得很快。第一个来访者是小蚂蚁，为了让这些不速之客离远点，我才把罐子吊得高高的，可是蚂蚁在嘲笑我的良苦用心。一只死动物放进罐子里还不到两小时，仍然是新鲜的，闻不到什么味，它们就来了。贪婪的敛财者顺着三脚架的支脚爬上去，并开始解剖，如果这块肉合口味，它就会在沙罐里住下来，挖一个临时蚁穴，逍遥自在地开发丰富的食物。

这个季节蚂蚁始终是最忙的，它总是第一个发现死动物，总是当死尸被啃得只剩下一块被太阳晒得发白的骨头时，才最后一个撤离。这个流浪汉离得那么远，怎么就知道，在那看不见的三脚架顶上有吃的东西呢？而那些真正的肢解尸体者则要等待尸体腐烂，靠强烈的臭气来通知它们。因为蚂蚁的嗅觉比谁都灵，它在臭气开始散发之前就赶来了。

当搁置了两天的尸体被太阳烘熟，散发出臭气时，啃尸族突然拥来了。皮蠹和腐阎虫、负葬甲和葬尸甲、苍蝇和隐翅虫，向尸体发起了进攻，它们消耗尸体，几乎把它消耗得一点不剩。如果仅仅靠蚂蚁每次搬走一点，打扫卫生的工作得拖很久才能完成，可是眼下这些虫子们做起这项工作来个个雷厉风行，有些使用化学溶剂的虫子效率还更高。

最值得一提的自然是后一类，高级净化器。它们是苍蝇，种类非常繁多，如果时间允许，这些骁勇善战的战士，每一位都值得我去观察。但是，那会使读者和观察家都不耐烦。我只要了解几种苍蝇的习性，便可知道其他种类的苍蝇的习性，因此我将观察范围限制在绿蝇和麻蝇身上吧。

浑身亮闪闪的绿蝇是人人都熟悉的双翅目昆虫，它那通常是金绿色的金属光泽，可以和最美丽的鞘翅目昆虫花金龟、吉丁和叶甲相媲美。当我看到这么贵重的衣服穿在清理腐烂物的清洁工身上时，着实有几分惊讶。经常光顾我那些吊罐的三种绿蝇是：叉叶绿蝇、常绿蝇和居佩绿蝇。前两种都是金绿色的，为数不多，第三种闪着铜色亮光。三种绿蝇的眼睛都是红色的，周围镶着一圈银边。

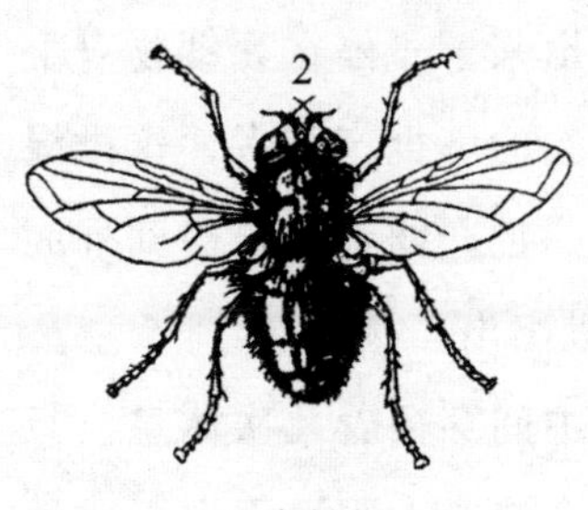

叉叶绿蝇

个头最大的是常绿蝇，而叉叶绿蝇干这行似乎更老练。4月23日，我碰巧撞见它在产房里，待在一只羊脖子的颈锥里，正把卵产在脊髓上。它在黑乎乎的洞里一动不动地待了一个多小时，把里面装满了卵。我隐约看见了它的红眼睛和银白色的面孔。它终于出来了，我把卵收集起来。因为卵全部产在脊髓上，收集起来很容易，只要抽出脊髓就行了，用不着碰那些卵。

我应该数数有多少卵，不过现在还没法数，密密麻麻的卵难以计数，我于是把这一家子养在广口瓶里，等它们在沙土里化成了蛹再来数。我找到了157个蛹，这显然只是一小部分，因为从后来的观察中我得知，叉叶绿蝇和其他绿蝇分多次产下一包一包的卵，这个超级家族将会成为一个庞大的兵团。

我认为绿蝇分批产卵，以下的事实可以做证。一只经多日蒸晒，有些发软的鼹鼠平摊在沙土上，肚皮边缘有一处鼓胀起来，形成了一个穹隆。绿蝇和其他双翅目昆虫都不把卵产在裸露的表面，曝晒对脆弱的胚胎是有害的，必须把卵藏在阴暗的地方。死动物皮下是理想的场所，如果可以进入的话。

目前，唯一的入口就是肚皮下的那个皱褶。今天，在那个地方，也只有在那里才有产卵者在产卵，一共有八只绿蝇。这块开发物因质量上乘而闻名，绿蝇们一个一个潜入穹隆，或者好几只一起进去。进去的绿蝇要在里面停留一段时间，外面的必须耐心等待。等待者一次次飞到洞口去张望，看看里面进行得怎么样了，探听先进去的那批是否已经完事。里面那批终于出来了，停在死动物身上休息，等着下一轮再进去。产房里又换了新的一批产卵者，这批绿蝇也在里面待了好一阵，然后才让位给又一批产卵者，自己到外面去晒太阳。一个上午它们就这样不停地进进出出。

由此我得知，产卵是阶段性进行的，中间穿插着几次休息。只要绿蝇感到成熟的卵还未进入产卵管，就会待在太阳底下，不时地突然飞起来盘旋一会儿，然后伏在尸体身上马马虎虎喝上几口汤。一旦卵子进入了产卵管，它们会尽快地到合适的地方卸下重负。因此，整个产卵过程分成了好几个阶段，看来要持续两天。

我小心翼翼地把那只身下正有苍蝇在产卵的动物掀起来，苍蝇照常继续产卵，它们是那样忙碌。它们用产卵管的尖头，犹豫不决地摸索，力图把卵依次排放在卵堆的更深处。在神情严肃的红眼睛产妇周围，有一些蚂蚁正忙于抢劫，许多蚂蚁离去时嘴里都咬着一枚绿蝇的卵。我还看见一些胆大妄为的家伙，公然到产卵管下去抢劫。产卵者并不理睬它们，由着它们去，一副无动于衷的样子。绿蝇心里清楚，自己肚子里还有的是卵，足以弥补这么一点小损失。

的确，幸免于蚂蚁抢劫的卵已足以保证绿蝇有一个兴旺的大家庭。过几天我回来，再掀开那具死尸看一看。在尸体下恶臭的脓血里涌动着虫浪，蛆虫的尖头冒出了浪尖，晃动了一下，又钻进浪谷，好似沸腾的海洋。尸体的中间部位被掀起来了，那情景真是恐怖至极。我得经受住考验，往后看到的景象将更加可怕。

我现在看到的是一条游蛇，它盘成涡旋状，占满了整个罐子。来了许多绿蝇，而且还不断有新来者加入它们的行列。这里看不到吵架拌嘴的情况，大家都自顾自地产卵。盘缠着的爬行动物那一圈圈缝隙里是最理想的产卵处，只有在这窄缝里才能躲避烈日。金色的苍蝇排成链，互相紧靠着；它们尽量把腹部和产卵管往缝隙里插，顾不得翅膀被揉皱翘到了头上，大事当前顾不得打扮了。它们心平气和，红红的眼睛凝视着外面，排成一条链子，链条时而会出现几处断裂，几个产卵者离开了位置，来到游蛇身边散步，等待下一批成熟的卵进入产卵管，然后重新加入这条链子，再次去产卵。

尽管时有中断，绿蝇产卵的速度还是相当快，仅一上午，涡旋状的缝隙里就密密麻麻地布了一层卵。我将卵层整块剥下来，上面一尘不染。我是用铲子，用纸做的小铲来采集卵。我采集了一大堆白色的卵，然后将它们搁在玻璃管、试管和广口瓶里，再放进一些必要的食物。

长度约一毫米的卵呈圆柱形，表面光滑，两头略圆，24小时内即可孵化。我想到的第一个问题是：绿蝇的幼虫将如何进食？我很清楚该喂它们什么，可是我不知道它们怎么吃。从“吃”这个词的严格定义来看，它们的吃法能称得上吃吗？我的怀疑是有道理的。

其实，我可以去观察那些相当肥胖的蛆虫。这些普通的蛆虫，头部尖，尾部平切，整体轮廓呈长锥形，尾部的皮肤表面有两个棕红色的点，那是气孔。按语言的引申义，被称作头的那个部位，不过是肠道的入口，我称它作前部，那里装备着两个黑色的口针①，装在半透明的套子里，时而微微向外伸，时而收回去。是否该把它们看成是大颚呢？绝对不行，因为这两个口针不像真正的大颚那样上下对生，而是平行的，永远也碰不到一块儿。

这两个口针是活动器官，是移动的口针。口针能起支撑作用，它们反复地一伸一缩就能使蛆虫前进，蛆虫就是靠这个看似咀嚼器的器官行走。它的喉头好像有根登山拐杖。我把蛆虫搁到一块肉上，用放大镜观察，我看见它在散步，一会儿抬头，一会儿低头，每次都用口针去捣肉。它停下来时屁股不动，前部保持弯曲，探测四周，尖尖的头部探索着，前进，后退，黑色的口针一伸一缩，像无休止的活塞运动。尽管我观察得很认真，却没见过它的口器上沾过一小块撕下的肉，也没见它吞咽过一块肉。口针不停地在肉上敲

① 口针：大颚特化的构造。——校注

击，却从未从上面咬下一口。

然而，蛆虫在长大，变胖。这个特殊的消费者是用什么方法做到，没有嚼食却能吸收食物呢？如果它不吃，那么它是喝了，它的食谱是肉汤。既然肉是固体物质，自己不会液化，就必须用某种烹调方法使它变成能喝的液体。我尝试着尽力去揭开蛆虫的这个秘密。

我把一块核桃般大小的肉用吸水纸吸干水分，放在一个一头封闭的玻璃试管里，在肉上面放几坨从罐子里的游蛇身上取来的卵，大约有200枚，然后用棉球塞住管口，将管子竖起来，放在实验室一个避光的角落里。另外一个玻璃管也同样处置，只是里面没有放卵，我把它放在一旁，作为参照物。

卵孵化后才两三天，结果已经非常惊人。那块用吸水纸吸干了水分的瘦肉已经变湿，蛆虫爬过的玻璃上留下了水迹，涌动的蛆虫一次又一次经过的地方出现了一片水汽。而那个参照试管里是干的，说明蛆虫活动的地方留下的液体，不是从肉里渗出来的。

此外，蛆虫的工作也可以明确地证实。有蛆虫的那块肉就像放在火炉边的冰块一点一点地融化，不久肉完全变成了液体。这已经不是肉了，而是李比希提取液[①]。假如我把试管倒过来，里面的液体会全部流光，一滴水也不会剩下。

千万别以为是腐烂导致了溶解，因为在对比项试管里，同样大小的一块肉，除了颜色和气味变了之外，看上去仍和原来一样，原来是一整块，现在仍然是一整块。而那块蛆虫加工过的肉，已经变得像溶化的黄油一样稀。我看到的是蛆虫的化学功能，其作用会使研究胃液作用的生理学家产生忌妒。

---

① 李比希（1803—1873）：德国化学家，在无机化学、有机化学、生物化学等方面都做出了贡献。此处的李比希提取液是一种比喻。——译注

我还从熟蛋白实验中得到了更有力的证据。切成榛子一般大的熟蛋白，经过绿蝇蛆虫加工溶解成了无色的液体，我们的眼睛甚至会把这液体当成水呢。液体的流动性非常大，那些蛆虫失去了依托，淹死在了汤里。蛆虫是因尾部被淹，窒息而死的。它尾部有张开的呼吸孔，如果在密度较大的液体中，呼吸孔可浮在水面上，但是在流动性很大的液体中就不行。我在另一个试管里也装进熟蛋白，但不放蛆虫，将它和那个发生了奇怪的液化现象的试管放在一起对照，结果对照组的熟蛋白保持着原状和硬度，久而久之，如果蛋白不被霉菌侵蚀，会变得坚硬。

其他那些装有四元化合物，装有谷蛋白、血纤维蛋白、酪蛋白和鹰嘴豆豆球蛋白的试管里，也发生了程度不同的类似变化。只要能避免在太稀的肉汤里淹死，蛆虫食用了这些蛋白长得非常好，生活在死尸上的蛆虫也不见得能长得更好。再说，蛆虫就是掉进这些蛋白液体里，也往往不必害怕，因为这些物质仅仅处于半液化状态，与其说是真正的液体，倒不如说是糊状流质。

即使已经将蛋白溶成了稀糊，绿蝇蛆虫还是想把食物变成液体。由于无法吃固体实物，蛆虫首先把食物变成流质，然后把头扎在流质里，长长地吸一口，它们在喝汤。蛆虫那种发挥相当于高等动物的胃液作用的溶液，无疑来自它们的口腔。像活塞一样连续运动的口针不断排出微量的溶液，所有被口针碰过的地方都留下了微量的蛋白酶，足以使那个地方很快地渗出水来。既然消化总的来说就是液化，我可以毫不违背事实地说，蛆虫是先消化食物，然后进食。

这些用试管所做的肮脏恶臭的实验，使我从中得到了乐趣。当斯帕朗扎尼神父发现，生肉块在沾了小嘴乌鸦胃液的海绵作用下变成流质时，想必也有和我一样的感受。他发现了消化的秘密，并成功地在试管里做了胃液作用的实验，那时胃液的作用还不为人知。我这个远方的信徒，又重见了曾经使那位意大利学者惊诧不已的现象，不过这次是以一种意想不到的面目出现的。蛆虫代替了小嘴乌鸦，它们破坏了肉、谷蛋白和熟蛋白，使这些物质变成了液体。我们的胃是在秘密状态下进行蒸馏，蛆虫却是在体外，在光天化日下完成。它先消化，然后才把消化物喝下去。

看见它们一头扎进尸体化成的汤液里，我不禁会自问，它们真的不会嚼食吗，哪怕是以更为直接的方式部分进食？为什么它们的皮肤那么光滑，简直可以说是举世无双，难道皮肤能够吸收食物吗？我见过金龟子和其他食粪虫的卵明显地变大，因而很自然地认为那是因为它们吸入了孵化室里油腻的空气。然而，我找不到证据来说明绿蝇蛆虫就没有采用这种生长方式。我认为它们能靠全身的皮肤吸收食物，除了嘴吸食汤液之外，皮肤也协助吸收和过滤汤汁。也许这就是它们要预先把食物变成液体的原因。

我们再举最后一个例子，证明蛆虫预先将食物液化的事实。如果我将鼹鼠、游蛇，或者其他动物的尸体置于露天的沙罐里，套上金属纱罩以防双翅目昆虫入侵，那么尸体就会在烈日的曝晒下变干，变硬，而不会像预料的那样把下面的沙土浸湿。尸体肯定会渗出液体，任何一具尸体都像一块吸满了水的海绵，尽管水分的散发是那样的缓慢，也会被干燥的空气和热气蒸发掉；因此尸体下面的沙土能保持干燥，或者说基本干燥。尸体变成了木乃伊，变得如同一张皮。

相反，如果不用纱罩，让双翅目昆虫随便进入，情形就不同了，三四天后在尸体的下面出现了脓液，大片沙土被浸润了，这是液化的开始。

我将会不断地看到那种曾令我震惊的实验结果。这次实验对象是一条非常棒的神医游蛇，长1.5米，有粗瓶颈那么粗，由于它比较庞大，超出了沙罐的容量，我把它盘成双层涡旋状。当这美味佳肴处于分解旺盛期时，沙罐成了沼泽，无数只绿蝇蛆虫和更为强大的液化器麻蝇蛆虫在沼泽里涌动。

容器里的沙土被浸湿了，变得泥泞不堪，仿佛是淋了一场大雨。液体从罐子底部那个盖着一块扁卵石的小孔滴下来，这是蒸馏釜在运作，那条游蛇正在死尸蒸馏釜中蒸馏。一两周之后，液体将消失，被泥土吸干，在黏糊糊的沙土上只会剩下一些鳞片和骨头。

总之，蛆虫是这个世界上的一种能量，它为了最大限度地将死者的遗骸归还给生命，将尸体进行蒸馏，分解成一种提取液，尔后植物的乳母大地，汲取了它，变成了沃土。

第十五章 麻蝇

本章将研究的苍蝇与绿蝇相比，穿着的服饰不同，但生活方式差不多，仍然是与死尸打交道，同样具有迅速液化肉体的能力。这种炭灰色的双翅目昆虫，个头比绿蝇大，背部有褐色的条纹，腹部有银光点。瞧瞧它那一对眼睛，血红血红的，闪着肢解者凶残的目光。这是一种食肉蝇，学术语称它为麻蝇，俗称肉灰蝇。

不管这两种叫法多么正确，但愿别把我们引入歧途。麻蝇决不是那种经常光顾我们住所，特别是秋季，在没看管好的肉上下蛆的胆大的腐烂物承包者。干这些坏事的罪魁是反吐丽蝇，它长得比较肥胖，呈深蓝色，它飞到玻璃窗上嗡嗡作响，狡诈地把食品柜团团围住，暗地里伺机利用我们放松警惕的时候下手。

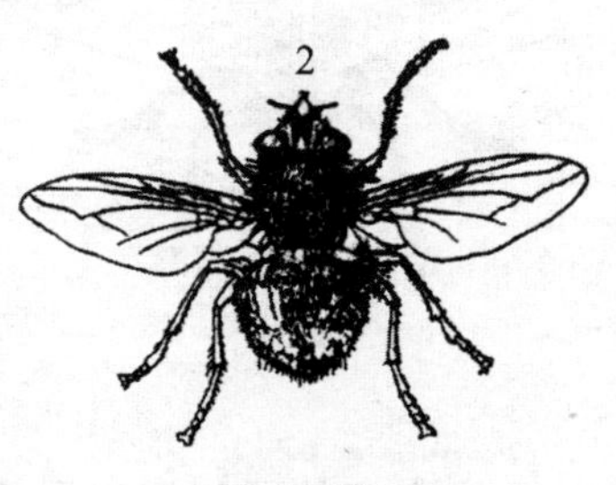

反吐丽蝇

麻蝇常常与绿蝇合作。绿蝇从不到我们家里冒险旅行，而是在大太阳下劳动。麻蝇不像绿蝇那么胆小，如果在外面找不到东西吃，偶尔也会冒险到住宅里干坏事，干完坏事就赶紧溜掉，因为它在这里感到不自在。现在，我那间比露天实验场小得多的实验室，已经变得有点像藏肉室了。麻蝇来此造访，如果我在窗台上放一块肉，它就会飞来享用一番，然后离开。搁物架上用于收藏物品的那些广口瓶、茶杯、玻璃杯等各种容器都躲不过它。

鉴于研究的需要，我收集了一堆在地下蜂巢里窒息死亡的胡蜂幼虫。麻蝇悄悄地来了，发现了那一大堆胡蜂幼虫，认为是个了不起的新发现。这种食物也许是它的家人从来不曾享用过的，于是它把一部分卵安置在上面。我把一个煮熟的蛋先掰下几块蛋白来喂绿蝇的幼虫，剩下的大部分放在一个玻璃杯底部，麻蝇占有了剩余的这部分蛋，并在上面繁殖。它并不在意这是一种新东西，只要是蛋白质类的物质都合它的口味，哪怕是养蚕场的废物死蚕，甚至云豆和鹰嘴豆的豆泥都行。

然而，最合它口味的还是死尸，从毛皮动物到禽鸟，从爬行动物到鱼类它都吃。有绿蝇做伴，麻蝇往那些沙罐里跑得很勤，它每天都来探望那些游蛇，用吸管品尝一下，看它们是否已烂熟。它走了，又来，从容不迫，最后才着手工作。然而，我并不准备在熙熙攘攘的来客中观察它们的行动，我将一块肉放在小桌前窗台上，既不至有碍观瞻，又便于我观察。常常来光顾那块腐肉的两种双翅目昆虫是常麻蝇和红尾粪麻蝇，后者的腹部末端有个红点，前者比后者略强壮些，在数量上也占优势，它承担着沙罐场里大部分工作，几乎总是单独飞向放在窗台上的诱饵。

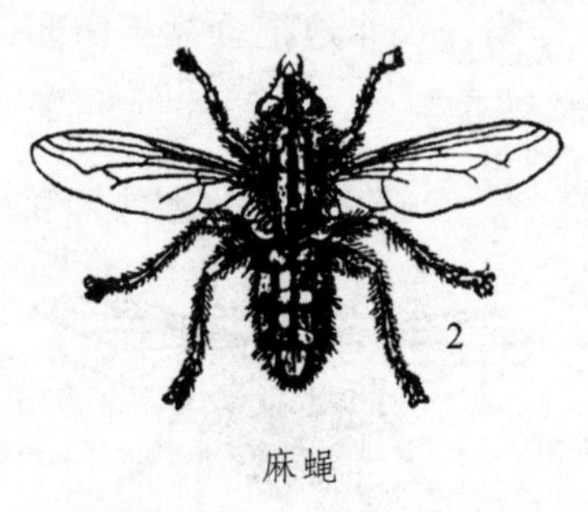

麻蝇

它会突然间到来，起初还有些胆怯，可是很快便镇静下来，即使我靠近它，它也不想飞走，因为它很中意这块肉。它干起活儿来速度惊人，将腹部末端对着那块肉嚓嚓两下，就完成了任务。一群摆动着的蛆虫产了下来，迅速地四下散开，我根本来不及拿起放大镜来做精确的统计，我用眼睛估计约有一打。它们都跑到哪里去了？

它们好像一落地就钻进肉里，那么快就不见了。对于这些虚弱的新生儿来说，以这样快的速度钻入有一定阻力的物质是不可能的。但是它们到哪里去了？我发现那块肉的褶皱里有一些麻蝇蛆虫，它们单独行动，已经开始用嘴搜索了。把它们聚拢来数数有多少是行不通的，因为我不想伤害它们。我只能用眼睛迅速地扫视一下，大约是12只，几乎是在一瞬间一次性产下的。

麻蝇产下的是些活的蛆虫，而不是通常所见的卵，这些蛆虫早已为人们所熟悉。我因此知道了麻蝇不生蛋而是生孩子。它们有那么多事要做，任务太紧急！对于专门加工死亡物质的它们来说，一天就是一天，必须充分利用时间。绿蝇的卵最快也要24小时后才能孵化出蛆虫，麻蝇省下了这段时间，而是从卵巢里迅速输送出一批劳动者，蛆虫刚一降生就投入了劳动。这些勤劳而全面的卫生突击手，根本没有闲暇孵卵，它们一分钟也浪费不起。

小分队的成员不多，可是它们的数量还能再增加不知多少倍呢！我们来看看雷沃米尔对麻蝇那台奇妙的生育机器所做的描写：这是一条螺形的带子，天鹅绒般柔软的涡纹里满载着密密麻麻的蛆虫，每一条蛆虫都裹着一层膜，一个挨一个聚在一起，像一张羊毛皮。这位耐心的博物学家对这个军团成员的数量做了统计，据他说大约有二万只。面对这个解剖学的事实，你们一定会目瞪口呆。

麻蝇怎么会有时间去安置一大家子，尤其是必须一小包一小包地安置，就像它刚才在我的窗台上那样呢？在排空卵巢之前，它必须找多少死狗、死鼹鼠、死游蛇啊！它能找到吗？在野外有一定数量的死尸，但还没多到这种地步。好在什么样的尸体对它来说都是好的，它也将选择其他一些不起眼的尸体。如果猎物很丰富，明天，后天甚至几天后它还会再来。在繁殖季节里，它不断地将一包一包的蛆虫安放在各处，最终也许能把肚子里的孩子都安顿好。但是，如果今后这些幼虫也将全部繁殖，那又该是怎样的拥挤啊！麻蝇一年要繁殖几代呢！它被催赶着，真该让这种过度繁殖刹刹车。

我们先了解一下麻蝇蛆虫的情况。这种健壮的蛆，从它那较大的体形，特别是尾部的形状，很容易和绿蝇蛆虫区别开来，它的尾部平切，有一个切得很深的槽，槽底有两个呼吸气孔，两个带琥珀色的唇状气孔。气孔边缘有十来条放射状、棱角分明的肉质月牙饰纹，像个冠冕，蛆虫可以随意地通过收缩和放松月牙饰纹使冠冕关闭或打开，当气孔淹没在稀糊中时就能得到保护，不至于被堵塞。如果尾部这两扇气窗被堵塞，会突然引起窒息。当蛆虫被液体淹没时，这顶带月牙边的帽子就会关闭，如同一朵收拢了花瓣的花朵，液体就进不到气孔里了。

随着蛆虫露出液面，尾部重新露出来；当尾部刚好与液体表面平齐时，冠冕重新打开，宛如一朵花冠上带白色月牙边、中间有两根鲜红色雄蕊的小花。当蛆虫挨挨挤挤地把头拱进臭烘烘的汤液时，形成了一片白洲。看着这些冠冕不停地一开一合，发出轻微的扑扑声，几乎让人忘记了可怕的恶臭，它们仿佛一片娇美的海葵。蛆虫自有蛆虫的丰韵。

显然，如果事物有一定逻辑，一只为防止溺水窒息而采取了严密预防措施的蛆虫，想必应该经常出没于沼泽地。它的尾部戴上帽子，不仅是为了张开时好看。麻蝇蛆虫的身上这个带放射状条纹的附器告诉我们，它所从事的是冒险的工作，开发死尸时它要冒着被淹死的危险。为什么这样说呢？请回想一下那些用熟蛋白养活的绿蝇蛆虫吧。食物很合它们的口味，可是在它们的胃蛋白酶作用下，食物变得那么稀，蛆虫被淹死在食物化成的汤里了。尾部和液面平齐的气孔，没有任何防护系统，当它们在液体中没有任何依托时就会完蛋。

尽管麻蝇蛆虫是无与伦比的液化装置，它们却不曾经历过这种危险，即使是在尸液的沼泽中。它那鼓突的尾部起着浮子的作用，能使气孔保持在液面上。如果需要潜入更深的地方去搜索，尾部的海葵便会闭合起来保护气孔。麻蝇蛆虫具有潜水装备，因为它们是卓越的液化装置，随时都要为潜入水中做好准备。

在干燥的地方，为了便于观察，我把它们放在一片纸板上。它们刚被放上去，就活跃地爬动起来，玫瑰红色的气孔打开，口器抬起、落下，发挥支撑的作用。纸板就放在离窗子三步远的小桌上，这会儿只靠柔和的自然光照明，所有的虫子倾巢出动，全都背向窗户方向爬行，它们急匆匆地疯狂逃窜。

我把纸板掉了个头，没有碰触这些逃亡者，只是让蛆虫面朝窗口，可是它们马上停下来，犹豫一下转了个弯，又向背光的地方逃去。在它们爬出纸板前，我再次把纸板掉个头，蛆虫第二次转身往回爬。我反复多次把纸板掉转也是枉然，每一次这些蛆虫都转身，背朝窗户的方向逃跑，它们的执着挫败了我掉转纸板的诡计。

它们活动的范围不大，因为纸板只有三拃长。给它们一个更大的空间看看，我将它们放在房间的地板上，用镊子把它们的头转向窗口。然而，一旦获得自由，它们便马上掉转头躲开亮光，用双拐以最快的速度向前挺进。它们大步走过房间的方砖，还差六步远就要碰到墙壁了，这时有的向左爬，有的向右爬，总觉得离这个可恶的、光线充足的窗口不够远。

它们逃避的当然是光线，如果我用一块屏幕遮挡住光线后，再掉转纸板，它们就不会掉转头改变方向，而是乖乖地朝窗口爬，但是屏幕一拉开，它们马上就会掉头。

蛆虫一出生就生活在阴暗处，生活在死尸身下，逃避光线是很自然的。我感到奇怪的是，蛆虫能感知光。蛆虫是瞎子，在它那尖尖的、称之为头部都有些勉强的前部，绝无任何感光仪的痕迹，在身体的其他部位也没有，它浑身上下长着一样光滑的皮肤，白生生，滑溜溜的。

这个瞎子，没有靠任何视觉器官连接的神经网，却对光极其敏感。它全身的皮肤就像一层视网膜，不用说，它是看不见的，但能辨别明暗。蛆虫在灼热的阳光直射下所表现出的不安，就是个简单的证明。就拿我们自己来说吧，单凭我们那比蛆虫粗糙得多的皮肤，用不着眼睛帮忙也能分辨出日晒和阴凉。

现在，问题变得复杂了，我的那些被试者，仅仅接受了从实验室窗口透进来的日光，这么柔和的光线也使它们不安，使它们惶恐；它们在逃避难以忍受的阳光，要不惜一切地逃走。

这些逃亡者感觉到了什么？它们是否被化学辐射刺痛了？是否受到了其他一些已知或未知射线的刺激？或许光还隐藏着许多不为我们所知的秘密。如果用光学仪器对蛆虫进行观察，也许能搜集到一些珍贵的资料。因此，如果手头有必需的设备，我倒很乐意对此做进一步的探索。但是我现在没有，过去自然是没有，将来一定也不会有帮助我从事研究的充足财力。这些财富只有把心思用在从事能获得高薪报酬，而不是探索美好真理的聪明人才能得到。尽管如此，我还是要在我那点微薄的收入许可的条件下，继续研究。

麻蝇蛆虫长足了身体就要钻进土里，在那里化成蛹。蛆虫埋进土里，显然是为了在变态时得到所需的安宁。钻进泥土还有一个目的，就是避免光线的干扰。蛆虫尽可能地离群索居，在蜷缩进小桶之前避开世上的喧嚣。

在通常情况下，即使土质疏松，它钻的深度也很少超过一掌宽，因为它考虑到自己羽化为成虫后，纤弱的苍蝇翅膀会给破土而出带来困难。在中等深度时，蛆虫可以适当地把自己封闭起来。四周起阻挡光线作用的泥土厚度不一，最厚的地方约一分米。这层屏障后面极度黑暗，那是隐藏者的乐园，现在它过得很安宁。如果人为地使周围土层保持在不能满足蛆虫需要的厚度时，会发生什么呢？这次我有解决的办法，我用一个两头开口的玻璃管来实验，管子长约1米，宽为2.5厘米。这根管子是我给孩子们上化学小实验课用的，它能使氢气燃烧的火焰歌唱。

我用软木塞把管子的一头塞起来，然后用筛子筛过的细干沙把管子装满，再把20只用肉喂养的麻蝇蛆虫放在管子里的沙土上，管子垂直吊在实验室的一个角落里。我还用同样的方法在一个一拃宽的广口瓶里也装上细沙和麻蝇蛆虫。在两个不同容器里的蛆虫老熟时，将会钻到适合它们的深度，只要由着它们去就行了。

最后蛆虫埋进沙里化成了蛹。现在是检查这两个容器的时候，广口瓶里的结果和我在野外看到的结果相同，蛆虫在大约一分米左右的深度，找到了安静的住所，上面有它穿过的土层保护，瓶子里装满的沙正好在四周形成厚厚的保护层。找到了满意的场所后，它们便在那里安顿下来。

在管子里却是另一种情形，埋藏最浅的蛹在半米深处，其他的埋得更深，大部分甚至钻到了底部，碰到了软土塞这个无法穿越的障碍。显然，如果容器更深一些，它们还会钻得更深。没有一只蛆虫停留在通常所处的深度，全都钻到沙柱的下端，直到力气用尽为止。由于不安，它们才向一个无限的深度逃逸。

它们在逃避什么？光线。穿过的土层在上面形成的保护层，已超过了它需要的厚度；可是四周使它们感到不舒服。它们顺着中心轴往下钻，四周只有12毫米的保护层，这个厚度使它们一直感到不舒服。为了摆脱这种恼人的感觉，蛆虫继续下行，希望在更下面能够找到一个在上面没能找到的栖息所，直到用尽力气或受到阻挡时，它们才停止前进。

然而，在柔和的光线里，哪些辐射能对这些喜好黑暗的虫子产生影响？这肯定不单是光辐射的问题，因为一块用压实的沙土做成的一厘米多厚的屏障，是完全不透光的，应该还有其他已知或未知的辐射，这类辐射能够穿过普通辐射无法穿过的屏障，使蛆虫烦躁，提醒它离外面太近，促使它继续到深不可知的地方寻找隔离所。谁会知道对蛆虫体格的研究能引出多少发现呢？由于没有设备，我只能做一些猜测。

麻蝇蛆虫钻到了沙土一米深处，如果器皿够深，它们会钻得更深。这些特异现象是实验手段造成的，如果让它们凭自己的智慧行事，它们永远不会钻得那么深，钻一掌宽的深度就够了，甚至一掌宽还嫌太深了点。它们变态完成后，必须回到地面，这可是力气活儿，可以算是被埋藏的挖掘工的劳动。它要与塌下来逐渐占满那挖出来的一点点空间的沙土做斗争；也许它还必须在没有撬棒和镐头的情况下，在相当于凝灰岩，在被大雨浇实的土里，为自己开一条巷道。

钻下去时，蛆虫靠的是口针，而钻出来时，苍蝇没有任何工具。刚出壳时，它的肉体还不硬实，相当柔弱。它是怎么出来的呢？我们观察一下装满沙土的试管底部的蛹就会知道。从麻蝇破土而出的方法，我们就能知道绿蝇和其他蝇类是怎么破土而出的，因为它们都采用相同的方法。

在蛹壳里，即将羽化的麻蝇首先要借助长在两眼之间的鼓包，使头部的体积扩大两三倍，让包裹在外面的那层壳爆裂，头部的这个鼓包会搏动，随着交替的充血和消退，鼓包一鼓一瘪，就像水压机的活塞吸压着泵筒的前部。

头部钻出来后，这个畸形的脑积水患者即使一动不动，额头的鼓包仍在运作。脱去蛹的紧身衣的细致工作，在蛹壳里已经完成，在这个过程中鼓包始终鼓得大大的。这个脑袋简直不像一只苍蝇的脑袋，而像一顶奇怪的巨型帽子，帽子底部鼓胀起来，形成两顶红色的无边圆帽，那是眼睛；头顶中央裂开，冒出一个鼓包，把两半球分别挤向左右两侧，靠鼓包的压力，苍蝇打通了小酒桶似的蛹壳底。这就是蝇类破蛹而出的奇特方式。

为什么打穿了小酒桶后，鼓包还长时间地鼓突着？我发现那是个杂物袋，麻蝇暂时把血储在里面，以便减小身体的体积，也便于更轻松地脱掉旧衣服，然后摆脱那个狭窄得像细颈瓶似的蛹壳。在整个羽化过程中，苍蝇尽可能地把大量液体排压出来，注入外面的鼓包中，随着鼓包膨胀起来直至变形，苍蝇的身体就会变小。这个艰苦的出蛹过程，需要两小时或更长的时间。

最终脱壳而出后，苍蝇那发育不全、十分节俭的翅膀，几乎够不着腹部中央，翅膀的外侧有一条深深的曲线，像小提琴的星月形缺口，这既减小了翅膀的面积又减小了长度，为苍蝇穿过泥土柱时减少摩擦提供了最佳条件。

脑积水患者变本加厉地使用它的鼓包。它使额头上的鼓包鼓起来，瘪下去，被顶起的沙土顺着它的身体往下滑。此时它的腿只起辅助作用，当活塞推动时，它把腿向后绷紧，一动不动用作支撑；当沙土滑下来时，它用足把沙土压实，并急速地把沙土往后推，然后腿又绷紧不动了，等着下一次泥沙滑下来。头部每次向前推进多少，就会有多少沙土去填补身后的空间。前额每鼓胀一次，苍蝇就前进一步。在干燥易流动的沙土里，进展比较顺利，只用一刻钟的时间苍蝇就推进了1.5分米的高度。

满是尘土的麻蝇一到达地面便开始梳妆打扮，它最后一次鼓起前额，用前足的跗节仔细地将鼓包刷净，在收起这个隆起的装置，把它变成一个不再裂开的额头以前，必须彻底地把它掸干净，以免把沙砾带进脑袋。翅膀被刷了一遍又一遍，翅膀上面那个小提琴月牙缺口已经消失，翅膀变长了，伸开来。随后麻蝇一动不动地待在沙子的表面，麻蝇完全成熟了。给它们自由吧，它们将会到沙罐里的游蛇身上去与其他苍蝇会合。

第十六章 腐阎虫和皮蠹

雷沃米尔断言，在麻蝇的腹中有两万只胚胎。两万只啊！它建立如此庞大的家庭要干什么呢？单单这一代在一年内就要繁殖好几倍，它难道想统治世界？它或许有这种能力。在谈到生殖力稍差一些的丽蝇时，林奈说：“三只苍蝇吞一匹死马，速度之快相当于一头狮子吃一匹马。”那么，吞食别种死尸又会怎样呢？

雷沃米尔的话使我们放了心，他说：“尽管这些苍蝇的繁殖力惊人，可是它们并不比那些长相相似，而卵巢里只有两个卵的苍蝇更常见，前者的幼虫似乎命里注定要成为其他昆虫的食物，很少能幸免。”

那么，是哪些昆虫担负着裁员的工作呢？大师对此提出怀疑和猜测，却没有机会进行观察。我的那些尸坑为我提供了填补这个历史空白的方法，它们向我展示那些担负着消灭众多蛆虫工作的食客所发挥的充分作用。现在我就来说说这些重大的事件。

在攒动的蛆虫那具有溶解力的唾液作用下，一条大游蛇被液化了。罐子仿佛成了装着尸体化成的乳液的大碗，爬行动物盘成螺塔形的脊柱露在液面上，那层带鳞片的皮鼓胀起来在水波中颤动，仿佛下面有一股波涛起伏的潮水在鼓动那层皮，这是作业队为了找一块合适的场地，在死蛇的皮肉之间来回穿梭。在鳞片结合处的一些蛆虫有时裸露出来，射出尖尖的头部，受到光线的刺激，便赶紧回到鳞片下。气味浓烈的浓汤在旁边的涡旋畦里形成了一条不流动的海峡，成堆的蛆虫大部分肩并肩，一动不动地在进食；玫瑰红色的气孔在水面上开放。蛆虫多极了，好大一片，根本无法计数。

许多陌生客参加了蛆虫大宴，最先来的是腐阎虫，就像它的名称告诉我们的那样，它是一种食腐肉的昆虫。在尸体还没有渗液之前，它们就和绿蝇同时到来了，摆开阵势，看好了一具尸体，或在太阳下相互调戏，或蜷缩在死尸的皮下。不花钱的美餐时间还没到，它们在等待。

腐阎虫虽然住在臭气熏天的地方，却十分美丽。它穿着紧身护胸甲，矮墩墩的，迈着匆匆的小步急火火地往前冲，身上闪闪发亮，好像乌黑的珍珠；肩上有人字形条纹和斜纹，分类学家把这作为腐阎虫的特点记载下来；腐阎虫黑色的鞘翅上带有斑点，光线照上去发生散射，因而使翅膀的亮度减弱。它们有些像青铜雕塑似的，暗铜色身体上缀着一些光闪闪的斑点，也有些在乌黑色的服装上缀着色彩鲜艳的装饰。具斑腐阎虫的每个翅上都缀着一颗漂亮的橙色星月。总之，单单就外在美而言，这些小小的殡葬工不乏优点。在我们的标本盒里，它们显得很神气。

但是，我们更应关注它们的工作。游蛇淹没在自身的肉液化而成的肉汤中，蛆虫成群。蛆虫气孔上的冠冕徐缓地一开一闭，在肉液形成的沼泽表面形成了一块花桌布，对腐阎虫来说丰盛的筵席该开始了。

它们仍然在干燥的地方忙碌地往返穿梭，爬上暗礁，爬上爬行动物的褶皱形成的骶岬，在这里可以避开恶臭的沼泽，垂钓看中的肉块。有条蛆虫在岸边，不太大，属于最嫩的那一类。一个贪食鬼看见了它，就谨慎地靠近漩涡，用大颚咬住那条蛆，把它拉过来，将它连根拔起。上了岸的小肥肠活蹦乱跳，可是猎物刚一到干燥的岸上，就被开膛剖腹，被津津有味地嚼碎，被吃得一点不剩。一会

儿这边钓起一条，一会儿那边钓起一条，贪食者们相安无事，经常是两个同行分享一块猎物。在沿岸各点都有垂钓者在钓蛆虫，但钓到的数量很少，因为大部分“小鱼”在它们不敢冒险靠近的宽绰的深水里，它们从不敢冒险往水里跨一步。然而，潮水渐渐地退了，水被沙子吸干，被阳光蒸发，蛆虫躲到死尸的身下，腐阎虫也紧随而来，屠杀全面展开了。几天后，掀起游蛇，蛆虫已不复存在，沙土里也同样没有即将变态的蛆虫，游牧族消失了，被吃掉了。

灭杀如此彻底，为了得到一些蛹，我必须秘密饲养，以免腐阎虫入侵。那些放在露天的罐子，来访者可以自由出入。罐子里不管最初有多少蛆虫，最后一只也不会留下。在最初的研究中，由于还没有考虑到屠杀，当我发现几天前在某个罐子里还有许多蛆虫，而现在一只也没了，甚至连沙土里也没找到时，我简直惊呆了。如果蛆虫能冒着干旱到远方旅行，我真会以为它们全都迁徙到别处去了呢。

爱好吃肥肠的腐阎虫担负着为麻蝇减员的任务，麻蝇的两万个子女中剩下的几个幸存者，仅能使这个家族成员的数量维持在合理的限度内。腐阎虫急急地赶到鼹鼠和游蛇的身边，但是太稀的脓血使它无法靠近，只能在别处凑合着吃几口以维持体力，它等待着蛆虫完成工作，当尸体的液化完成后，便开始杀戮那些液化者。为了迅速清理掉地上的生命垃圾，蛆虫这个净化器便过量繁殖，而自己成了一种危险。它的数量太多，因而，当它完成净化工作后旋即被消灭。我在附近搜集了九种腐阎虫，一些是从尸体下面搜集到的，另一些是从垃圾堆里搜集来的，我对它们做了记载。绿色腐阎虫、红色腐阎虫、暗色腐阎虫、圆形腐阎虫到过那些罐子里，但数量最多、干活儿最卖力、功劳最大的是光泽腐阎虫和脱污腐阎虫。它们四月就来了，和绿蝇到的时间相同。它们怀着破坏麻蝇家庭时同样的热情去破坏绿蝇的家庭，只要很快能把尸体晒干的炎炎烈日，还不足以终止双翅目昆虫的入侵，这两种腐阎虫就会大量聚集在那个恶臭的工地上。秋季天气刚刚转凉，它们又再次出现。

肉、鱼、禽类和爬行类猎物都合它们的口味。因为它们的美味佳肴蛆虫，也对这些猎物感到满意。在蛆虫长胖之前，它们先在脓血上抓几条吃，但这不过是开胃酒，是为在蛆虫拱来拱去、长得最丰满时举行的盛宴做准备。

光泽腐阎虫

看着它们那么积极的样子，开始我还以为它们正在忙着繁殖后代，为家庭操劳呢。我曾信以为真，但是我错了，在我的那个尸体作坊里没有它们产的卵，也没有它们的幼虫。它们的家想必是安在别处，看来是在肥料堆和垃圾堆里。三月，在一个满是鸡屎的鸡舍地上，我的确找到了它们的蛹，那蛹很容易认出来。成虫到我那臭烘烘的作坊里来，只是为了参加蛆虫的盛宴。任务完成后，在下一个季节便回到垃圾堆里，看样子是在里面繁殖后代。冬天一过，它们就跑到死动物身边，以便削减过多的麻蝇和绿蝇。

双翅目昆虫的劳动还满足不了卫生的需要，当土地吸收了蛆虫提炼出的尸体溶液后，还留下大量无法被蒸发或被太阳晒干的残渣，需要其他的开发者来处理那些木乃伊，啃掉软骨，吃掉肉干，直至尸体被消灭得像一块象牙般光滑的骨头。

皮蠹担负着这项漫长的啃咬工作。两种皮蠹与腐阎虫同时来到我的容器中，它们是波纹皮蠹和拟白腹皮蠹。波纹皮蠹黑底带细白色波纹，棕红色的前胸点缀着棕色的斑点；拟白腹皮蠹个头较大，全身黑魆魆的，前胸边缘扑了一层烟灰色的粉。两者下身都穿着与其他部分形成强烈对比的白色法兰绒服，似乎与所从事的职业不相称。

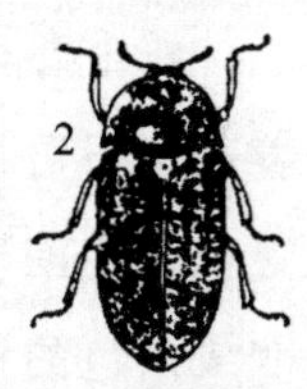

拟白腹皮蠹

身为埋尸者的负葬甲早已经展示过这种对软布料和反差色的癖好，它上身穿一件米黄色的法兰绒背心，鞘翅披挂红色饰带，触角尖镶着一粒橙色绒球。地位卑贱的波纹皮蠹，披着豹皮披肩，穿着带斑纹的白鼬皮齐膝紧身外衣，几乎可以与这位伟大的埋葬工媲美。

两种皮蠹数量都很多，为着一个共同的目标来到我的那些罐子里，解剖尸体直到剩下骨头。它们以蛆虫吃剩下的残羹为食，如果蛆虫的工作尚未结束，死尸下面还在渗液，皮蠹便聚在容器周围等待或者一串串地攀在吊索上。在那些急性子制造的混乱中，不时有一些皮蠹摔下来。笨手笨脚的皮蠹被推倒在地，还一下子露出了肚子上的白色法兰绒。马大哈赶紧爬起来，重新攀上绳索。在温暖的阳光下，许多皮蠹正在交配，这也是一种消磨时间的方式。它们之间并没有为争个好位置或者争块好肉而发生争吵，筵席很丰盛，人人都有份。

终于食物烹到了火候，蛆虫不见了，全被腐阎虫消灭光了。腐阎虫也所剩无几，都去别处寻找蛆虫宝库了。皮蠹占有了那具尸体，无限期地驻扎在那里，即使是在炎热的大热天，高温和酷暑吓跑了其他所有的昆虫，它们也不离开。在这副干枯的空架子遮蔽下，在鼹鼠那不透风的皮毛帷幔的阴影下面，它们咬呀，剪呀，嚼呀，只要骨头上还有一丁点可吃的东西，它们就不放弃。

食物消耗得很快，因为拟白腹皮蠹还带着一家子，它们的胃口也一样好。父母和年龄参差不齐的幼虫们狂饮大嚼，贪得无厌。至于另一个解剖尸体的合作者波纹皮蠹，我不知道它在哪里产卵，那些罐子没有为我提供任何有关的资料，倒是使我了解到了拟白腹皮蠹幼虫的情况。

整个春季和夏季的大部分时间，一大群成虫带着长相丑陋、长着刺一般可怕的黑汗毛的小家伙，躲在尸体下面。幼虫的背部为沥青色，中间横贯一条红饰带，腹面有一抹银白色，预示着成年时将变成白色的法兰绒，倒数第二节的上方有两个弯角，这是专门帮助幼虫迅速滑进骨缝的爪钩。

这块开发物看起来很沉寂。外面寂静无声，我把它揭起来，顿时发现那里多么热闹，多么嘈杂。背部毛茸茸的幼虫受到突然射进来的光线惊扰，钻进残渣堆里，以及骨骼中的隐蔽地带。柔韧性较差的成虫局促不安，迈着小碎步跑开了，它们要尽量把自己掩藏好。皮蠹消失了。让它们躲在阴暗处吧，它们将继续进行被打断了的工作。今年七月，我将会发现那里只有垃圾和尸体遮蔽着的蛹。

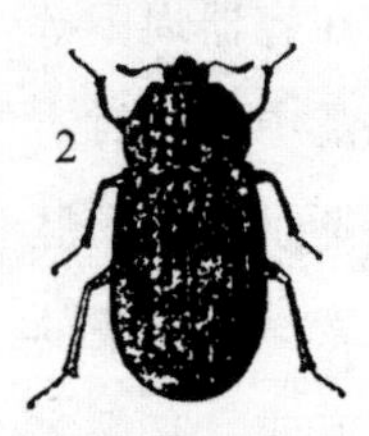

皱葬甲

如果说皮蠹不需要在地下变态，而满足于用吃剩下的尸体残渣做掩护，另一个开发尸体者葬尸甲可就不是这样。光顾那些罐子的有两种葬尸甲：皱葬甲和暗葬甲。尽管它们经常来造访，而我的那些容器没能提供任何关于它们的具体情况，也许是我动手太迟，我只知道它们通常是皮蠹和腐阎虫属的合作者。

冬末，我的确在一只癞蛤蟆身下发现了皱葬甲的家小，约三十来只赤身裸体的幼虫，黑里透亮，身子扁平，呈尖拱形，腹板末节两侧各有一颗向后冲的齿，倒数第二节有短汗毛。幼虫缩在那只干瘪的、被掏空了的癞蛤蟆的阴暗腹腔里，厮咬着经太阳长时间晒成棕色、烤得干硬的尸骨。

大约在五月的第一个星期，它们钻入泥土中，各自挖一个圆形的巢。那些蛹始终醒着，只要受到一点点干扰，就会用尖尖的肚子

着地旋转，迅速使肚子晃晃悠悠转动起来，先顺着一个方向旋转，随后又顺着另一个方向旋转。月底，成虫钻出了地面。看样子到我的罐子里来的那些应该是在春季早熟的同类，它们是来觅食而不是产卵，繁殖后代则要推迟到下一个季度。

有关残葬甲的情况我想简略地谈一下，因为在其他章节我已经描述了它们的功绩。它们当然到我的罐子里来过，但未久留。那些尸体通常超出了它们的埋藏能力；此外，就算尸体适合于它，我也会反对它的行动。我需要的是露天开采，而不是隐蔽的开发。如果这掘墓人坚持要干，我也会给它找麻烦，阻止它的行动。

残葬甲

我们来看看其他的昆虫，这位勤劳的来访者是谁？它们每次都是四五个一组，很少多于这个数。这是一种半翅目昆虫，一种身体苗条的带有臭味的昆虫。它长着红色的翅膀，鼓胀的后腿有锯齿，叫带马刺蛛缘蝽，是猎蝽的近族。奇怪的是它们以爆炸的方式产卵，它的卵有一个爆炸系统。它也重视捕猎，但这个特点与前一个特点相比，显得多么平淡无奇啊！我看见它在尸体上徘徊，寻找已被啃干净且被太阳晒得发白的骨头。合适的猎物找到了，它把喙贴在上面，过了一会儿就不动了。

凭借它那细得像髦毛似的坚韧工具，它能从这块骨头上吸到什么呢？我百思不得其解。这块骨头的表面那么干，也许它是在搜索皮蠹刻刀一般的大颚留下的光滑痕迹。作为一个次要的开发者，它只是在别人已收割过的地里拾取掉落的麦穗。我多么想更进一步观察这位吸骨者的生活习性，获得它的卵，并期望发现卵爆炸时的一些小秘密。我的希望破灭了。被监禁在一个装生活必需品的广口瓶

带马刺蛛缘蝽

里的带马刺蛛缘蝽，渐渐地因思乡而死去。在尸坑里停留之后，它需要在附近的迷迭香上自由飞翔。

最后我们来看一下隐翅虫，以结束有关葬尸虫的叙述。这种长着短鞘翅的昆虫，到罐子里来的主要有两类，两者都是垃圾堆的客人，它们是：褐足隐翅虫和颚骨隐翅虫。我的注意力主要放在颚骨隐翅虫这个巨人的身上。

黑底带灰绒条纹，大颚发达的颚骨隐翅虫，到我这里来时不是成批的，总是一只一只地来。它会突然间飞来，也许是从附近的垃圾堆飞来。它降落到地面，曲起肚皮，张开钳子，猛地扎进鼹鼠的皮毛中。那强有力的钳子，刺向充满气体的发青的鼹鼠皮，脓血渗了出来，这个贪吃鬼，贪婪地吮吸起来。不久它便同来时一样，一阵风似的飞走了，没有为我提供更多的观察机会。这只大隐翅虫来此只是为了吃上一顿腐败的菜肴，它的家想必是在附近的马厩周围的垃圾堆里，我情愿看见它在我的尸体堆里安家。

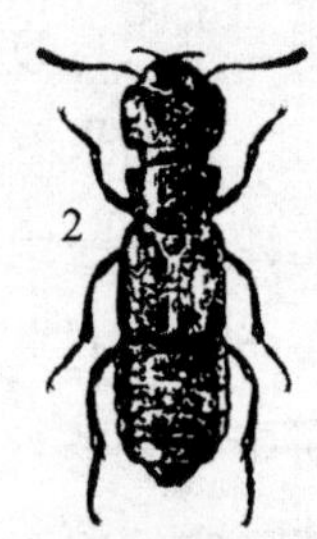

颚骨隐翅虫

隐翅虫的确是一种奇异的昆虫，那缩小的鞘翅刚够遮住肩膀，凶狠的大颚弯曲呈秤钩状，光溜溜的长腹部好像和身体分了家，可以抬起并挥舞，那样子真令人担心。

我决意要了解它的幼虫的情况。由于没能从鼹鼠的拜访者那里了解到，我便到它的邻类那里了解，这两种昆虫体形差不多大。

冬天我搬起小路旁的石头，常常见到有芬芳隐翅虫的幼虫。难看的幼虫，形状和成虫没什么不同，身长2.5厘米，头部和胸部很漂亮，黑里透亮；腹部呈棕色，有稀疏的直立汗毛，头顶扁平，大颚是黑色的，很锋利，张开时像一把剪树枝的钩形刀，直径比两个脑袋加起来还宽。只要见到这弯弯的匕首，我就能猜想到这个强盗的习性。芬芳隐翅虫身上最奇怪的武器，是从肛门伸出的一根像硬管似的尾须，与身体轴线垂直，这是个运动器官，是肛门支架。当隐翅虫前进时，后部支撑在地上，用这根杠杆从后面施力，腿同时向前用力。天才的荒诞派插图画家多雷[①]构思过类似的画面，他为我们描绘过一个靠手臂行走的双腿残缺者，坐在一个用柱子支撑的木钵里，诙谐的艺术家似乎是从昆虫身上得到的灵感。

这个拄拐杖者无法和同类和睦为邻，在同一块石头下，我极少能找到两只幼虫。即使有这种机会，我也总是看见一只处于可悲的状况，被另一只当作日常的猎物吞吃了。现在，我们来看吞食同类的两只幼虫的一场搏斗。它们都渴望吃掉对方。我把两只同样健壮的幼虫放在铺着新鲜沙土的玻璃杯竞技场里，它们一碰面，就突然站立起来，往后一闪，六条腿腾空而起，带钩的大颚张得老大，肛门支架牢牢撑地。它们在采取大胆的进攻和防御姿势时显得特别勇敢，这会儿是了解这个支柱的作用的最好机会。当幼虫可能被对方剖腹吞食时，它只能靠肚子和后面的那条管支撑，六条腿不起作用，只能不停地自由挥动，准备拖住对方。

两个对手面对面站着，谁将能把对方吃掉呢？那要看运气，威胁和扭打之后战斗不会持续多久。其中一只也许是在扭打中侥幸占了上风，或者是由于身体配合较好，一口咬住了对方的脖子，这下胜券在握了。被击败的一方没有任何反抗的可能，鲜血直流淌，啊，多可怕的凶杀！当战败者毫无动静时，战胜者便把它吃了，只

① 多雷（1832—1883）：法国画家、雕塑家、插图画家，他的画富于想象。——译注

留下那张过于坚硬的皮。

这是一次疯狂的同类残杀。是不是饥饿迫使它们相互残杀呢？我看不像。如果事先已经吃饱，我慷慨提供给它们的丰富食品还多的是，这些异教徒残杀起同伴来反而更来劲。我白费心思在它们面前堆满了它们爱吃的食物：害鳃金龟蛴螬这美味的小肥膘，以免倒了宾客胃口而压得半碎的轧花蜗牛。两个强盗刚刚吃下一堆与身体差不多大小的食物，一见面就站立起来，相互挑衅，厮咬，直到其中一个被咬死；紧接着是可憎的吞食场面。吃掉被咬死的同类，似乎是天经地义的规矩。

一只被囚禁的雄螳螂被同伴吃掉，是因为正值发情期的雌螳螂失控造成的，粗暴的嫉妒者雌螳螂如果比雄螳螂更强壮，为了摆脱情敌，唯有吃掉雄螳螂。这种异常的创世方法可以追溯得更远，尤其是猫和兔子，素来有把妨碍它们满足情欲的子女吞食掉的习惯。

在我的广口瓶里和田野中的扁平石头下，芬芳隐翅虫却没有这样的借口，它自幼对交配期的纷争就无动于衷，遇到的同类也并不是情敌；然而，它们无缘无故地相互惧怕，相互残杀，一场殊死的搏斗将决定谁被吃掉，谁吃掉对方。

在我们的语言中有“吃人肉”一词，用来指可怕的人吃人的行为，却没有一个词能表示动物中同类之间发生的类似行为。这一人尽皆知的词似乎还意味着，这个词对人类这个崇高与卑劣的混合体以外的任何动物都毫无意义。格言说，狼不相残。那么芬芳隐翅虫使这句格言成了谎言。

这是怎样的恶习啊！当长着利颚的颚骨隐翅虫来光顾我那略微发臭的鼹鼠和游蛇时，我多么想了解它们这种习性的缘由，但是它们拒绝把秘密告诉我，总是一吃饱就离开尸体堆。

第十七章 珠皮金龟

双翅目昆虫称得上是清洁工，它第一个来到死鼹鼠身边，在那里留下蛆虫这个净化器，无须解剖箱，也无须手术刀和解剖刀，就把那具尸体处理掉了。最要紧的是消毒尸体，从中提取出容易变质、能加速腐败的危险物质，这就是蛆虫所做的工作。

从蛆虫不停地到处搜寻的尖嘴里流出的溶剂，是我的作坊里所拥有的最有效的溶剂，用它能溶解肉和内脏；至少也能把它们化解成稀糊。肥液渐渐地浸透了土壤，植物很快便把肥料回收到生化实验室中。

为了尽快地完成紧急任务，蛆虫需要众兵作战。任务完成后，双翅目昆虫成了一种危险，它们的数量太多，如不加以制约就会占领整个世界。为了总体的平衡，需要消灭它们。当时机成熟时，特爱吃小肥肠的灭绝者，身穿黑护胸甲，碎步小跑的腐阎虫，便开始杀戮蛆虫，只留下少量蛆虫传宗接代。

鼹鼠现在已经变成干尸，不管怎样，如果受了潮它仍然是有害健康的，这些破烂衣服也应销毁。皮蠹被赋予这项使命，它和它的合作者葬尸甲一起到圣物下面安营扎寨，凭着坚韧的大颚，磨呀，锉呀，将尸骸剥蚀得只剩下一小块软骨。那群腰肢更柔软，能钻进骨缝的饥饿幼虫，可帮了它们的大忙。

当皮蠹完成任务后，尸堆已经成了骸骨堆，一个乱七八糟的骸骨堆，有游蛇依次排列的椎骨，有鼹鼠长着食虫目细齿的颌骨，有癞蛤蟆张开的骨节、凸出的趾骨和交错着的门牙，还有兔子的头盖骨。所有的骨头都被剔得白白净净的，让解剖师的助手羡慕不已。

就这样，一个先加工软物，然后另一个加工硬物，蛆虫和皮蠹做的工作是值得赞赏的。现在不再有脏臭的污迹，也不再有危害物散发出来。

残余物大部分都像石块似的，虽然有碍观瞻，但至少不会再污染空气这生命的首要食粮，总体的卫生状况是令人满意的。

除了骸骨之外，鼹鼠留下的残破毛皮和游蛇那像被沸水烫得脱落下来的碎皮，双翅目昆虫的溶剂对这些角质无能为力，皮蠹也不接受。这些破烂的表皮就没有用了吗？当然不是，大自然这崇高的管家留意把什么都收到它的百宝箱里，一个微粒也不会丢掉。

别的昆虫会到来。一些朴实、耐心的啃咬者，不肯放弃一丁点食物，将会把鼹鼠皮上的毛一根一根拔下来，穿在自己身上，给自己蔽体。还有的会吃蛇身上的鳞片外衣，它就是衣蛾幼虫，一种卑贱的小虫子。

凡是动物的皮毛它们都喜欢：马鬃、毛、鳞片、触角、废毛、羽毛。但是，它们工作时需要安静和阴暗，在阳光下和露天的纷乱中，它们拒不接受我那个尸堆里的残渣。等着一阵风扫过骸骨，把鼹鼠的绒毛和游蛇的皮刮到一个阴暗隐蔽的角落里，死者的旧衣肯定将会消失。至于骨头，在大气的作用下，经过漫长的时间将会风化，慢慢分解掉。

如果我想快些解决掉皮蠹不屑一顾的动物皮，只要把它们放在阴暗干燥处，衣蛾很快就会来开发。衣蛾还侵入我的住宅。我曾经得到过一张来自圭亚那[①]的响尾蛇皮。可怕的蛇皮盘成一堆，到我手

① 圭亚那：南美洲北部多山的高原地区。——译注

上时是完好无损的，带着毒牙，让人一见就不寒而栗，它还带着能发出声响的角质环。在加勒比[1]，人们已经把它放在一种毒液中浸过，以确保能够永久保存。防御措施是徒劳的，衣蛾幼虫侵入了它的内部，啃食响尾蛇的皮，觉得这不寻常的食品味道好极了，它们还是第一次吃到呢。当然，如果换了它们熟悉的食品，被蛆虫嫌弃又被太阳晒黑了的游蛇皮，那么它们会吃得更津津有味。

尸体的残骸，总是不乏专业开发者。它们负责加工死亡物质，使它以一种新的形式重新进入物质循环。在众多的开发者中，一些具有独特专长者使我看到了生命的垃圾被精心地节约利用。珠皮金龟就是这样一种昆虫。它是一种微不足道的鞘翅目昆虫，最多不过樱桃核那么大，全身黑色，鞘翅上有一排排结节，因此被称为珠皮金龟。

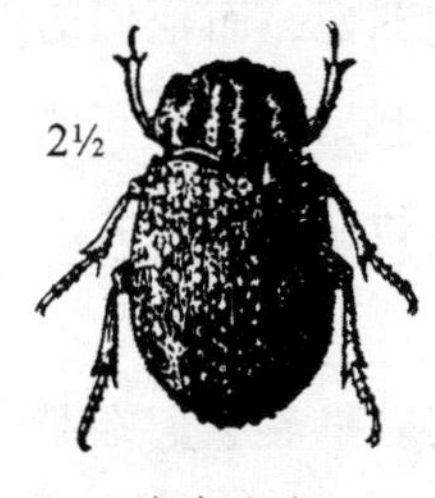

珠皮金龟

人们不认识这种昆虫完全情有可原，因为从来没有人提起它。它默默无闻，已被历史遗忘。别在标本盒里的它，被排在粪金龟的后面。沾着泥土的褴褛衣衫，表明它是个地下采掘者。那么它的真实职业是什么呢？像许多人一样我原先也不知道，一次偶然的发现告诉我，这个带珍珠斑点的昆虫，其价值远不应只在收藏室里占一席之地。

二月即将结束，气候温暖，阳光和煦，我们全家外出去赏杏花，篮子里装着孩子们的点心苹果和面包。吃点心的时间到了，我们在大橡树下休息，这时我最小的女儿安娜一直用她那双六岁孩子明亮的眼睛盯着一只虫子，她在离我们几步远的地方叫道："一条虫子，两条，三条，四条，真好看！来看啊，爸爸，过来看啊！"

---

① 加勒比：南美洲北部沿海地区，印第安人曾居住于此。——译注

我跑过去，孩子手拿一截树枝，在沙土上翻寻，翻出了一块像毛皮样的东西，上面有毛。我拿了一把小铲子来帮忙，一会儿工夫我就找到了12只珠皮金龟，大部分是在一块破毛毡和碎骨头里找到的。它们在工作，似乎是在吃这些东西，我搅散了它们的宴席。

这是什么动物的粪便呢？这是要解决的一个基本问题。布利亚·萨瓦兰说："告诉我你吃什么，我就能说出你是什么样的人。"假如我想了解珠皮金龟，我首先必须知道它吃什么。读者，请同情博物学家的不幸吧。我探索，沉思，推测，被这个不可言明的粪便问题搅得晕头转向。

这堆多纤维的粪便和谁有关呢？我看出其中的主要成分是兔毛，可能是狗的粪便。在塞里昂丘陵里常有兔子出没，它们甚至在一些美食家之间享有一定的名气。村里的猎人穷追不舍，而他们的狗，作为偷猎者却不用担心没有捕猎证，以及遭遇上宪兵，一年四季不管是禁猎期还是合法捕猎期，它们为了自己的利益，都不会放弃捕猎兔子的机会。

我认识两条有名的狗，它们叫米拉特和弗朗巴。早晨它们在猎场会合，按规矩相互对视着转三圈，抬腿蹬墙。现在它们出发了，大半个上午在附近的斜坡上，可以听到它们狂吠，它们尾随着兔子从一片矮树丛跑到另一片矮树丛，白尾巴高高翘起，最后回来了。从它们血淋淋的嘴唇，就能得知这次远征的结果，兔子当场被它们活生生地连皮吞下了。

这是否就能说明珠皮金龟是以这种产品维生呢？我觉得应该是这样，我仿佛觉得从此饲养珠皮金龟就简单多了。我将珠皮金龟放在铺了沙土的罐子里，上面罩上金属纱罩，供给的食物是在铺路的石子堆上晒干了的狗屎。可是，我饲养的珠皮金龟不吃，根本不吃。我搞错了，它们到底需要什么呢？

我每次都是在带毛的粪便下发现的珠皮金龟，从不是在别处，在一小块韧皮纤维下隐藏几只珠皮金龟是很罕见的。在它们的紧身鞘翅下，只有退化了无法飞行的翅膀，它们是靠短足徒步去到带毛的粪便处。它们在气味的指引下，从遥远的四面八方赶来。我还是要问，这块还挺新鲜的，把消费者从那么远的地方吸引来的毛毡，是从哪里来的？

答案终于找到了，在小山坡上，特别是在附近农场持续进行耐心的研究，我终于得到了有决定性意义的粪便。这块粪便像其他几块一样有很多毛还有珠皮金龟，但这块粪便真像金子，像金步甲的鞘翅发出的光芒。有眉目了！狗即使饥饿时也从不吃鞘翅目昆虫，更不吃有刺激味的步甲。只有狐狸在食物极其匮乏，找不到更好的食物时，才会接受这样的食物；而后不久狐狸就能从兔子那得到补偿，它趁着对手弗朗巴和米拉特休息时，摸黑捕杀兔子。

狐狸的胃肠消化不了的毛也有它的业余爱好者，就像剥下的珠皮金龟皮毛可为制帽商提供毡毛一样，狐狸的胃肠消化不了的毛也适合衣蛾。没有被鞘翅目食肉虫的肠子消化的，掺杂着粪便的毛，深得珠皮金龟的喜欢。为了不浪费任何资源，这个世界才有各种爱好。钟形纱罩下的珠皮金龟得到了所需的食品，经消化液浸过的兔毛，因此长得特别好。

获取食物并不困难，狐狸经常在附近出没，在它夜间常常经过的荆棘丛生的小径上，在农场周围，我轻易地就能找到它留下的带毛粪便。我的那些珠皮金龟的食物来源相当充裕。

由于生性不好游荡，再加上吃得好，珠皮金龟看上去非常满意这个新家。它们整日守在粮食堆上，长时间地进食，一动不动。当我靠近钟形纱罩时，它们立刻跌落下来，过一会儿恢复了平静，便躲到粮食垛下去。这些和平者没有什么特殊的习性，唯一算得上特别的是，它们的交配期要持续长达两个月。在此期间，交配多次停顿，又多次继续，每次往往时间很短，老是没完没了。

四月底，我对那个食料垛底下进行了一次搜查，在不太深的潮湿沙土里散布着卵，一枚挨一枚，没有家，没有母亲照管。卵是白色的，呈小球形，和用来射雏鸟的小弹丸一样大，相对于珠皮金龟的体形，我觉得它们的卵是相当大的，数量倒是不多，最多不过12枚，据我估计这就是一位母亲所产的卵数。

不久卵变成了幼虫，生长得很快。这些浑身光溜溜的幼虫，身体是圆柱形的，灰白色，曲体呈弯钩，就像食粪虫的幼虫似的，但不像食粪虫那样背上背着个储存水泥的褡裢，用于涂抹被掏空了的圆面包内壁，并防止粮食变干燥。它们的头部很壮实，黑里发亮，胸部的第一节两侧各有一条棕色条纹，足和大颚都健壮有力。

珠皮金龟家族虽然被归为食粪虫类，却习性粗俗，远不像金龟子、蜣螂和其他家族那么温柔。珠皮金龟家族既不预先储藏食物，也不为幼虫制作一份一份的口粮。哪怕食粪类昆虫中最不灵巧的粪金龟，也会从粪堆里挑出最好的部分做成一根短血肠，并在食物中开辟出一间孵化室，将卵精心地安放在里面。有母亲的关怀，经常也得到父亲的关心，新生儿如愿地得到了足够的供应。这个特权者免受了生活的艰辛。

珠皮金龟家族教育孩子相当严格，却没有关爱。幼虫必须自己冒着风险寻找食物和住处，这对一个吃狐狸粪便的虫子来说，可是个大问题。母亲在毛扎扎的垃圾堆里撒下卵，并不为孩子考虑得更多，它自己吃的那块糕也将是孩子们的食物。

为了观察珠皮金龟幼虫最初的行动，我把一些卵一个个分别放在玻璃管里。管的底部装有新鲜沙土，上面放着从排泄物中提取出的含兔毛的食物。刚孵化的幼虫首先必须寻找住所，它们挖掘，为自己在沙土中找一个藏身之处，挖一个垂直的短坑道，然后把几块有营养的毛毡拖进坑道里。食物渐渐吃光了，埋在下面的虫子重新回到地面采集新的食物。在主要的聚居地，那个带纱罩的罐子里，虫子们也以同样的方式开始和继续它们的行动。

在它们共同开采的这块食物上，每条幼虫都为自己挖一条垂直的坑道，深一指，直径有一支粗铅笔那么粗。在住宅的底部，没有预先堆放的粮垛。珠皮金龟的幼虫不积蓄财富，而是过一天算一天。我撞见过它们，特别是在晚上，发现它们偷偷地上来，从井上那堆粪便中搂起一抱毛，然后马上倒退着下到井里。只要洞里还剩一小点毛，它们就不会再出来。当食物吃光了，胃口又来了的时候，它们才重新上来搜集新的食物。

在坑道里频繁地上上下下，坑道的沙壁迟早有坍塌的危险，但是它们采用粪金龟夫妇的办法。当粪金龟一趟一趟地搜集做大肠的原料时，会把牛粪抹在洞壁上，以防坑道坍塌。只是在珠皮金龟家族中，是由幼虫自己来进行加固工作，它们用吃的毛毡把洞壁涂抹一遍。

三四周后，那堆粪便中全部的毛质都消失在地下，被幼虫拖到了狭窄居所的底部。在地面上，只剩下一些骨头渣。成虫藏在洞里，或衰竭或死亡，它们的时代已经结束。接近夏至的时候，我得到了第一批蛹。在一个玻璃容器里，我看见它们自己慢慢地转着圈，用背部磨光简陋的椭圆形小屋的泥土墙。

七月中旬，成虫羽化出来了。还不曾被它所从事的卑微职业玷污的珠皮金龟，穿着乌黑的护胸甲，戴着一串串覆盖着白色纤毛的大珍珠，跗节裹着鲜艳的棕红色套子，漂亮极了。它来到地面上，找到狐狸的粪便，在里面安家，从此它便成了肮脏不堪的淘粪工。它将蜷缩在粪堆下面的沙土里越冬，直到开春才重新工作。

总之，珠皮金龟是微不足道的。在它的生命史中唯一值得一提的是，它嗜好狐狸的肠胃不接受的东西。我还认识一种有类似偏好的昆虫。当猫头鹰逮到一只田鼠时，用嘴一下咬住它的脖子把它咬昏，然后将它吞下肚子里脱骨、去毛，好坏分开是在消化道进行的。它吐出一团毛和骨头，然而，像狐狸排出的毛一样，这团污秽物也照样有爱好者。我刚刚见到过一个正在工作的爱好者，它是暗色食尸虫，一个与葬尸甲家族相像的矮子。

兔子和田鼠的毛真的那么珍贵，非得要为狐狸的肠胃和猫头鹰肚子无法驯服和利用的残渣找到一些特殊的开发者吗？是的，这种残渣是有价值的，总收益原则迫切要求将它收回，投入新的开发过程。即使我们那具有极强消化力的工厂，也无法保证持续占有这些废毛。

来自羊身上的毛呢，经过纺纱厂和纺织机的加工和印染厂的染料浸渍，经受了比消化实验更严峻的考验。它是否就不受损害呢？不，衣蛾在与我们争夺。

哦，我可怜的艾尔伯夫柔花呢燕尾服啊，你伴我劳动，你是我经历苦难的见证人。然而，我无怨无悔地将你遗弃，就因你是一件农装。你躺在衣柜抽屉里几包樟脑和薰衣草之间，家庭主妇照看着你，不时给你关照，然而一切良苦用心都白费了。你被衣蛾损坏，就像鼹鼠毁于蛆虫，游蛇毁于皮蠹一样，像我们自己……我们还是别再沿着死亡的深渊追究下去了吧，一切都该回到更新的熔炉中来，死亡不断地向熔炉里注入原料，以期不断开出生命之花。

第十八章 昆虫的几何学

昆虫的技艺，尤其是膜翅目昆虫的技艺，充满了小奇迹。黄斑蜂用各种绒毛植物提供的棉花建造的巢，真是精美绝伦，形状周正，颜色像雪一样白，看上去优美，摸上去比天鹅绒更柔软。蜂鸟的巢像个酒杯，几乎有半个杏大，外观像一顶粗毡帽。

蜂鸟那尽善尽美的杰作是在很短的时间内完成的。艺术家苦于没有必要的空间，它的工场是一个聚会的场所，一个不可改变的长廊，只能按本来的样子来使用。它织的棉袋排成行，互相挤压变了形；相邻的棉袋首尾相接粘连在一起，好似被浇铸焊接在住宅里的一根柱子。由于缺少空间，织布工只能按照本能的简洁明了的标准继续纺织。它的绳条形建筑毫无艺术价值，远不如黄斑蜂用一个个小蜂房粘连而成的巧妙之作。

卵石石蜂在卵石上筑巢时，先建一座完美的几何形小塔。它们从夯实的路面上最坚硬的地方，刮下粉末拌上唾液制成砂浆。为了使建筑物更加牢固，也为节省采集和制作都耗时费力的水泥，它们在砂浆凝固之前，将一些细小的砾石镶嵌在建筑物的表面，这个建筑物的最初模样像一个美丽的石子棱堡。

能自如运用抹刀的泥水工筑巢蜂，刚刚按照自己的艺术风格筑了一个巢，一个装饰着马赛克的圆柱。但它还得继续造其他的蜂房，至少还要建几间，因此遵循一些规则，建造第一间小房时不受规则的制约，而随后建造的蜂房则应受制于已经建好的部分。

为了使整体牢固，必须把所有的小塔合在一块儿，使它们相互连接；为节省材料就得让相邻的两间蜂房共用一堵墙。按照建筑常规，这两个条件是不相容的；组合在一起的圆柱只在一条线上相接，不是在大范围内共用隔墙；圆柱之间留有空隙将使整体的平衡受到威胁。那么，建筑师是如何克服这两个弊端的呢？

它放弃了正常的圆形轮廓线，根据现有的空间进行修改。它改变圆柱体的形状而不改变容积，内部始终保持圆形，以满足未来的房客幼虫的生活便利之需。它改变的是外形，使圆形变成不规则的多边形，多边形的角填满了柱子间的空隙。

已建成的第一座小塔所展现出的优美的几何形，随着层叠的蜂房组成的建筑物的形成而被破坏，失去了原来的形状。不规则代替了规则，这一特点在建筑物完工时表现得更加明显。为了使房屋更坚固，使它不受恶劣气候的侵袭，泥水匠给它涂抹了厚厚的一层灰浆。马赛克镶嵌，加盖的圆形出口，圆柱棱堡全都不见了，已被外部的防护装饰所掩盖。从外表看，这个建筑不过是一个风干的泥团。

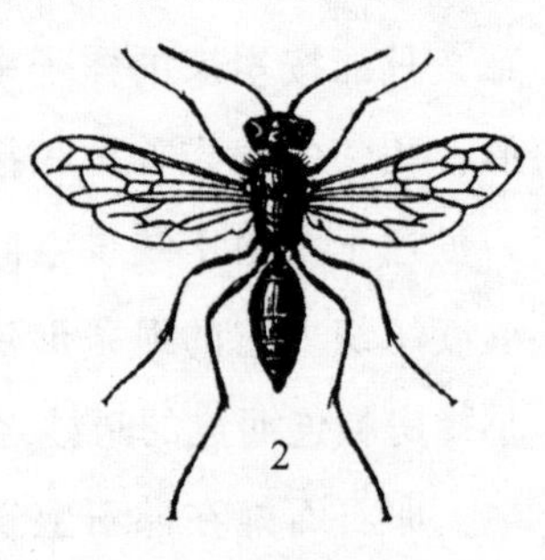

斑点黑蛛蜂

圆形中最简单的圆柱体，我们可以在长腹蜂堆放蜘蛛的食品罐头上看到。捕食蜘蛛的猎手从沼泽边取来泥土先筑起一座小塔，上面镶着螺圈。建筑群的第一座小塔，周围没有障碍限制，完美地表现了建筑师过人的天才。小塔酷似一截螺旋形的柱子，但是随后建成的蜂房背靠背，互相挤压变了形。这都是为了一个目的：节省材料并使整体牢固。起初美观的布局没有了；堆积导致了不规则，厚厚的一层涂料完全改变了建筑物的本来面目。

现在我们再看看黑蛛蜂，它是猎手和陶艺师长腹蜂的竞争对手。它把为幼虫准备的口粮，唯一的一只蜘蛛，关在一个仅有樱桃核大的黏土壳里，外部装饰着结节状扎花滚边，这个小小的陶土杰作是一个被截去一头的椭圆形，单个看显得非常规则。

但是陶艺师并不满足于把餐具做成这种形状。朝阳的墙缝隐蔽处将是它全家安身的理想场所。其他存放食物的坛子造好了，有时排成行，有时组合在一块儿。尽管新的陶器是按照固定的椭圆形式样来做的，但或多或少地与理想的模型之间存在着偏差，坛底连着坛底，原先平缓的椭圆形丘峰消失了，取而代之的是刀切般平坦的小酒桶底，坛子相互挤靠，凸肚被挤平了。它们无序地堆在一起，几乎已经认不出原来的模样了。然而，由于黑蛛蜂的做法不同于长腹蜂，它从不在集装罐外面加任何装饰，因此产品较好地保留了它们的特征。艺术家知道应该在作品上印上商标。

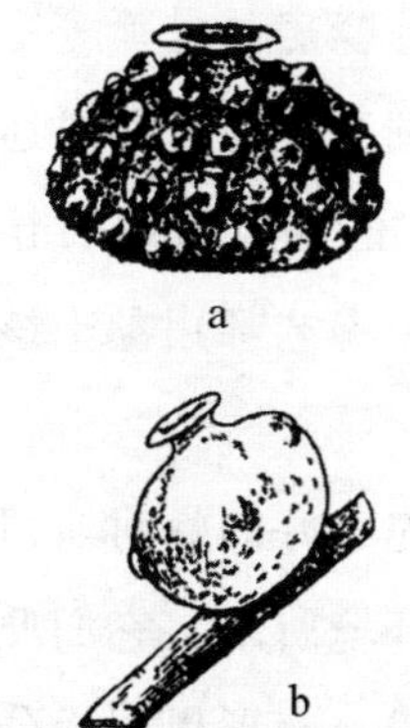

a.阿美德黑胡蜂的巢
b.点形黑胡蜂的巢

黑胡蜂制造的陶制品更加高级，造形为圆拱突肚形，类似东方的亭子和莫斯克维耶那大教堂。圆拱顶的顶端有个像双耳尖底瓮那样的开口，给幼虫吃的食物就从这个开口送进去。当粮食装满后，黑胡蜂将一枚卵用一根线悬挂在穹隆上，再在蜂房的喇叭口塞上一块黏土。

阿美德黑胡蜂一般是在一块大卵石上筑巢，它把多棱角的砾石一半嵌入泥浆来装饰圆屋顶，在封口的黏土上放一小块扁平的石头，或者是一个最小的蜗牛壳。这个胶泥暗堡，经太阳充分烤晒后，显得特别高雅。

可是，这个优美的建筑物将要消失。黑胡蜂要在圆拱顶的周围建造其他的圆拱屋，已经造好的这间圆拱屋的墙壁被用作隔墙，从此精确的圆形不再实用。为了占满凹角，新造的蜂房变得有棱有角，形状成了模糊的多面体，只有建筑群的四周和顶部保留着原设计的轮廓。蜂巢的表面像起伏的丘陵，每个丘陵就是一个小间。那个像双耳尖底瓮开口似的颈口部分因为制作时不受任何束缚，没有变形，总还能辨认出来。如果没有这个原始的证据，人们恐怕很难想象这个丑陋的臃肿物是圆顶屋艺术家的作品。

有爪黑胡蜂的蜂巢更糟。它在一块大石头上建造了一组蜂房，从形状看，镶嵌装饰和喇叭口形的颈口都可以与阿美德黑胡蜂的蜂房相媲美。但是，后来它把整个房子的外表抹上了一层砂浆。为了家庭安全，它效仿石蜂和长腹蜂，用粗笨的堡垒代替了艺术的精巧。由于受到人人都追求美的本能的启迪，两者起初都注重美观，而后又无法摆脱对危险的恐惧，最后终于采用了丑陋的外观。

其他体形较小的黑胡蜂与众不同，它们建造的蜂房总是孤零零的，往往是以小灌木的枝条做支撑。它们建造的圆顶屋与前面描述的那些圆顶屋相似，并且也有一个雅致的开口，但是没有砾石镶嵌，小巧如樱桃般大的房间没有那种粗俗的装饰，陶艺师用黏土核替代砾石，散乱地点缀其间。

阿美德黑胡蜂把蜂房组建在一起，必须根据先建好的蜂房所留出的空隙大小，改变正在建的房子的形状；由于环境所限，它们便用讨厌的断开的线条，取代了最初设计的漂亮曲线。点形黑胡蜂分开建造每一个圆拱屋，则避免了造成类似的不精确。根据安置幼虫所需，它在一根灌木枝上建造的蜂房，从第一间到最后一间全都一个样，好像是从一个模子里铸出来的。因为规则的实行没有受到任何阻碍，秩序才得以恢复，才使一系列产品自始至终都一样完美。

假如昆虫建造一个大隐藏处，其中每只幼虫都单独占有一小

间，那么这一大家子共同居住的房子会是什么样的呢？当然，只要不受任何妨碍，这个建筑总是规则的几何形，形状根据建筑者的特长而有所变化。请看下面按实物的大小所画的图。这是气球吗？是孩子们引以为荣的玩具盒吗？在童话王国里，也不见得有比这更美丽的气球。不，这是胡蜂的巢。送给我这个奇妙玩意儿的人，是在一扇百叶窗的窗台底下发现的，这扇窗一年的大部分时间都忘记关闭。

除了粘连点以外，往其他各个方向的行动都是自由的，胡蜂应该能够不受阻碍地遵循自己的艺术准则，用自己生产的纸张吹起了一个弧度平缓的椭圆形加锥体的气球。胡蜂生产的纸张的柔软性和韧性，堪与中国或日本产的丝绵纸相媲美。类似这种不同形状的艺术性搭配，在圣甲虫的梨形巢上也能见到。苗条的胡蜂和笨重的食粪虫用不同的工具和材料，按照同一个图样来建造房屋。

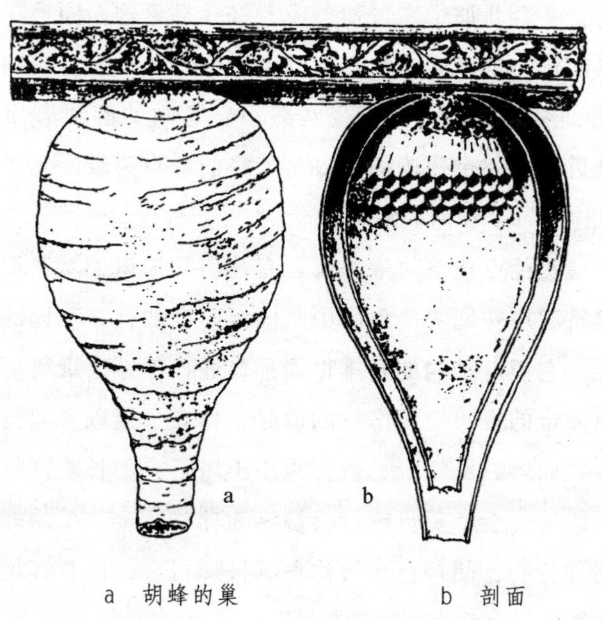

a　胡蜂的巢　　　　b　剖面

气球上隐约可见的螺旋形网格，说明了胡蜂是如何制造气球的。胡蜂用大颚含着一团纸浆，沿着织好的网的边缘向下旋转，所经之处便留下了一条用软软的、浸透着唾液的物质拉成的带子。工作时断时续，历经成百上千次。因为纸浆消耗得很快，它必须到附近的植物上，用大颚刮下一些经潮湿空气浸湿，并被太阳晒得发白的木质茎，还得把里面的纤维抽出，劈开，分成丝缕，揉成塑性黏团。换好了新的纸浆，它们便赶紧回去接上带子的断头。

有时甚至好几只胡蜂同心协力一起建设家园，蜂城的缔造者母亲，最初只是单枪匹马，而且被家务事耗去很多精力，它只能粗粗地搭一个屋顶；但是，随后它的孩子们来了，一群工蜂热情相助，从此它们承担起了继续扩大居所的任务，为唯一的蜂后提供足够的蜂房，以便安置它产下的全部的卵。这个造纸组的成员，一会儿这个来帮忙，一会儿那个来帮忙，或者好几只不约而同地在工地上的不同地点工作，但丝毫也没产生混乱，筑起的巢非常规则。随着角度的变化，编织到圆顶时直径在减小，宽敞的椭圆形顶端缩成了锥形，最后形成一个优美的出口。工蜂们各自为政，几乎是独立施工，却能建成一个和谐的整体。

因为这些昆虫建筑师生来就具有几何学知识，对建筑程序无师自通。建筑程序在同一个集团中是固定不变的，在不同的集团中则有所变化。它们对结构的安排也无师自通，甚至表现得更为突出。这种按照一定的规矩建筑房屋的癖好，构成了冠以各类昆虫名称的行会特点，如卵石石蜂行会被称为小土塔行会，长腹蜂行会被称为黏土绳形线条行会，黄斑蜂行会被称为棉袋行会，黑胡蜂行会被称为细颈圆罐行会，胡蜂行会被称作纸气球行会，以及其他诸如此类的行会。每个行会都有自己的技艺。

我们的建筑师在开工前先要设计、计算；昆虫则免去了这些前期的准备工作，它们初操此业时就不曾有过犹豫，从砌第一块方石起，就已经无师自通。像软体动物把自己的壳盘成螺旋塔那样，它也能以同样的精确度，凭着同样的直觉筑巢；如果没有任何东西妨碍它，它总是能做出精美的作品而且能巧妙地节省材料。但是当几座房间相互妨碍时，规定的方案虽然没有被抛弃，却由于缺少空间的缘故，需要进行修改，拥挤导致了不规则。对我们人类也是一样，自由形成秩序，束缚产生混乱。

现在我打开胡蜂的巢，出人意料的是，它不止一层外壳，而是有两层，一层套一层，两层之间间隔很小。假如那个性急的人是在这个杰作完全建好后再拿来给我，它甚至还应该有更多层的，可能会是三层或四层。只建了一层的蜂房说明，这个蜂巢是不完整的，圆满完成的蜂巢应该有好几层蜂房。

不过不要紧，即使像现在这个样子，这个作品也让人明白了，怕冷的胡蜂比我们更早知道保暖的方法。物理学告诉我们，两块隔板间静止不动的气垫，犹如屏障能有效地保温。根据物理原理，我们在冬季用双层窗来保持室内的温度。可早在人类科学产生之前，喜欢温暖的小胡蜂就知道了，多层套子之间的空气层能保温的秘密，它那悬挂在阳光下的有三四层套子包裹的蜂巢想必是个恒温箱。

这些纸围墙只是起防护作用的，已经建好了的其余部分才是真正的蜂城；它占据圆顶屋的上部。目前这个蜂巢里只有一层开口朝下的六边形蜂房。随后，还应该出现另外几层蜂房，一层层向下发展，每一层都靠纸做的小圆柱与上面一层相连接。把每一层蜂房或者巢脾全部加起来，一个蜂巢应该有将近一百间蜂房，房数和幼虫一样多。

胡蜂的养育方式迫使它们遵守不为另一些建筑工所知的规矩。后者把蜜或猎物按幼虫的需要分成一份一份，存放在每个房间里。产下卵后，它们就关上蜂房，其余的事不再过问。囚禁在里面的幼虫在身边就能找到吃的东西，并且不需要别人帮忙就会一天天长大。房间的组合不规则并不要紧，甚至杂乱无章也可以容忍，只要整个蜂巢安全就行，必要时可以涂抹一层保护层。粮食充裕，居所安静，没有一个隐修士期望得到任何来自外界的东西。

在胡蜂家族里，则完全是另一回事。幼虫从出生一直到长大之前都不能够自理，它们像鸟巢里的雏鸟一样，需要别人一口一口地喂食，像摇篮里的婴儿似的，需要不断地呵护。负责家务事的工蜂在凹室之间不停地往返穿梭，它们唤醒睡熟的幼虫，用舌头替它揩一下脸，然后口对口地给幼虫喂饭。只要幼虫还没长大，嗷嗷待哺的婴儿和刚从田间归来胃里装满了粥的保育员之间，这种口对口的喂养方式就不会结束。

在各种胡蜂家中，像这样有成千上万个摇篮的哺乳室则要求便于监视，护理敏捷，因此必须建立井然的秩序。如果说石蜂、黑胡蜂和长腹蜂不必在乎把那些一旦填满粮食、关闭后就不能再进去的房间，组装得十分精确，对于胡蜂来说，把蜂房安排得井井有条是很重要的，否则一大家子会变得乱哄哄的，而且不便喂养。

为了安置蜂后不断产下的卵，工蜂就必须盖房子，利用有限的空间尽可能多盖几间屋。房间的数量是由幼虫的总数确定的。因此，它们必须最大限度地节省空间，不能白白浪费空间，而且也不允许有威胁建筑物整体坚固的空隙存在。

还不止这些呢，商人心里想着“时间就是金钱”，并不比商人清闲的胡蜂想的却是，“时间就是纸张，有了纸张就有了更宽敞的房子和更多的人口，我们不能浪费材料，相邻的两个房间必须共用一堵隔墙”。

那么胡蜂是如何解决难题的呢？首先它放弃了圆形。圆柱、罐子形、杯子形、球形、葫芦形，以及其他通常所采用的造型所组合成的整体，都不可能同时做到不留空隙，并共用隔墙。按照一定的规则修改的滚刨面才能节省空间和材料，因此它们建造棱柱体蜂房，长度则根据幼虫的体长计算。

那么，棱柱体的底面应该用哪种多边形呢？首先，这个多边形当然应该是规则的，因为房间的容积应该是固定的，合在一起时不能存在空隙，如果采用不规则多边形，形状就会变化，而且使得房间的大小不一。因此在无数的多边形中，只有三种可以连续拼在一起而中间不留空隙，那就是等边三角形、正方形和六边形。选哪一种呢？

应该选择最接近圆形，最适合幼虫圆柱体身材的那种形状；选择周长相同面积最大的那种，这是幼虫自由生长的必要条件。在几何学推荐的这三种合在一起不留空隙的规则多边形中，胡蜂所选的正是六边形这种几何图形，蜂房是六面体的。

任何高度和谐的事物总是遭到计谋多端者的极力破坏。关于六边形房子，特别是关于胡蜂那个带双层套、从底部向上重叠的蜂房，还有什么没有说到呢？为了既节省蜡又节省空间，要求基部采用由三个菱形构成的金字塔形，棱形的角度起着决定性的作用。我们可以精确地计算出这些角度的度、分、秒，用量角器测量胡蜂的杰作，可以发现其计算值精确到了度、分、秒，昆虫的计算结果与几何学最准确的计算结果完全相符。

至于蜂房的壮观不属于要介绍的范围，我们还是专门介绍胡蜂吧！有人说："把干豌豆装在一个瓶子里，加进一些水，豌豆泡涨了，相互挤压成了多面体。胡蜂的蜂房也是采用同样的原理，一群建筑工各自随心所欲地盖房子，把自己的房子靠在别人的上面，相邻的房子相互挤压就形成了六边形。"

如果好好用眼睛观察一下，他恐怕就不敢做出这种荒唐的解释。善良的人们，好好地了解一下胡蜂最初的活动吧。观察在露天的篱笆上筑巢的长脚胡蜂很容易的。春天蜂后独自在修建蜂巢，此时它周围没有勤勉的合作者在隔壁建房子。它建起了第一座棱柱体，没有东西阻碍，也没有任何东西迫使它采用这种形状而不是另一种形状；最初建造的这个棱柱任何一面都不受阻碍，可以自由发挥，可是它和将要建成的其他六面体一样完美。从一开始，完美的几何形就显示出来了。

你再看看由长脚胡蜂或其他任何一种胡蜂等许多建筑工参与建造的进度不一的蜂巢。大部分还没完工的蜂房，四周大部分地方是空着的，这部分和先造好的那排房子没有任何接触，也不受任何限制，然而六边形轮廓像其他地方一样清晰可见。抛弃所谓相互挤压的理论吧，我只要稍加仔细观察，就足以断然否定这种解释。

另一些人以一种更科学的方式，即更不易理解的方式鼓吹他们的理论。他们以相交的球体在一种盲目的机械作用下发生碰撞，从而产生了蜜蜂优美的建筑的理论，取代膨胀的豌豆相互碰撞的理论。秩序是关注一切的智慧产物，这是一种幼稚的假说，万物之谜只能用潜在的偶然性来解释。那些貌似深刻的哲学家否认几何支配着形状，就让他们去解决蜗牛的问题吧。

一个微不足道的软体动物，按照著名的对数螺线的曲线定律，把它的甲壳盘卷起来，与这种超级曲线相比，六边形实在太简单。

几何学家苦思冥想，对具有非凡特性的超级曲线的研究津津乐道。

蜗牛是怎样把曲线定律作为建造螺旋坡道的向导的呢？是不是由球体相交或是由其他相互交错的形状的组合联想到的呢？这样愚蠢的念头不值得我们伤神。对蜗牛而言，没有合作者之间的冲突，不存在相邻的相同形状的建筑相互交错的问题，它是单独的，完全孤立的，不相互冲突的，什么也不必考虑，它用充满钙质的黏性物质，完成了超级曲线坡道的建设工程。

这条巧妙的曲线是不是它自己发明的呢？不，因为所有带螺形硬壳的软体动物，不论是海里的、淡水里的，还是陆地上的，都遵循同样的定律，只是纹路随圆锥体的变化而有所变化。今天的建筑工是不是在创世早期不太精确的轮廓基础上逐步完善，才达到这么完美的？不，自从地球诞生以来，蕴含着高深科学的螺线就主宰着贝壳的盘旋。齿菊石、菊石和其他早在陆地出现以前就已存在的软体动物，都是像小溪里的扁卷螺那样盘卷螺壳的。

软体动物运用对数螺线的历史与地球的存在一样悠久。对数螺线来自统治世界的几何王国，它关系到胡蜂的房子，也同样关系到蜗牛壳。柏拉图在他的著作里说“创造力总是化为几何”，这才是对胡蜂问题的真正解释。

第十九章 胡 蜂

九月，我带着小儿子保尔去探险，他有一双好眼力，而且尚未受杂念干扰，单纯而专注，于我十分有利。我们沿着小径用目光搜索，离我们二十步开外的地方，我的伙伴刚刚发现有一些东西很迅速地从地面冒出来，上升，然后消失。一会儿冒出一个，一会儿又冒出一个，速度很快，仿佛像是草地上有个小火山口正在向外喷射出岩浆。他叫道："那里有一个胡蜂窝，肯定是胡蜂窝！"

我们悄悄地靠近，害怕引起营房里那些粗野士兵的注意。的确是个胡蜂窝。在那个可伸进一个拇指的圆形门厅口，来来往往的胡蜂擦肩而过，它们忙忙碌碌。天啊！一想到我们会因为逼得太近，而招致易怒大兵攻击的可怕时刻，我不禁毛骨悚然。不了解其他情况，我们会付出惨重的代价，必须先了解地形。天黑了我们再来，那时全部的士兵也都已经从田野里归来了。

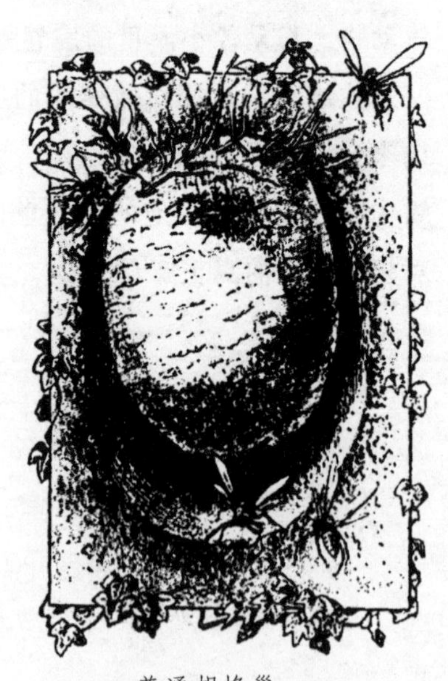
普通胡蜂巢

如果不谨慎行事，征服胡蜂窝将是个冒险的举动。四分之一升汽油，一根一拃长的芦竹，和一大团事先揉好的黏土，这些就是我的工具。经过几次收效甚微的实验后，我觉得这些工具是最简便、最有效的。

我采用的是严格的窒息法，这种方法不那么昂贵，我的财力尚可承受。当善良的雷沃米尔打算把活的胡蜂巢装在玻璃房里，以便观察它们的生活习惯时，他身边有一些经受过艰苦职业磨炼而且死心塌地的仆从，他们受优厚的报酬诱惑，以自己的肌肤为代价去满足这位科学家的要求。而我只能直接付出自己的皮肤，因此，在掏这个令人垂涎的蜂窝前我得再三考虑，最好把里面的居民闷死，胡蜂死了就不会蜇人了。这种做法很残酷，但是绝对安全。

我也不必再重复大师已经观察到，而且观察得十分清楚的事情。我想要了解的只限于一些细节，只要有很少的几个幸存者，我就可以自行观察，如果减少窒息药液的剂量，我便可能得到几只活胡蜂。

我更喜欢用汽油，它价格低廉，也不像二硫化碳会很快使胡蜂致死。窒息法操作起来很容易，把汽油灌进胡蜂的巢穴里就行了。一个离地面不远约一拃长的门厅通向地下室，如果将液体顺着这条坑道倒入是笨拙的举动，将会给挖掘工作带来一连串的麻烦，液体在中途会被泥土吸收，少量的汽油不可能到达目的地，等到第二天，人们以为没有危险而动手时，却会在洞口下遭遇一大群愤怒的胡蜂。

用一根芦竹便可预防不测，把芦竹伸进长廊，这条密闭的管道便可以把液体送入洞穴而且毫无损耗。用一个漏斗帮忙，可以很快将液体注入芦竹里，然后马上拿出事先揉好的黏土团，把蜂巢的出口大面积地封盖起来，剩下的事就只能任其发展了。

大约晚上九点，我身背工具包，手拿电筒，和保尔一起出发。我们要做的还是同一件事情。天气暖和，月光微弱，远处的农庄里传出犬吠声，猫头鹰在橄榄树上鸣叫，意大利蟋蟀在灌木丛中合唱。我俩猜着每一种叫声是哪种昆虫发出的，一个发问，渴望学到知识，另一个则尽力回答。捕捉胡蜂的迷人夜晚啊，你补偿了我们失去的睡眠，也使我们忘却了可能会被胡蜂蜇伤的危险。

我们来到了那个地方，将芦竹从那个敏感点伸进门厅。可能会有些卫兵从这个警卫营房里冲出来，扑到那只因摸不清长廊的方向而有所迟疑的手上。事先我已经考虑到了这种危险，我俩一人担任警戒，用手绢赶走突如其来的攻击者。再说，假如以一点浮肿和一时的奇痒为代价，能换来一个理论，那么这个代价并不算太昂贵。

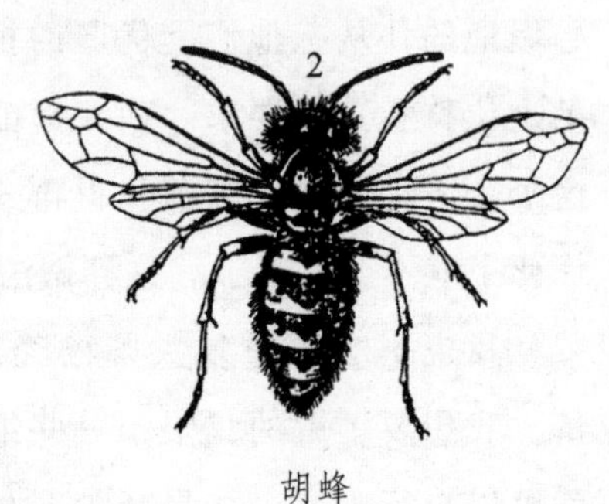

胡蜂

这一次没有碰上麻烦，导管到位了，瓶子里的汽油注入了洞穴，我们听到了地下的居民发出的威胁声。我们飞快地把黏土团堵在洞口上，接着迅速地用脚在黏土团上踏几下，让洞口封得更加牢固。没什么事可做了，此时是十一点整，我们睡觉去吧。

黎明时分，我们带着铲和锹又到了那里。许多在田间过夜的胡蜂已经醒来，我们挖土的时候它们飞来了，不过清晨凉爽的空气使它们变得不那么好斗，只要用手绢赶几下就可以把它们赶开。因此，我们必须在阳光变得发烫以前抓紧干。

我们先在门厅前挖出一条能满足自由操作的宽壕沟，留在里面的芦竹为我们指明了方向，然后再小心翼翼地，一层层向下挖。垂直面被打开了，我们向下推进了约半米，宽敞的洞里出现了一个完整的蜂窝，悬挂在洞穴的圆拱下。

它确实是一个精美之作，有中等个头的笋瓜那么大，四面均不与洞壁粘连，只有顶端深深地扎进洞壁，牢牢地粘在上面。蜂巢顶上长着各种根须，主要有狗牙根。如果土质柔软均匀，使洞穴有可能挖得比较规则时，蜂巢的形状就是圆的。在多石子的地里，圆球就变形了，这里凸出一块，那里凹进一块，都是因为碰到了障碍。

在纸建筑和地下洞壁之间，总是有一条一掌宽的空隙，这是建筑工人在继续扩大和加固建筑物时自由通行的大道。那里只有一条小街，把城市和外界联系起来。在蜂窝的下方，未被占领的空间则要大得多，这块空地变圆了，像个宽大的盆子，有了这块空地，随着一层层新蜂房从上往下不断加盖，外套还可以扩大。这个呈小锅底形的容器还是一个大垃圾场，胡蜂的无数垃圾都丢弃和堆积在那里。

洞穴那么宽敞倒是引起了一个问题。毫无疑问，胡蜂是自己挖的地下室，像这样规则、这样宽敞的现成洞穴是找不到的。起初，为了图快，独自工作的蜂城缔造者母亲，倒是有可能会利用一个意外发现的，也许是鼹鼠挖的藏身洞；但是后来的工程，这个巨大的地下室，只有胡蜂参与建造。可是那些杂物，边上约半立方的土块到哪里去了呢？

蚂蚁在家门口把挖出的土堆成圆锥形的小丘。如果在门口堆土也是胡蜂的习惯做法，那么它要把上百升甚至更多的泥土堆起来，得堆成多大的土丘啊！可是，在它的门口，没有垃圾，完全是干干净净的。它把那么多土屑弄到哪里去了呢？

易于观察的几位和平者为我们提供了答案。我们留意观察一只正在疏通一个旧巢穴，准备加以利用的石蜂；并监视一只正在打扫蚯蚓洞，准备在那里堆放一袋袋树叶的切叶蜂。它们用嘴叼起一小片垃圾、丝质挂毡碎片或是细小的土粒，充满激情地一跃飞走了，把携带的一点点垃圾抛到远处，又扭头马上飞回工地，然后再次飞向远方，它们付出的努力和得到的结果不成正比。也许蜂儿是怕用脚随便把那些微粒扫开会把空地堆满，它必须飞到远处去抛撒微不足道的垃圾。

胡蜂也是这样清理土屑。成千上万只胡蜂合力挖掘一个小地下室，根据需要把它扩大。每只胡蜂的大颚里都咬着一小块土，它们到了外面，飞起来到远处抛掉垃圾，有的飞得较近，有的飞得较远，飞向四面八方，将挖出的泥土撒在一个很大的范围里，不会留下明显的痕迹。

中形胡蜂的建筑材料是一种有弹性的灰色薄纸，上面带有白色条纹，颜色因使用的原料不同而不同。中形胡蜂按胡蜂家族习惯，把纸张做成一大张，这种纸抗寒能力很差。如果说气球艺术家会利用夹在一层一层的套子之间的气垫保温，那么中形胡蜂对热力学原理的精通程度并不比它差，它们用不同的方法也达到了同样的目的。中形胡蜂用纸浆制成一张张大大的鳞饰，把它们像铺瓦片那样铺盖在蜂巢外面，并且要铺好几层。这些鳞饰构成了一条粗糙的莫列顿呢毡，富有弹性、厚实、充满了静止的空气。气候宜人的季节，在这个掩蔽所里一定非常炎热。

以精力充沛、骁勇善战而著名的胡蜂行会的排头兵黄边胡蜂，也同样遵循使用圆形轮廓和夹层蓄压空气的原则。它在柳树洞里或废弃的粮仓角落里，用黏性木质碎片做成一个环绕着金黄色条纹、非常易碎的纸包装袋。它那球形的蜂巢外面裹着瓦片似的，由好几层大块凸出的鳞饰相互焊接而成的外套，每层之间都有很大的空隙，空气在里面静止不动。

使用空气来阻止热的散发，在保暖工艺方面，胡蜂走在了我们

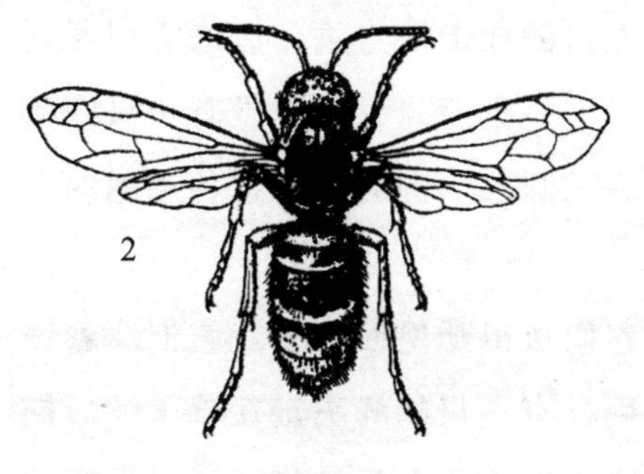

黄边胡蜂

的前面。蜂窝轮廓采用一种体积最小、容积最大的形状，把蜂房建成节省空间和材料的六面体，都是符合物理学和热力学原理的科学方法。有人对我们说，胡蜂是通过不断改进才建造出这种合理的建筑物。因此，当我发现一窝胡蜂全都死于我的计谋时，我简直无法相信；其实只要胡蜂稍微动点脑筋，就很容易挫败我的计谋。

这些杰出的建筑师在这点小困难面前竟然束手无策，它们的愚蠢着实令人惊讶。在日常的工作以外，它们全然没有发明和改进蜂巢时的清醒头脑。几个简单易行的实验可以证实我的想法，我们看看下面的实验。

中形胡蜂偶然在荒石园里选定了住所，把巢筑在一条小路旁。我的家人没有一个敢到蜂窝周围去冒险，在那里走动是危险的，必须把这个吓唬孩子的坏邻居除掉。如果我想用那些在野外怕被调皮鬼们打破，而无法使用的玻璃容器做实验，这倒是个好机会。

我用一个做化学实验用的钟形罩，趁黑夜胡蜂已归巢，我把地面平整后将钟形罩扣在洞口上。第二天胡蜂去上工，一飞出窝就会被罩住。它们是否会利用罩子下面的缝隙设法逃走呢？这些能够挖出宽敞洞穴的勇士们，会不会想到在地上挖一条短通道，使自己获得自由呢？这就是我想弄清楚的问题。

翌日，强烈的阳光照在玻璃罩上，一大群工蜂从地下爬上来，迫不及待地要去觅食，它们撞在透明的罩上，摔下来，又重新爬起来。一群胡蜂盘旋着挤作一团，有的在吵吵闹闹中折腾得筋疲力尽，落到地面，仍然顽强地、毫无目的地走来走去，后来它们回到了巢里。随着阳光越来越热，又来了一批胡蜂，但是没有一只，请注意，没有一只用脚去刨那个可恶的圆罩下的泥土。这种逃跑的方法大大超出了它们的智力。

有几只胡蜂在外过夜，瞧，它们从田野里回来了。它们绕着钟形罩飞来飞去，犹豫了半天，最后，有一只胡蜂决定在罩子下面挖洞，其余的也赶紧来帮忙。一条通道毫不费力就被打开了，大家都进去了，我由着它们去。当所有的迟归者都回到家后，我把那个洞用泥封上，但是从洞里仍然能看见的洞口，也许还会被作为出口，我有意为囚犯提供挖地道逃跑的机会。胡蜂智力再怎么低下，现在逃跑也完全有可能。由于有刚才的体验，我心想，那些刚回来的迟归者将给其他胡蜂做示范，传授从围墙下挖洞的策略。

我太高估这些挖洞高手了，既没有什么示范，也没有什么经验的传授。在罩子里，没有一只胡蜂尝试使它们成功地进入里面的方法。在容器里闷热的空气中，一群胡蜂盘旋着束手无策，徒劳地挣扎。由于饥饿和高温，它们逐日成批死亡。一个星期后，一只活的也没了，地上躺着一堆尸体。由于受习惯束缚，没有创新能力，那座城市死亡了。

这种愚蠢的行为让人想起了奥都蓬讲述的野火鸡故事。在几粒黍米的诱惑下，一些野火鸡经过短短的地下通道，进入被栅栏围住的笼子里。吃饱后，它们想出去，可是从那个一直洞开的入口出去，对这群愚蠢的家伙来说，大大超出了它们的智力。通向出口的路是阴暗的，光线照在栅栏之间，于是这些火鸡便贴着栅栏转来转去，直到猎人来到拧断它们的脖子。

我曾在家里设置过一种捉苍蝇的巧妙陷阱。我用一个开口朝下的长颈大肚瓶，立在三脚矮支脚上，瓶子里的肥皂水在洞口的周围形成环状的湖面，一块糖放在入口的下面作为诱饵。苍蝇们来了，起初，它们看到上头是亮的，便垂直地飞跃起来，进入了陷阱；它们疲乏不堪地靠在透明的围墙上，最后全部被淹死了。因为它们不懂这个基本的道理：从进来的地方出去。

玻璃罩里的胡蜂也是如此，它们会进去，却不会出来。当它们从洞穴里出来时是往亮处走，在透明的监狱里，它们找到了光亮，目的达到了。显然，一道屏障阻止了它们的飞翔，不过没关系，只要那个区域光线充足，就足以让犯人上当；它们尽管因撞击玻璃而不断得到警告，却还是固执地、义无反顾地要冲向更远处的明亮天空。

从田野里回来的胡蜂情形就不同了，它们是从明处飞向暗处。此外，即使没有实验者制造的麻烦，想必它们有时也得寻找被雨水冲下来，或是被路人踩塌的泥土封住的家门口，在这种时候，突然到来的胡蜂免不了要做这几件事：寻找、清扫、挖掘，最终找到洞口。隔着泥土嗅出家的位置，急切地挖开住所的门，是它们天生的本领。这种能力是上帝赐予这个家族的财富，使它们能在日常的事故中自我保护。这时不需要动脑筋想办法，自从胡蜂来到世上，泥土障碍对它们来说早已司空见惯，它们自然会把土刨开，然后进去。

在玻璃罩下事情的发展也不外乎是这样的。从地形角度来看，胡蜂已熟知它们的巢所处的位置，只是无法直接进入而已。怎么办？片刻的犹豫之后，它们便按古老的习惯进行挖掘和清扫，将困难排除。总之，胡蜂知道如何回家，尽管遇到了一些障碍，因为它所做的事情符合常规，不需要用愚笨的脑子想出什么新点子来。

但是，它们不知道如何出来，尽管遇到的仍然是同样的困难。胡蜂就像美国的博物学者笔下的火鸡一样，迷失在这个问题中。已确认是入口的地方，就该确认它可以作为出口。由于迫不及待地想出去，两者都绝望地挣扎，在光明中累得精疲力竭，谁也没有注意地下那条可以轻而易举通向自由的通道。谁也没想到这条路，因为这需要动点脑子，并且要控制想逃到亮处的一时冲动。

如果需要稍微改变一下常规做法，胡蜂和火鸡宁愿死，也不愿以过去的教训来告诫今天。

我把发明圆形巢和六边形蜂房，把运用几何学原理解决了节省空间和材料这一问题的荣誉归于胡蜂，把气垫外套的发明归功于胡蜂的创造才能，因为我们的物理学家也想不出更精巧的御寒外套。这些了不起的发明，怎么会是出自这么个智力低下者的头脑，不会把入口变成出口的头脑！如此的奇迹竟然会来自蠢材的灵感！我深感怀疑，这样的艺术一定有更远的渊源。

现在我打开蜂窝厚厚的外套，里面被巢脾所占据，水平排列的巢脾之间靠牢固的支柱连接，层数不是固定不变的，在季节末，可达到十层甚至更多。蜂房的门朝下，在这个奇异的世界里，幼虫在成长，昏昏欲睡，以颠倒的姿势接受一口口食物。

为了喂养方便，用支柱固定的巢脾之间留有空间。工蜂们不断地来来往往，忙于照顾它们的幼虫。在外壳和蜂房的立柱之间有侧门，便于通往任何方向。在外壳的侧面有一扇造型并不豪华的城门，这个普普通通的出口隐藏在围墙的纸页下。大门对着地下室通向外面的门厅。下层蜂房比上层的大，专供饲养雌蜂和雄蜂之用，上层用于饲养身材较小的工蜂。起初，这个共同体需要大量工蜂，需要一些绝对有工作癖的单身汉，它们扩大住所，使其成为一座繁荣的城市，之后又为未来的事操心。它们建好一些更宽敞的蜂房，一部分归雄蜂，一部分归雌蜂，根据我下面提供的数据，有性别的居民占居民总数的三分之一。

我还注意到，在年代久远的蜂巢里，上层蜂房的隔墙都被蛀蚀，成了废墟，只剩下一些墙基沟。当这个有富裕劳动力的社会，只靠两性的出现来得到完善后，这些房间就没有用了。小房间被铲掉，纸张又变成纸浆，用于建造大房间作为有性幼儿的摇篮。依靠外来的帮助，拆掉的旧屋用于建造更宽敞的新房间，也许还能提供材料为外壳多添一些鳞饰。节省时间的胡蜂，当家里有可用的材料时，便不会不惜代价到远处去开采，它也像我们一样知道修旧利废。

在一个完整的蜂巢里，蜂房的总数数以千计。我以我做的一个统计为例，巢脾的编号是按时间先后为序，最老的在最上面是1号，最新的在最下层是10号。

巢脾的排列顺序	直径（单位：厘米）	蜂房数
1号	10	300
2号	16	600
3号	20	2000
4号	24	2200
5号	25	2300
6号	26	1300
7号	24	1200
8号	23	1000
9号	20	700
10号	13	300
		总计11900间

显然，在这个表格上只能看到大略的统计数字，蜂巢与蜂巢之间会有很大的差别，蜂房数不是非常精确，每一层巢脾的蜂房数有100间左右。尽管这些数据有一定的可塑性，可是我得到的结果和雷沃米尔的结果非常一致，他在一个15层巢脾的蜂巢里数出有13000间蜂房。大师补充说：一个只有一万间蜂房的蜂巢里，彼此相邻的蜂房也许每间都饲养过不下三条幼虫，这样一个蜂窝每年要产出3万多只胡蜂。

3万只，和我统计的结果一样。恶劣的季节到来时，这么多胡蜂怎么办？很快我们将会知道。现在是十二月，已经出现冰冻，但还不十分严重。我有一个很熟悉的蜂窝，这要归功于为我提供鼹鼠的人，这个正直的人用他的蔬菜弥补了我那几块菜地的匮乏，却只换取微薄的报酬。尽管与蜂窝为邻给他带来许多麻烦，为了我他还是将蜂窝留在了菜院子里的花菜中间。我随时都可以去参观。

这个时刻到来了，已经没有必要先用汽油把胡蜂憋死，冬季的寒冷想必已经抑制了它们的狂暴，那些麻木的家伙将会相安无事，只要稍加小心，我去打扰它们也不会遭到报复。于是，一大早，我用铁铲在覆盖着白霜的草丛里挖了一条包围沟。工作进展顺利，没有一点动静。一个蜂窝出现在我的面前，它吊在地洞的圆拱上。地洞的底部像个圆脸盆，那里躺着些死尸和一些行将死亡的胡蜂，我可以一把一把地将它们抓起来。这些胡蜂好像是感到自己在衰竭，便离开自己的卧室，坠入地下公墓，甚至有可能是健康者帮忙把死者扔下去的。纸做的圣物盒可不能被尸体玷污。

在地下室门口的露天地里，也有许多死胡蜂。是它们自己出来死在那里的呢？还是因卫生需要，由活胡蜂将它们运到外面来的呢？我倾向认为这是速葬，垂死者手脚还在乱动，就被抓住一条腿，拖到尸体示众场去了。这种残酷的丧葬习俗和稍后我还将提到的其他一些野蛮行为是一致的。

在里外两个墓地里，横七竖八地躺着三类居民。工蜂的数量最多，其次是雄蜂。这两者死亡都是自然的事，它们的使命已经完成。但是未来的母亲，那些腹中怀着许多生命的雌蜂也会死。幸好蜂窝里不是荒无人烟，从一个裂缝处我看见了挤来挤去的胡蜂，这些胡蜂足够满足我的计划需要。我把蜂窝带回去安置好，以便自由自在地在家中对它们进行一段时间的观察。

将蜂巢肢解后更便于监视，于是我割断粘连的支柱，把一层一层的巢脾分开，然后再重新叠起来，给它们盖上一大块外壳作为屋顶。胡蜂被重新安顿在它们的家里，但数量有所限制，以免数量多了造成混乱。我保留了那些最健壮的，将其余的扔掉。我研究的主要对象雌蜂约100只。这会儿那些处于半休眠状态的居民十分平静，任由我挑选和倒来倒去，没有一点危险，只要有几把镊子就够了。我把蜂巢整个放在一个带金属罩的罐子里，然后日复一日地观察它们的变化。

当气候恶劣的季节来临时，胡蜂的数量不断在减少，造成它们死亡的原因似乎主要有两个：饥饿和寒冷。冬季，胡蜂的主要食物，粮食和甜果都没有了。尽管有地下掩蔽所，冰冻还是给了这些饥民以致命的打击。事情果真如此吗？我们去看一看。

我将安置胡蜂的罐子放在实验室里。冬天，实验室里每天都生火，可以为我和我的昆虫带来一些温暖；那里没有冰冻，一天的大部分时间都能照到太阳。在这个隐蔽所里，避免了因寒冷而减员的可能，也不必害怕饥荒。在罩子下有满满一盅蜜，还有葡萄，是从我晾放在麦秸上的最后几串葡萄上摘下来的，以此变换一下食谱。

如果有这么多的粮食，蜂群中还出现死亡，就应该将饥饿排除在造成死亡的原因之外。

采取了预防措施后，开始胡蜂的情况还不坏，它们夜晚蜷缩在巢脾里，只有当太阳照在罩子上时才出来。它们来到太阳下，一只挨一只地挤在一起；随后又活跃起来，爬上房顶，懒洋洋地散步；然后下去到蜜洼边喝一点蜜，吃点葡萄。工蜂凌空飞起，盘旋着，聚集到网纱上，雄蜂卷起长长的触角，非常活泼，身体较笨重的雌蜂没有参与游戏。

一星期过去了，它们光顾食堂的时间尽管很短，但在一定程度上说明了它们生活安逸。然而现在，无缘无故地爆发了死亡，一只工蜂在太阳下，一动不动地躺在巢脾的斜坡上，看起来没有任何不适。突然，它跌落下来，仰面朝天，肚子抖动一阵，脚蹬几下，它死了。

雌蜂这边也引起了我的恐惧。我碰巧看见一只雌蜂从蜂巢里滑出来，它仰面朝天，一副打哈欠伸懒腰的姿势，肚子剧烈抽动，一阵痉挛后就一动也不动了。我以为它死了，可是它根本没有死。经过日光浴这特效活血剂的治疗，它又站立起来，回到巢脾里去了。然而，复元的雌蜂并没有得救，下午，它又遭受了第二次打击，这一次，它真的死了，六脚朝天。

死亡，尽管只是一只胡蜂的死亡，也值得我深思。我怀着强烈的好奇心日复一日地观察胡蜂的死亡，其中有一个细节令我震惊：工蜂会猝死。它们来到巢脾上滑下来，仰面朝天地摔在地上，就再也爬不起来了，死得像闪电那么快。它们已经走到了生命的尽头，被年龄这无情的毒剂扼杀了。当机器的发条松开最后一圈时，机器就停止不动了。

可是城堡里最后出生的雌蜂，根本谈不上年衰力竭，它们的生命才刚刚开始，具有青春的活力；因此，当冬季的纷乱笼罩它们时，它们有一定的抵抗力，而那些年老的劳动者则死得很突然。

雄蜂也一样，只要它的角色还没演完，就会努力抗争。罐子里有几只雄蜂始终精力充沛，动作敏捷。它们主动接近那些女伴，不过并不强求，姑娘平和地一脚将它们踢开了。这时狂热的交配期已过，这些迟到者错过了好时光。它们将死去，因为它们已经没用了。

从蜂群中，我很容易认出那些末日来临的雌蜂，因为它们已经顾不上梳洗打扮，背上沾着泥。那些健康的雌蜂一旦在蜜碗边上恢复了体力，便会待在太阳底下，不停地掸身上的灰尘。它们靠后足跗节轻柔而又有力地伸缩，不停地刷翅膀和肚子，前足跗节则在头部和胸部抹来抹去，因而黑白相间的服装始终保持着光亮。那些虚弱的雌蜂则不讲究卫生，待在太阳底下一动不动，或者无精打采地漫步，它们放弃了刷洗。

对梳洗不在意是个不祥的信号，果然两三天后满是污垢的雌蜂最后一次走出蜂巢，来到屋顶上享受一次阳光，接着无力的小足失去了支撑，它轻轻地飘到地面，就再也没有起来。它不能死在心爱的纸屋里，胡蜂的法律规定房间里必须保持绝对干净。

如果那些有疯狂洁癖的工蜂在场，一发现行动不便者就会把它们拖出去。可是作为严冬时节的第一批受害者，它们已经死了，垂死的雌蜂只能以跳进地下坟墓的方式为自己举行葬礼。如此众多的胡蜂住在一起，为了大家的健康这样做是必要的。这些禁欲主义者拒绝死在巢脾间的蜂房里，最后的幸存者也必须把这个违背常理的规矩贯彻到底。对它们来说，这是个永远不能废除的法令，不管居民如何少，任何尸体都必须远离婴儿室。

尽管室内很温暖，尽管还有健壮者来饮那碗蜜，罩子里的居民还是在日益减少，临近圣诞节，只剩下了12只雌蜂。1月6日，一个下雪天，最后一只雌蜂也死了。

是什么原因使我的胡蜂全部死亡了呢？我的照料已经使它们避免了我最初以为可能引起死亡的灾难。它们有葡萄和蜂蜜吃，没有挨饿；它们有炉火取暖，也不曾挨冻；它们几乎日日沐浴着阳光，而且住在自己的蜂房里，也没有遭受思乡之苦。它们究竟死于何因？

我明白雄蜂的死因。它们已经没有用了，因为交配已经完成，已经留下了众多的生命萌芽；对工蜂的死我还不能解释得很清楚，春回大地时，它们本可以在建立新的殖民地时帮上大忙；我也不明白雌蜂的死因。我有将近一百只雌蜂，可是没有一只能活到新年初。十月和十一月刚从蛹壳出来时，它们拥有青少年强健的体魄，它们是未来，它们虽然承担着生儿育女这一神圣职责，也没能保全性命。它们也像那些因衰弱而没用了的雄蜂，以及那些被劳动耗尽了体力的工蜂一样死去了。

不要把它们的死归罪于被囚禁在罩子里，在田野里，也发生了同样的情况。我在十二月底观察过的那些蜂巢出现了相同的死亡率，死掉的雌蜂相当于剩下的居民数。

当然，这只是个推测数，蜂窝里有多少雌蜂，我不知道，然而殖民地的坟墓里众多的雌蜂尸体告诉我，它们应该是数以百计，甚至数以千计。只要有一只雌蜂就能建立起一个有三万居民的城市，如果每只都生育，那将是多么可怕的灾难啊！胡蜂将一统乡间。

事物的法则要求大多数死去，不是死于偶发性的传染病和恶劣的气候，而是死于不可抗拒的命运，它以同样的狂热去摧毁，也以同样的狂热去发展。我思忖：既然只要有一只雌蜂得到保护，就足以保住它们的种族，为什么一个蜂巢里还有那么多准母亲呢？为什么是一群而不是一个？为什么有那么多受害者？对这个错综复杂的问题，我简直理不清头绪。

第二十章 胡蜂（续）

胡蜂所面临的灾难中，最严重的莫过于冬天的到来。预感到身体开始衰竭，此前一直很温柔的保育员工蜂变成了野蛮的灭绝者。它心想："不能留下孤儿，我们死后就没人照顾它们。必须把晚熟的卵和幼虫统统杀掉，暴死最好是在饿得奄奄一息的时候。"

于是它们开始屠杀无辜者。幼虫被揪着脖子从蜂房里拽出来，拖到蜂巢外面，推进地下室底部的尸坑；那些纤细的卵则被剖开、嚼碎。我是否有可能见到这座城市悲惨的结局呢？我不指望看到所有的恐怖场面，这是远远超出条件限制的奢想，但至少可以看见某些场面吧。我们试试看吧。

十月，我把从窒息中抢救出来的几块巢脾放在罩子里。如果我减少汽油的剂量，就很容易得到一大堆只是一时被熏昏了的胡蜂，并能保证收获时没有麻烦，在露天汽油很快就挥发掉了。再说，即使剂量加大到能够杀死所有成虫，幼虫照样不会死。当身体构造精巧的成虫死去时，这些只有一个消化食物的肚子的幼虫却能抵抗住。由于它们摆脱了不幸，我才得以把一部分住着许多卵和幼虫，并且有上百只工蜂充当仆人的蜂巢，安顿在网罩里。

为了便于观察，我把巢脾分开，一个挨一个地放在一边，蜂房门朝上。我这种摆放颠倒了常规的朝向，但对囚犯们好像没什么妨碍。它们很快地从骚乱中恢复过来，又开始工作，就好像根本没发生过什么不寻常的事。当它们要盖房子时，我提供了一块木质较软的小木板供它们使用。我还把蜂蜜涂在一条纸带上给它们食用，而且每天更换。我用一个扣着金属罩的罐子来代替地下室，再用一个纸做的圆屋顶罩在上面，顶盖是可以拿掉的，这样既能满足胡蜂在暗处工作的需要，也能保证我在观察时有亮光照明。

工作一天天地继续，它们既要照顾幼虫又要盖房子，建筑工在居民最密集的巢脾周围建起了一道围墙。它们是否想重建被灾难毁灭的家园，建一个新的外壳呢？从工程的进展来看似乎不是，它们只是继续被可怕的汽油瓶和铲子打断了的工作，用纸鳞片建起一个只能围住三分之一巢脾的圆拱，这个圆拱想必是要和未被损坏的蜂巢外壳连在一起。它们不是重建，而是继续建造。

然而，这个像帐篷似的外壳，只能遮住巢脾的很少一部分。这不是因为缺乏材料，它们有那块小木板，依我看，从小木板上可以刮出优质的木浆。可是胡蜂连碰都不碰那块木板，也许是由于我没真正了解胡蜂造纸的秘密，找错了材料。

与其用这些要付出昂贵的代价来开发的原材料，它们宁可用那些已报废的旧蜂房。那里有现成的纤维毡，只需要将它再化成纸浆。只要花费一点唾液，把纤维毡放在大颚里，稍微嚼一嚼就能造出优质产品。没有居民居住的房子因此一点点被拆掉，被蚕食直至连根铲除。胡蜂的确用废墟建起了一个床顶，如果有必要，它们还将盖起新的蜂房。我根据高于被摧毁的蜂房的新蜂房推测，胡蜂用旧房子造新房子，现在得到了证实。

比起建屋顶，幼虫的进食更值得我研究。人们不大可能亲眼目睹那些工蜂的表演。它们是温柔的保育员，之后又会变成粗鲁的剑客。在这个用营房改装的育婴室里，工蜂对幼虫的养育是多么周到，又是多么细心啊！我们来看看其中一位保育员是如何忙碌的。它腹中装满了蜜来到一间蜂房门前停下，将头探进门里，好像在凝思；它用触角轻触那个隐居者，幼儿醒来了，就像小鸟看到妈妈口含食物回到窝里那样，伸了个懒腰。

过一会儿，醒来的幼虫晃了晃脑袋；它是瞎子，必须靠触摸找到工蜂喂食的粥。两张嘴凑在了一起，一滴蜂蜜从保育员的嘴里流到了婴儿嘴里。这个已经喂得差不多，该喂下一个了，于是工蜂走了，到别的地方继续喂食。

而幼虫呢，用舌头舔了一阵脖子。在喂食的时候，幼虫的脖子下有一个突出的围嘴，一个暂时的甲状腺肿块形成的碗，接住从嘴唇滴下的食物。大量的食物咽下去以后，幼虫还得收拾干净掉在肿块上的残渣，才算完成了进餐。随后突出的肿块消失了，幼虫的身子往房间里头缩了缩，又进入甜甜的半睡眠状态。

为了进一步研究这种奇怪的进食方法，我临时捉来一些强壮的黄边胡蜂幼虫，将它们一个一个地插入纸套，那里将是它们的家。如此裹上襁褓之后，我那些大胖娃娃已经一切准备就绪，我可以在亲自给它们喂食的时候，对它们进行观察。

我小的时候，习惯用手指拍打待哺的麻雀的尾羽，醒来的麻雀马上会伸懒腰，准备接受食物。我私下以为鸟类的哺育方法始终值得提倡。要想引起黄边胡蜂幼虫的食欲，根本没有任何必要让它先兴奋起来。我只要一碰它的窝，它就自己打起哈欠来，这条幸运的小虫有个不知疲倦地接纳食物的胃。

我用一根麦秸把滚淌着如珍珠般的蜜滴送入幼虫的口中。食物太多，一口吃不了，于是它昂首挺胸，形成一个突出的肿块，过剩的食物便掉在了上面。它先把送到嘴里的一勺食物吞咽下去，然后才不慌不忙地把掉在肿块上的食物一口一口舔干净。当一粒食粮都不剩，胸前的盘子也彻底被舔干净时，肿块便消失了，幼虫也一动不动了。有了这个暂时存在，突然之间隆起，又会突然之间消失的肿块，幼虫进食时，下巴下就像搁了一张小桌，无需别人帮忙就可以自己把点心吃完。

饲养在网罩里的胡蜂幼虫是头朝上的，从它们的嘴唇上掉下的食物都积在甲状腺肿块里。在正常的蜂窝里，幼虫是头朝下的，那么，幼虫胸前突出的肿块是否有这样的用途呢？对此我不能怀疑。

幼虫只要将头部轻轻弯一下，总是可以把一些美食放在突出的围嘴上，食物有黏性能粘在上面。再说我也不能证明，不是保姆自己把嘴里过剩的食物存放在那里的。不论是在嘴上还是在嘴下，也不论头朝上的，还是头朝下，挂在胸前的盘子总是能起作用，因为食物有黏性。这个临时性的托盘能缩短喂食时间，使幼虫可以从容地进食而不至于噎着。

在网罩里，胡蜂吃的是蜂蜜。一旦肚子里装满了蜜，它们就吐出来给幼虫吃。保姆和婴儿似乎都很适应这种饮食。然而，我知道胡蜂通常也吃野味。在第一卷我讲述了普通胡蜂捕捉尾蛆蝇和大胡蜂猎捕家蜜蜂的故事。猎物一旦被抓住，尤其是大个儿的双翅目昆虫，便被肢解，头、翅膀、脚、肚子上没有肉的部位，被大剪刀一一剪去，剩下肌肉丰满的胸脯，被当场绞细做成肉丸，作为战利品运回蜂巢里供幼虫饱餐。

于是，我往蜜里面掺了一些野味。我把一些尾蛆蝇放到网罩里，最初新来者没遇到什么麻烦。好动的尾蛆蝇在网罩里嗡嗡叫，不停地飞来飞去，撞在网纱上也没有引起什么反应。胡蜂并不理睬它们。如果一只尾蛆蝇太逼近一只胡蜂，胡蜂便威胁地仰起脑袋，不必再有进一步的举动，尾蛆蝇便逃走了。

在涂着蜜的纸带周围，情况要严重一些。这个食堂频繁地被胡蜂们光顾，只要有一只在远处嫉妒地张望的尾蛆蝇决心靠近，正在就餐的胡蜂就会有一只离开群体，去追击那个胆大妄为者，它拉住那家伙的一条腿，让它滚蛋。然而，只有当尾蛆蝇不慎涉足胡蜂巢脾时，才会遭遇严重的后果。这时一群胡蜂会扑向那个倒霉蛋，报以拳脚，把它打得滚来滚去，然后再把这个被打瘸了腿的家伙，有时可能是一具尸体拖出去。尸体是受到蔑视的。

我的一次次尝试都是徒劳的，我没能再次见到以前在紫菀花上见到过的情景：被俘的尾蛆蝇被绞成肉泥留给幼虫吃。也许这种滋补的肉食品只在某些时候派用场，而在网罩里还没到时候；也许还因为蜜是比肉更好的食物，我一直倾向于这种看法。对我的囚犯们而言，蜜很充裕，每天都有鲜蜜供应。婴儿们很习惯这种饮食，苍蝇的尸体遭到了蔑视。

但是在田野里，初冬秋末时，糖厂主变成了吝啬鬼，由于缺乏甜果肉，胡蜂不得已而接受野味，尾蛆蝇做成的肉丸很可能只是二流食物。我提供的尾蛆蝇被拒绝似乎可以证明。

现在我用长足胡蜂做实验。长足胡蜂的体形和它那不折不扣的胡蜂外衣，也丝毫不能使人敬畏。假如它胆敢靠近胡蜂正在吸食的蜜，一经被认出来就会和尾蛆蝇一样遭到斥责。尽管如此，双方都不会使用螫针，不值得为餐桌上的争吵拔刀弄枪。较弱的一方长足胡蜂感觉不自在便离开了。然而，它还会再来，它是那么顽强，就餐者最后只好让它在旁边入座。尾蛆蝇却很少得到这种意外的收获。然而宽容并不长久，假如马蜂冒险飞到巢脾上，就足以引起胡蜂无比的愤怒，它们会将这位不速之客置于死地。不，闯入胡蜂的家是没有好结果的，哪

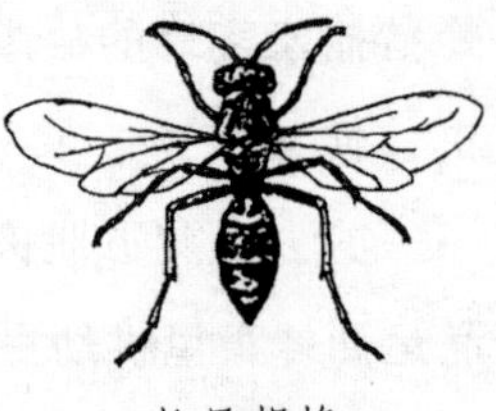

长足胡蜂

怕外来者穿着同样的服装，具有同样的本事，几乎就像它们的同伴。

接下来我又用熊蜂做实验。这是一只雄性熊蜂，个子很小，身着棕红色服装。尽管没有受到过多的斥责，这个可怜的家伙每次靠近一只胡蜂，就会遭到威胁。天啦，这个冒失鬼从网罩上跌下来，掉在了巢脾上一些正忙着做家务的保姆中间。我睁大眼睛想看清这场悲剧的发展，一个保姆抓住它的脖子，在它的胸口刺了一刀，随后熊蜂呈伸懒腰状，腿抽动几下，死了。另外两只胡蜂立即过来，帮助凶杀犯把死尸拖出去了。我还是那句话：不要进胡蜂家门，不管意外的也好，没有恶意的也好，闯入胡蜂的家绝没有好下场。

我再举几个胡蜂以粗暴的方式迎接陌生人的例子。我没有刻意选择受刑者，只是利用碰巧找到的昆虫。我在家门前的一棵蔷薇上找到了一些三节叶蜂的幼虫，幼虫的外形像毛虫，我把其中一只放在照看蜂房的胡蜂中间，面对这个身上带黑点的绿色怪物，那些忙碌的保姆惊呆了，它们凑过去看一下就跑开了，然后又重复同样的动作。终于一位保姆勇敢地突然咬住幼虫，把它咬出了血。其他保姆也效仿，用大颚咬，随后用力拖那个伤号。幼虫拼死抵抗，一下用前足勾，一下用后足勾。这家伙并不太重，可是它像挂在钩子上似的，无法被征服。然而经过多次攻击，它因多处受伤渐渐衰弱了，这条幼虫被从巢脾中拖到了网罩里，浑身血淋淋的。为了驱逐这个外来客，胡蜂花了两个小时。

对付三节叶蜂的幼虫时，胡蜂们没有拔出细螯针即刻结果抵抗者的性命。也许它们认为，那条可怜的虫子不值得它们动用这种武器，毒匕首这种迅速致死的武器，似乎要留到关键时刻使用。熊蜂和长脚胡蜂是怎么死的，一条刚从死樱桃树下拖出来的天使鱼楔天牛幼虫也将怎样死。我把天牛幼虫扔在巢脾上，这个拼命忸怩作态的怪物从天而降，引起了胡蜂们的不安。五六只胡蜂一道攻击它，首先轻轻地咬它，后来用细针刺它，仅用了两分钟这条遇刺的胖虫子就死了。然而，要把这个庞然大物抬出去，可没那么简单，它太重，实在是太重了。胡蜂该怎么办呢？由于挪不动，胡蜂就当场把它吃了，更确切地说，喝它的血，把它吸干。一小时后，笨重的尸体变得软绵绵的，重量也减轻了，被拖到了墙外。我后来的记录只是不断重复同一个结果。如果外来客保持一定距离，不论它的种族、服饰、习惯有什么不同，都会得到宽恕；如果靠近，胡蜂就会向它发出警告，把它赶走；如果它来到蜜洼边，而且胡蜂已经在食堂就座，那么这个大胆之徒很少不挨揍，不被从宴席上赶走。到此为止，胡蜂只是采取一些没有什么严重后果的攻击。但是，如果谁犯下了闯入巢脾的罪行，它就完了，它会被螫针刺死，至少也会被胡蜂用大颚撕裂肚皮。它的尸体将会和其他垃圾一起，被扔进小城堡的底层。

由于幼虫受到警惕的监护，避免了来犯者的入侵，而且还有香甜可口的蜜，好吃得让它们忘记了苍蝇肉；网罩里的胡蜂幼虫长得很好，当然不是全部，和其他地方一样，蜂巢里有体弱者提前死亡。

我看见体弱多病者拒绝进食并且慢慢死亡。保姆们早就发现了这种情况，它们低头用触角为受病痛折磨的幼虫诊断，如果认为已经无药可救，就毫不怜惜地把这个被病痛折磨得浑身发黑、即将死亡的小虫，从房间里拖到蜂巢外面。在胡蜂这个野蛮的共和国里，虚弱是一种腐臭病，害怕传染就要尽快地摆脱它。

遇到这些野蛮的保健医生算病人倒霉！任何病残的幼虫都必须被驱逐出去，扔到下面的公墓里，扔到那个正在等着它们落下的蛆虫牧场上。当实验者插手时，事情变得更残忍。我从蜂房里抽出几

条幼虫和一些健康的蛹放在巢脾表面。在蜂房外面，蛹正在丝织的圆房顶下成熟，健康的幼虫将得到温存的口对口的喂养，而体弱的幼虫现在只不过是些讨厌的累赘和没有一点价值的包袱。它们被拉出去开膛，偶尔也被吃掉，同类相食的盛餐之后，它们被运出了蜂巢。即使有人相助，它们也不可能回到摇篮里，这些被剥光衣服的幼虫和蛹被保姆们掐死了。

在网罩里，幼虫皮肤都很光滑，胖乎乎的，这是健康的证明。但是，十一月的第一次寒潮来临了，工蜂们不再卖力地造房子，也不常在蜜洼边停留，给幼虫喂食的节奏放慢了。幼虫迟迟得不到照料，饿得直打哈欠，它们已被忽视。保姆中出现了严重的纷乱，它们不再忠于职守，先是对工作漫不经心，继而是厌恶工作。很快将无法再持续的呵护还有什么意义呢？这些宝贝幼虫由于大批挨饿，必将以惨死而告终。工蜂开始吃那些生长缓慢的幼虫了，今天吃一只，明天吃一只，接着再吃其他的；它们像对待外来者一样，粗野地将幼虫从蜂房里驱逐出去；它们野蛮地又是拉又是撕，这些可怜的血肉之躯被扔进了停尸场。

刽子手工蜂苟延残喘一些日子，终于轮到它们死了，它们是被冬季的恶劣气候杀死的。十一月还没结束，我网罩里的幼虫全死光了。晚熟幼虫就这样大规模地被屠杀了。

每天蜂巢的公墓都要接纳从上面扔下来的尸体和垂死的残疾幼虫和不幸遭难的成虫。在繁荣兴旺的时候，很少像严冬来临时这样，尸体被频繁地扔进尸堆里。在灭杀晚熟的幼虫时，特别是在最后覆灭的时候，当雄蜂、雌蜂和工蜂成千上万地死亡时，天赐之物每天都会大批地从天上掉下来。

于是，消费者成群地赶来。为了今后的幸福着想，它们起初只稍许吃一点，自十一月底以后，地下室的底层成了虫满为患的客栈，众多的双翅目昆虫，这些胡蜂的埋葬者控制了那里。我从那里收集到一大批蜂蚜蝇的幼虫，凭蜂蚜蝇的名望，也值得为它单独写一章。我还发现了一条正在用尖尖的脑袋拱尸体肚子的幼虫，它光溜溜的，白色的身体，尖脑袋，比绿蝇蛆虫略小些。它和另一条更小些、穿着棕色带刺的粗布褂的蛆虫，正毫无条理地干活儿。我还见到一个小矮子，它弯成弓形，再伸直，拱来拱去像干酪里的虫子。

它们全都在做解剖、肢解、开膛的工作，它们干得那么欢，到了二月还腾不出空来缩进蛹壳里。在温暖的地下室里既不受恶劣气候的影响，粮食又那么充裕，何必着急呢？在皮肤硬化变成小酒桶之前，这些心满意足的家伙指望把那一堆食物都吃光。它们在宴会上拖延的时间太久，我几乎忘记了它们还在那些饲养昆虫的广口瓶里，我也不能再继续讲它们的故事了。

在我堆放鼹鼠和游蛇尸体的空中公共尸坑里，我时常看见一种最大的隐翅虫——颚骨隐翅虫，它路过此地顺便在腐尸堆下停留一会儿，随后便到别处继续它的工作。胡蜂尸堆里也有一些短鞘翅常客，其中我常见到的是长着红色鞘翅的闪光隐翅虫，但这里可不是它的临时客栈，它带着一家子，在此安家落户。我还见到了鼠妇和属于马陆类的类千足虫，两者都是次要消费者，也许它们吃的是腐殖土。

尤其值得一提的是一种杰出的食虫目昆虫，哺乳纲中最小的动物鼩鼱，它比小鼠还小。在胡蜂家族覆灭时，当身体的不适已经平息胡蜂好斗易怒的情绪时，这个尖嘴客人便溜进胡蜂的家。一群垂死的胡蜂经过一对鼩鼱的开发，很快便化为一堆残渣，必须由蛆虫来完成清除工作。

那些废墟也该灭亡了。一只普通衣蛾，一只很小的棕红鞘翅的闪光隐翅虫，一只身穿鳞片金色绒衣的二星毛皮蠹幼虫，蛀食了层板，使那座蜂巢倒塌了。春回大地时，那座有三万居民的胡蜂城堡，就只剩下了几撮灰土，几片灰色的破纸片。

第二十一章 蜂蚜蝇

我再说说灰纸小城堡下那个丢弃胡蜂死尸的垃圾坑。为了给新住户腾出住房，死幼虫和体弱的幼虫被不断地从蜂房里驱逐出来扔进坑里；秋末初冬时，被屠杀的晚熟幼虫也被扔在里面，坑里大部分空间都躺满了初冬时被杀的成群幼虫，当十一月和十二月大毁灭时，这个坑里早已经堆满了尸体。

如此多的财富不会没有用处。节省食物是这个世界的神圣法则，从猫头鹰口中吐出的一小团毛都有专营者，更何况被毁灭的蜂巢。这将是一个多么巨大的粮仓啊！如果那些负责把这些美味的残留物，重新投入生命循环的消费者，在天赐吗哪从天而降之前还没莅临，它们不久就会赶来的。这个因死亡而被塞得满满的大粮仓，将成为热火朝天的将生命回归的作坊。会有哪些宾客呢？

如果胡蜂飞起来把死去的或体弱多病的幼虫，抛在蜂巢附近地面，打头阵的宾客就会有食虫的鸟类，一些爱好小野味的燕雀。说到它，请允许我讲一点题外话。

你们知道夜莺在抢占营地时，是怎样极端地排斥异己的吗？对它们来说，做邻居是绝不允许的。相互保持着距离的雄夜莺，经常以对歌的方式虚张声势，如果被惹恼的那个家伙敢靠近，就会被赶走。然而，离我家不远有一片稀疏得连樵夫都砍不到十捆柴的橡树林，每年一到春天，就能听到夜莺啁啾的叫声；歌手们吃得很饱，吟唱时把嗓门扯得老高，毫无秩序的合唱变成了震耳欲聋的噪音。

这些如此喜欢独处的鸟儿，为何要成群地来到同一个地方安居呢？照规矩，这块地方只够住一家子。我向灌木林主询问这件事。

“每年都是这样，”他说道，“这个小树林被夜莺侵占了。”

“是什么原因？”

“因为在那边不远处的墙后面有一个养蜂场。”

我十分惊讶地望着那个人，弄不清养蜂场和夜莺的经常出没有什么联系。

“没错，”他补充道，“因为有许多蜜蜂才会有大批的夜莺。”

我不解地望着他，还是不明白。他解释道：

“蜜蜂把它们的死幼虫扔出来。早晨，养蜂场门前撒了一地的幼虫，夜莺便去捡拾，为自己也为它的家人。它们很爱吃那玩意儿。”

我明白了，是大量日日更新的美食把夜莺招来的。夜莺一反常规大批地聚居在灌木林里，以便离养蜂场近一些，好一大早就去占有最多的一份小肥肠。

同样，如果死胡蜂幼虫被扔在地上，夜莺和它的美食竞争者，也会常到胡蜂窝周围去。但是，这些珍馔被扔进了地下室里，没有一只小鸟敢深入黑暗的地洞，再者对它来说通道也太窄了。胡蜂巢里需要的是其他个头小、胆子大的消费者，那当然是非双翅目昆虫和它们的幼虫莫属，因为它们是吃死尸大王。绿蝇、蓝蝇、麻蝇在野外从事各类尸体带来的营生；另一些苍蝇则有专营范围，它们在地下经营胡蜂的尸体。

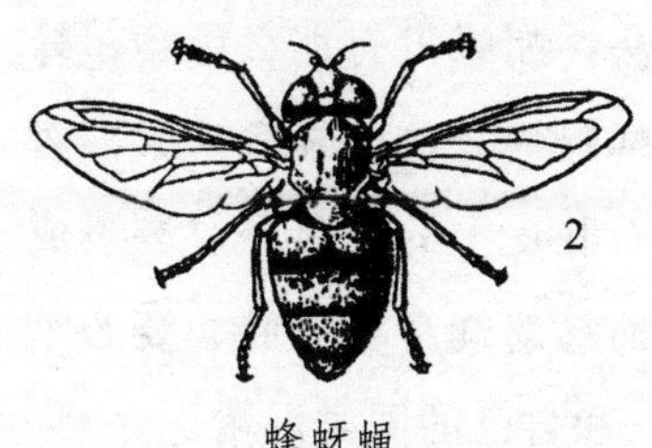

蜂蚜蝇

九月，我将注意力放在胡蜂巢的外壳上。在胡蜂巢外壳表面，也只有在那里散布着一些白色的椭圆形大斑点，紧紧地粘在灰纸上，约有2.5毫米长，1.5毫米宽，底面平坦，上面凸出，而且白得发亮，这些大斑点就像是有规律地从硬脂蜡烛上滴下的蜡滴。它的背部有很细的横纹，精细的花纹要借助放大镜才看得清，这种奇怪的东西散布在整个外壳表面，时而稀疏，时而密集，或多或少像密布的群岛。这是蜂蚜蝇的卵。

与蜂蚜蝇的卵一样粘在外壳上的，还有另外一种白垩似的披针形卵，身体上有六七条细细的纵向凸纹，像某种伞形花种子一样，细微的斑点完美地散布在整个外壳上，数量只有前一种卵的一半。我看见有一些已变成幼虫爬了出来，大概就是我在地下室底下见到过的那种蛆刚出壳时的模样。我的饲养实验还未完成，我还不能说出这是哪一种双翅目昆虫产下的卵，我只是顺便记录下这个无名氏。还有其他许多无名氏，我只能先让它们隐姓埋名，胡蜂家的废墟里，有那么多身份复杂的宾客，我只能照顾那些最显赫的人物，其中最重要的是蜂蚜蝇。

蜂蚜蝇是一种了不起的强健的苍蝇，它穿着黄色和褐色横条相间的服装，乍看起来与胡蜂的衣服很相似。那些时髦的理论把蜂蚜蝇夸耀成是利用黄褐二色拟态的突出例子。就算不为自己考虑，至少为了家庭，蜂蚜蝇也不得不作为食客进入胡蜂家。人们说它施展诡计，穿上受害者的衣服，在胡蜂巢里，安心地忙自己的事，以至被当成了胡蜂巢里的居民。

天真的胡蜂被一件粗糙仿制的衣服所蒙骗，卑鄙的双翅目昆虫靠乔装打扮来隐藏，我无法相信这种说法。胡蜂没有那么愚蠢，蜂蚜蝇也没有人们所说的那么狡猾。假如蜂蚜蝇竟敢以外表来蒙骗对方，显然它的化装并非是最成功的。光有肚皮上的黄色条纹装不成胡蜂，首先还得身材苗条，动作敏捷，而蜂蚜蝇身材矮胖，姿态笨拙。胡蜂永远也不会把这个笨重的家伙，和自己的同类混淆。

可怜的蜂蚜蝇，你模仿的本领还没学到家；最起码，你必须有胡蜂的身材，你把这一点给忘了；你仍然是一只胖乎乎的苍蝇，太容易被认出来了。然而你还是闯进了那可怕的地洞，安然无恙地在那里住那么久，就像散布在胡蜂巢外壳上的大量卵所证明的那样。你采取的是什么方法呢？

我首先注意到，蜂蚜蝇没有进入层叠在围墙里的巢脾上，它在纸围墙外表停留，只是为了在那里产卵。再说，想想那只和胡蜂一块儿被安置在网罩里的长脚胡蜂，它就是一个不必靠伪装来使自己为对方接受的例子。它属于那个行会，它本身就是胡蜂。我们中任何一个人，如果没有昆虫学知识，都会把两者混为一谈。不过这位外来者，只要别让人讨厌，在网罩里还是可以被胡蜂容忍的，没人会找它的碴，它甚至被允许坐到餐桌旁，坐在那张涂着蜜的纸带旁边。但是，如果它不慎涉足巢脾上，那么肯定会完蛋。

尽管它的服装、外貌、体形和胡蜂几乎完全一样，也不能使它摆脱困境。一旦被发现是外来者，它也会像与胡蜂幼虫无任何相像之处的叶蜂和楔天牛的幼虫一样，受到攻击。

如果与胡蜂有一样的体形和服装都救不了长脚胡蜂，蜂蚜蝇拙劣的模仿，又将会是怎样的下场呢？能识别同类之间差别的胡蜂眼睛是不会受蒙蔽的，外来者一旦被认出来就会被掐死，是毫无疑问的。

由于我做实验的时候没有蜂蚜蝇，我便选用了另一种双翅目昆虫莘蚜蝇。它体形苗条而且带美丽的黄色条纹，显然比带条纹的大胖子蜂蚜蝇更像胡蜂。尽管有相似的外貌，假如它敢到巢脾上去冒险，这个冒失鬼肯定会被刺死。它那黄色的条纹，纤细的腰身，丝毫不能蒙骗过关。尽管有酷似的外表，它也照样被认出是外来者。

我那些囚犯的身份随便怎么变化，网罩里的实验最终都是这样的结果：如果仅是做邻居，即使是同在蜜的周围，那些不属于同类的同监犯也能被容忍，但是，它们如果去到蜂房里，就会遭到攻击，常常被杀死，不管有怎样的体形和服饰。胡蜂幼虫的摇篮是最神圣的地方，任何外人都不得闯入，违者将被处死。我用网罩里的囚犯做实验是在白天，而自由的胡蜂是在极为黑暗的地下工作的。在那里没有光线，色彩不再起作用。一旦进入洞穴，蜂蚜蝇就不会从它那黄色条纹，即人们所说的保护色得到什么好处。

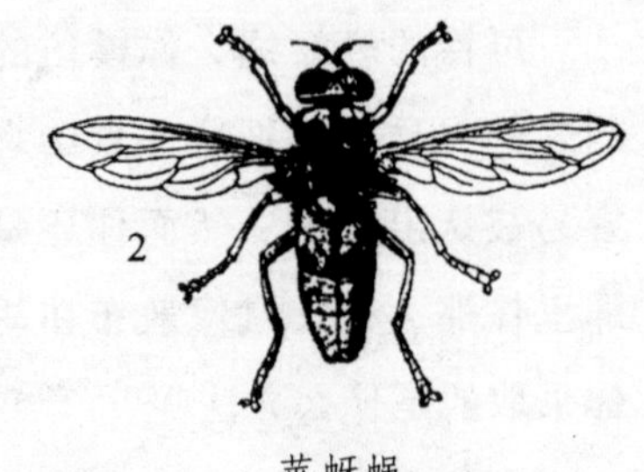

苹蚜蝇

在黑暗中，只要避开胡蜂内部的骚乱，蜂蚜蝇很容易混过去，不管是平常的装束还是打扮成别的样子，只要它小心翼翼不撞上路过的胡蜂，便可以安然无恙地在纸壁上产卵，谁也不知道它的存在。

危险的是大白天在来来往往的胡蜂眼前跨进洞穴的门槛，只有这种时候模仿才是合时宜的。那么蜂蚜蝇当着一些胡蜂的面进去是否很冒险呢？围墙里的蜂巢，这个不久就会在太阳下的玻璃罩里死亡的蜂巢，我对此进行了长久的观察，却没有得到那个最让我操心的蜂蚜蝇的结果。蜂蚜蝇没有出现，它来访的季节也许已经过去。因为在挖出的蜂巢里，我发现了许多蜂蚜蝇的幼虫。

然而，其他的双翅目昆虫使我付出的努力得到了补偿。我发现在离我有一定距离的地方，有种个头很小、颜色灰白、有点像家蝇的双翅目昆虫飞进地下室。它们根本不带黄色斑纹，肯定丝毫不想伪装。然而，它们进出很自如，没有任何不安，好像在自己家里似的。只要门口不太拥挤，胡蜂就会由它们去，如果很挤，灰色来访者就在离门口不远处等待，这一刻是平静的，它们没遇到什么麻烦。

在洞穴里面，两者同样是和平相处。我通过挖掘可以证明。在地下洞穴里，有那么多苍蝇的幼虫，我却找不到双翅目昆虫的尸体，假如这些外来者在经过门厅或是更下面的地方被杀死，应该会和其他废物一块儿杂乱地掉进洞穴的底部。可是，在洞穴里根本没有蜂蚜蝇的尸体，也没有任何一种苍蝇的尸体。这些来访者受到尊敬，它们完成任务后便安然地出去了。

胡蜂的宽容大度有点让人感到吃惊，于是我脑海里产生了一个疑问：蜂蚜蝇和其他蝇是否就是老故事中所说的胡蜂的敌人，劫掠蜂巢里的幼虫杀手呢？我们要了解这点，必须先从它们孵化时开始调查。

在九月和十月，要想捡到蜂蚜蝇的卵十分简单，要多少有多少，蜂巢的外壳表面有的是。此外，蜂蚜蝇的卵也像胡蜂的幼虫一样，能长时间地经受汽油熏，因此大部分肯定能孵化出来。我用剪刀从蜂巢的纸外壳上剪下几片卵分布得最密集的纸片，装进一个广口瓶。这是一个仓库，在大约两个月时间里，我将每天从里面取出一些刚孵化的幼虫。

蜂蚜蝇的卵留在纸上，白色的卵在灰色背景的衬托下格外显眼。卵壳发皱下陷，接着前头裂开一条缝，从里面钻出一条可爱的白色蛆虫。它前端渐细，后部略大，浑身长着肉质乳突；身体两侧的乳突展开像梳子的齿；在尾部乳突变长，散开呈扇形，背上的乳突变短，纵向排列成四行；倒数第二节斜立着两个很短的鲜棕红色呼吸管，两条管互相靠拢。

靠近尖嘴的地方颜色变深呈浅棕色，透过透明的皮肤，可以看见口器和由两个钩组成的行走器。总之，竖起的乳突和白白的颜色，使这个优美的小蛆虫看上去像一片雪花。但是，这种美貌保持不了多久，蜂蚜蝇幼虫长大后，身上将被脓血玷污，皮肤变成棕红色，爬起来像一头粗笨的豪猪。

刚从卵里孵化出来时它会怎样呢？通过那个作为仓库的广口瓶，我了解了部分情况。由于在斜面上控制不好平衡，蛆虫便跌到容器底部。我发现每天都有幼虫孵化出来，它们在容器底部不安地游荡。在胡蜂家里情况也应该是这样，新生的蛆虫由于不能在纸壁的斜边上保持平衡而掉到洞穴的底部。在洞穴的底部，尤其是在秋末的时候，丰盛的食品堆积如山，里面有衰弱的胡蜂和被从蜂房里拖出来丢在外面的死幼虫。食品已发臭，成了蛆虫的珍贵食物。

别看蜂蚜蝇的孩子——蛆虫浑身雪白，它也照样在这个洞穴里不断更新的食品中，寻找合口味的食物。从围墙上跌落下去，很可能不是意外的事故，而是一种最快捷的方法，它们不用寻找就能到达洞穴底部，得到放在那里的美味食品。也许其中一些白色的蛆虫，会利用那些把外壳变成弹性被子的空隙滚到蜂巢里去。

处于各个不同生长期的蜂蚜蝇蛆虫，大部分都在洞穴底部的尸骸间落了脚，真正住在胡蜂家里的蛆虫只是少数。这些记录说明，蜂蚜蝇的蛆虫配不上人们赋予它的显赫名声，它们满足于腐尸而不碰活物，它们不是破坏胡蜂巢，而是为它消毒。

事实证明了我实地观察得到的结果。我一次次地把胡蜂幼虫和蜂蚜蝇蛆虫，一起放进便于观察的小试管里。前者身体健壮，充满了活力，我刚刚把它们从蜂房里取出来；后者个头大小不一，从刚出生的雪片状的幼虫到强壮的豪猪似的蛆虫都有。

它们相遇时没有发生悲剧。蜂蚜蝇蛆虫在小试管里闲逛，碰也没碰那活生生的肥肠，最多只是把嘴凑到那个肥肉团上，然后又把嘴缩回去，不在意那块肥肉。

它们需要别的东西：受伤的幼虫，垂死者，冒着脓血的尸体。的确，当我用针尖刺伤胡蜂的幼虫时，刚才还摆出倨傲架势的家伙，马上就跑过来喝伤口流出的血。如果我提供给它们一只腐烂发黑的幼虫尸体，蜂蚜蝇的蛆虫就会剖开它的肚子，喝里面的汤。

还有更妙的呢，我喂给它们一些带角质圆环、腐烂的胡蜂，我还看到它们心满意足地吮吸着腐烂的花金龟的汁液。为使它们保持健壮，我还给它们一些肉糜，它们按照普通蛆虫的方法将肉糜液化。这些蛆虫对猎物的性质抱无所谓的态度，只要是死的就行，如果猎物是活的，它们就拒绝接受。作为地道的双翅目昆虫和尸体的开发者，它们要等待尸体腐烂。

在蜂巢内部，幼虫必须健康，这是规矩。体弱的幼虫极其罕见，因为工蜂不间断地监视，清除了所有的虚弱者。然而在巢脾上，在繁忙的胡蜂中间，我能见到一些蜂蚜蝇蛆虫，数量确实不像洞穴底下那么多，但还是比较常见。那么，它们在这个没有尸体的地方干什么呢？它们要攻击健康的胡蜂幼虫吗？开始我以为是这么回事，它们不停地巡视，从一间蜂房到另一间蜂房。但是，当我对它们在罩子下的行动进一步观察时，就意识到自己的判断是错误的。

我看见它们在巢脾上匆匆地爬行，脖子起伏波动，探视着那些蜂房。这一间不合适，那一间也不行，这个长刺的小家伙又去别的地方了。它一直在寻找，用尖脑袋戳戳这个，捅捅那个，这一次它来到的那间蜂房看来是符合要求了。一条看起来很健康的幼虫在里面打着哈欠，以为是保姆来了，蜂蚜蝇蛆虫身体向上一跃，钻进了六边形的小房间。

这个肮脏的来访者，像一把柔韧的剑，身子一弯，把苗条的上身伸进墙壁与房客之间，房客胖乎乎的柔软身体一侧受到挤压，稍稍往边上让了让。蜂蚜蝇蛆虫把身体伸进蜂房，只把宽阔的尾部留在外面。

这种姿势保持了一段时间，它在房间的尽头忙碌。然而，只要那条被访的胡蜂幼虫没有生命危险，在场的胡蜂由着它去，无动于衷。外来者身体轻轻一滑出来了，那条活像橡皮袋的小幼虫又恢复原来的体积，没有遭受任何不幸。它良好的食欲就是最好的证明。保姆喂它一口食物，它非常愉快地接受了，表明它一点也没有伤元气。

而蜂蚜蝇的幼虫，则以自己的方式舔了舔嘴唇，将口针收进去又伸出来，然后一分钟也不耽搁，又开始到别的地方去探测。

蜂房里那些幼虫身后令蜂蚜蝇垂涎的是什么，我还无法通过直接的观察得到确定，只能靠推测。既然被访的幼虫完好无损，它就不是蜂蚜蝇蛆虫要找的猎物。再说，如果谋杀者要实施谋杀，为何要爬到房间的尽头，而不是直接攻击那个手无寸铁的隐居者呢？在门口把那只幼儿吸干岂不更省事。可是它不这样做，而是一次一次地钻进去，从不采用别的策略。

在胡蜂幼虫的身后究竟有什么？我将尽可能做出合理的解释。尽管胡蜂的幼虫极其干净，也摆脱不了生理上的一些琐事，那是肠胃运作的必然结果。它和其他进食者一样有肠道废渣，由于被幽禁在蜂房里，迫使它把这些残渣保存在体内的隐秘处。

胡蜂幼虫和许多住得很挤的膜翅目昆虫一样，延迟消化残余物的排泄，直到蜕变时才将大堆的脏物一次性排泄掉。蛹这个精巧的起死回生的有机体，不能留下一点污秽的痕迹。之后在所有的空房里，我都发现了这种排泄物，一团紫黑色的粪便。

但是，还没熬到最后的大清除，这堆残渣就不时地被少量地排出体外，它清澈如水，只要把一条胡蜂幼虫养在玻璃试管里，我就能发现这种不时排泄出来的汁液。

总之，我认为再也找不到别的理由来解释，为什么蜂蚜蝇蛆虫钻进蜂房却不伤害胡蜂幼虫。它们要使胡蜂幼虫排出这种液体来，对它们来说，这是一种补充食物，是对尸体提供的营养物质的补充。

胡蜂城堡的卫生官员蜂蚜蝇蛆虫担负着双重职责，它为胡蜂的孩子擦屁股，也为它们清除蜂巢里的死尸。因此，当它作为胡蜂的助手进入洞穴产卵时，受到了温和的接待；也因此在蜂巢的中心地带，蜂蚜蝇蛆虫不但不受制裁，反而还受到尊敬，其他任何人在此散步都不可能不受到制裁。

回想一下被我放在巢脾上的楔天牛和叶蜂的幼虫所受到的粗暴接待，这些可怜的家伙被猛地咬住，遭殴打，挨针刺，而后死去。蜂蚜蝇的孩子的境遇则完全不同，它们想来就来，想走就走，可以对蜂房进行探测，与城里的居民擦肩而过，却没人粗暴地对待它们。我举几个例子，来说明在易怒的胡蜂家里罕见的宽容。

整整两小时，我的注意力都集中在同宅主胡蜂幼虫，肩并肩待在蜂房里的那只蜂蚜蝇蛆虫身上。它的尾部露在外面，乳突张开，有时也露出尖尖的头部，移动时像蛇那样突然地摆动。胡蜂保育员刚从蜜洼边装满一肚子蜜回来，一口一口地分发食物，工作得很积极。这一切都是在光天化日之下，在窗口的小桌子上进行的。那些保姆从一间房到另一间房，好几次从外来者身边擦过，或从它身上跨过去。它们肯定看见了它，而外来者动也不动，或许是被踩到了，它钻进屋里，不一会儿又出来。有几只路过此地的胡蜂停下来，向门里探头望一眼，好像想知道里面在干什么，然后又离开了。胡蜂们对这里的情形并未给予特别的关注，其中有一只胡蜂更是漠不关心。它想嘴对嘴地给房间里那个合法房主喂食，可是房主被来访者挤扁了，根本没胃口，拒绝接纳食物。可是，那只胡蜂看到婴儿和别人挤在一块儿的难受样子，也没有表现出丝毫的关切，就这么走了，又到其他地方去分发粮食。

我再继续观察下去也是枉然，没有任何冲突，胡蜂像朋友一样对待蜂蚜蝇蛆虫，甚至漠不关心，没有谁试图撵它，骚扰它，赶走它。那条虫子似乎对来来往往的胡蜂也不大在意，一副心安理得的样子，好像是在自己家里似的。

我再举一个例子。那条蛆虫头朝下钻进一间空的蜂房，房间太小，容不下整个身子，露在外面的尾部很显眼。它以这种姿势，一动不动地在那里待了很久，胡蜂不时地从旁边经过。其中有三只胡蜂，有时一起，有时单独前来切割那房间的边缘，它们要从上面割下一片材料化成纸浆，用于盖新房。

如果说那些路过的胡蜂，忙于自己的事情没有发现这个外来者，那么这三只胡蜂肯定看见了。当它们拆房子的时候，它们的足、触角和唇须碰到了它，然而没有谁去注意它。这条大蛆虫奇怪的外表那么容易被认出来，却仍然可以太太平平地待在那里，而且是在大白天，在众目睽睽之下。如果漆黑的洞穴将它的秘密掩藏起来，它该是何等逍遥啊！

我刚才用于实验的都是一些已经长大的蜂蚜蝇幼虫，由于渐渐成熟，变成了脏兮兮的红棕色。如果用纯白色的蛆虫会有什么结果呢？我在巢脾上撒了一些刚孵化出来的蜂蚜蝇蛆虫。雪白的小蛆虫来到了附近的蜂房，爬下去，又爬上来，继续去别处寻找。胡蜂对这些白色的小入侵者非常和气，就像对那些棕红色的大入侵者一样不在意，随它们去。

有时，当蜂蚜蝇蛆虫进入一间有主人的房间时，会被房主胡蜂的幼虫抓住。它咬住这个小东西，把它放在大颚间拨弄来，拨弄去。咬住它是出于自卫吗？不，胡蜂的幼虫只不过是把蛆虫当成了喂来的食物，它咬得并不太疼。小虫得益于身体柔软，安然无恙地从钳子中解脱出来，继续往前探索。

也许我们会把胡蜂的宽容归因于它缺乏洞察力，但这里有个例子能使我们醒悟。我把一条楔天牛幼虫和一条蜂蚜蝇幼虫放进空的蜂房里，两者都是白色的，而且大部分身体已经钻进房间，只有露在门外像条长柄白花似的尾部，才会暴露它们的存在。从表面看很难判别隐藏者的身份，然而，胡蜂并没有上当受骗，它们揪出了那条天牛幼虫，把它杀了，扔到尸场上；可是，它们没有去惊动蜂蚜蝇的蛆虫。这两个钻进隐蔽的蜂房里的外来者极为相像，可是一个被当作不速之客遭驱逐，另一个却被当成常客受到尊敬。我想视力在此发挥了作用，因为事情是发生在大白天。除了视力，胡蜂在黑暗的洞穴里还有别的识别方法。如果我用一块布盖在罩子上，使里面变成黑夜，对不可饶恕者的杀戮并不会因此而减少。

胡蜂警察认为，任何被逮住的外来者都该被杀掉，然后扔进垃圾堆。真正的敌人要想使胡蜂失去警惕，必须狡猾地装死，一动不动，或者采用卑鄙的隐藏之术。然而蜂蚜蝇蛆虫无须藏匿，它光明正大地来来去去，到认为合适的地方去，在胡蜂群里寻找合意的蜂房。它凭什么如此受到尊敬？

靠威力？当然不是。胡蜂只要用大剪刀碰它一下，就会发现这是个没有反抗力的家伙，它如果被螫针扎一下就会马上死亡。然而它是个熟客，蜂群里没有谁想伤害它。为什么？因为它会帮忙，不但不添乱反而还帮着搞卫生。敌人和不速之客该被驱逐，而作为值得称赞的助手，它赢得了尊敬。

那么，蜂蚜蝇有什么必要化装成胡蜂的模样呢？所有的双翅目昆虫，不论是灰色的还是五颜六色的，当胡蜂共同体认为它们有用时，都被允许进入洞穴。总之，我确信，认为蜂蚜蝇依靠拟态来保护自己是一种幼稚的理论。我经过耐心观察，不断发现的事实，否认了那些结论；我不得不将模仿说扔给那些待在实验室里、太倾向于从理论的幻想看动物世界的博物学者。

第二十二章 彩带圆网蛛

严冬时节，当昆虫在寒冷的田野里无所事事时，观察家则利用朝阳的温暖隐蔽所，挖沙土，搬石头，在荆棘丛中探测，他多少次为无意中发现的精巧工艺品而感到喜悦和激动啊！那些只求有这样的发现就知足了的头脑简单者多么幸福啊！我希望他们能感受到我曾经有过的，并且至今仍能感受到的快乐，尽管我生活清贫，而且随着年景每况愈下，越来越艰苦。如果他们到柳林和矮林中的禾本科植物中进行搜索，我希望他们能找到我眼前这种奇妙的玩意儿。这是一只蜘蛛的杰作，彩带圆网蛛的巢。

根据分类学的定义，蜘蛛不是昆虫。按照这种分类法，在这里谈圆网蛛似乎是不合时宜的，让昆虫分类学见鬼去吧！即使这种动物有八条腿而不是六条腿，有书肺而没有气管，可是关于本能的研究并不考虑这些。此外，蜘蛛目属于节肢动物门，其身体是由一节一节拼接起来的，昆虫和昆虫学的这些名词就影射了这种结构。

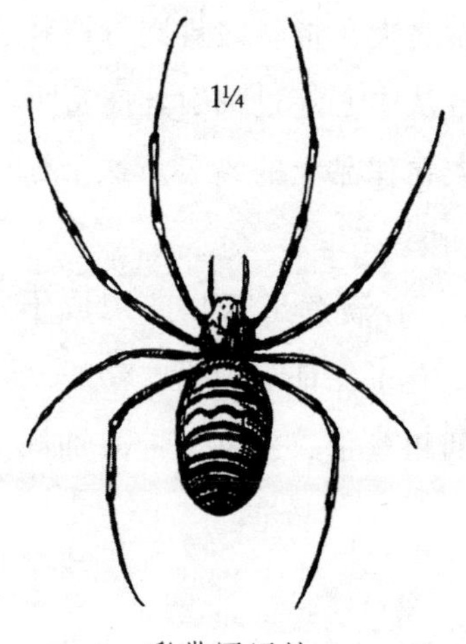

彩带圆网蛛

为了指称这组昆虫，过去用“铰接动物”一词，这个说法错在听起来顺耳，而且人人都明白。这是传统学派的说法，如今人们使用“节肢动物门”这个漂亮的词。然而也有人对这种进步表示怀疑，啊！异教徒！先念“阿赫地居勒”，然后大声地夸张地念“阿赫托博得”[1]，你们将会明白动物学到底是不是进步了。

就仪表和颜色来看，彩带圆网蛛是南方蜘蛛中最漂亮的一种。它那几乎有一粒榛子那么巨大的储丝仓库似的大肚子上，饰有黄色、银白色和黑色相间的线条，它由此获得了“彩带蛛”这个名称。在肥胖的肚皮周围，八条步足呈辐射状向四周伸展，足上带白色和褐色的环。

什么猎物对它都适合，唯一的条件就是要找到支撑物织网。它会在蝗虫蹦跳，在蝴蝶表演空中杂技，在双翅目昆虫翱翔，以及蜻蜓翩翩起舞的地方安营扎寨。通常，由于野味很多，它横跨丛林间的小溪，从小溪的这边荡到对岸织网；它也在绿色的橡树矮林中，在蝗虫喜欢出没的、稀疏地长着绿草的小山坡上张网，但不太常见。

它的捕猎器是一张巨大的经纱网，边长依场地的大小而定，网纱靠好几条缆丝粘在周围的树枝上，其他蜘蛛也采用这种结构结网。圆网蛛先从网中心扯出一些等距离的辐射丝，再用一根丝通过辐射丝从网中心向外旋转编织。网的面积之大，形状之规则可谓壮观。在经纱网的下面，一条不透明的丝带从中心穿过辐射丝曲折下行，这是彩带蛛网的标志，就好像艺术家在作品上的签名。这个标志似乎表示蜘蛛在自己的网上织的最后一梭。

蜘蛛一次次通过辐射丝时，该是多么心满意足啊！它织成了网，这是不容置疑的；几天的食物也因此有了保证。但是，纺织女丝毫不是为了表现虚荣，那根弯弯曲曲的粗丝带，在网上起着加固的作用。

---

① “阿赫地居勒”和“阿赫托博得”分别是“铰接”和“节肢”两个词的读音。——译注

多这层加固不是多此一举，因为这张网有时要经受严峻的考验。彩带蛛无法选择它的囚禁者，它一动不动地，八条腿叉开趴在网中间，以便能察觉从网的四面八方传来的振动，它指望意外的机会为它送来一只由于疲劳而失控跌落的冒失鬼，或是一只不小心一头撞上来的大家伙。

特别是蝗虫，充满激情的蝗虫轻率地放松腿肌时，常常会落入陷阱。它的活力似乎应该使蜘蛛折服，它用如同装上了马刺的、杠杆似的腿拼命地尥蹶子，以为一下子可以把网捅破逃走。事实根本不是这样，如果蝗虫第一次努力时不能挣脱，它就完了。

彩带蛛背对着猎物启动了像莲蓬头似的纺丝器，最长的后足踩到射出的丝后，尽力张开呈弓形把丝撒开。这是一张闪光的网，一把云扇，其中的每一根框架丝都几乎是独立的。与此同时，彩带蛛的两条后腿一边迅速地交替合抱，抛出丝雾，一边将猎物的全身用丝雾一层一层地包裹住。

与巨兽搏斗的古代格斗士[①]，左肩上搭着折叠的绳网出现在竞技场上。野兽在蹦跳，格斗士用手猛地一抛，像捕鹰者那样撒开网，罩住野兽，用网眼缠住它，再用三叉戟一下结果被征服者。

彩带蛛也采用同样的方法，凭借可以不断用丝缠绕的优势征服猎物。如果一根丝还不够，它马上抽出第二根，然后是第三根，直到把仓库里的丝用完为止。当白色的裹尸布里不再有动静时，蜘蛛便靠近被束缚在里面的猎物。它有比格斗士的戟更好的武器：毒牙。它不用费什么力，轻轻地咬蝗虫一下，然后离开，让蝗虫在毒素作用下会变得虚弱。

① 古代格斗士：古罗马时代，持三叉戟和网的斗士。——校注

过了一会儿，彩带蛛又回到一动不动的猎物身边，吸吮它的汁液，并更换好几次吮吸点，直至把蝗虫吸干。最后那具被榨干了的尸体被扔出网外，蜘蛛又在网中央摆出等待的姿势。

圆网蛛吸吮的不是一具尸体，而是麻痹的猎物，如果蝗虫被咬后我马上将它从网上取下，剥去丝套，它就会恢复活力，甚至好像根本没有经历过什么似的。蜘蛛并不在吮吸之前将俘虏杀死，只是将它毒昏；它轻轻地咬猎物一口，也许是为了吮吸起来更方便。尸体里停止流动的液体不容易被吸出来，因此，在猎物活着或正在死亡时，提取猎物的体液最容易。

嗜血者圆网蛛因此必须控制好它的毒牙，即使是对付凶恶的猎物也一样。它对自己的格斗术是那么有信心，它毫不犹豫地捕猎长鼻蝗虫以及蝗虫类中最硕大、最肥胖的灰蝗虫，并且在完全麻醉的状态下将猎物吸干。

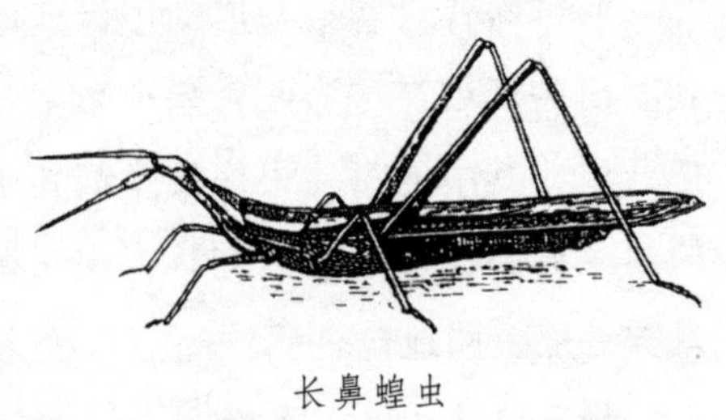

长鼻蝗虫

这些有能力凭着猛烈的攻击撕破蛛网，从网眼溜走的大家伙，想必应该很少被捕住。我把这些昆虫放在蛛网上，其余的事由圆网蛛完成。圆网蛛喷出大量的丝，缠住这些虫子，然后舒舒服服地将它们吸干了。如果加大纺丝器的喷射量，大猎物也不会比一般的猎物更难驯服。

我还见到了更厉害的呢。这一次，我要说的是肚皮上饰有花彩和银白色的圆网丝蛛。它和另一种蜘蛛一样，织的网也很大，有一条垂直方向的曲里拐弯的丝带为标志。我放了一只身材魁伟的修女螳螂在丝网上面，如果条件许可，螳螂能够转变角色，把攻击者变

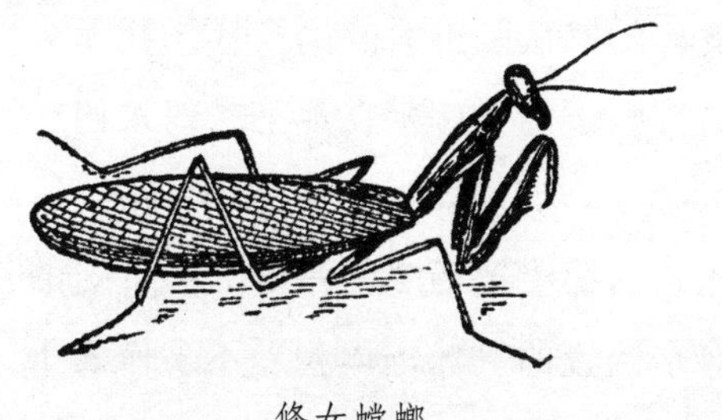
修女螳螂

成猎物。这次圆网丝蛛要捆绑的可不是一只温和的蝗虫，而是一个可怕的巨魔，它的爪钩一下子就能把圆网丝蛛的肚子捅破。

蜘蛛敢去对付它吗？现在还不行，在攻击这个可怕的家伙之前，它要养精蓄锐，要等到猎物的足在乱踢乱蹬时被缠得更紧。蜘蛛终于出击了，螳螂翘起腹部，重振起机翼似的翅膀，张开带锯齿的臂铠，总之它摆出了大战时常用的可怕姿势。

蜘蛛并不理会它的威胁，它用散得很开的纺丝器喷出帘状丝雾，后足交替地合抱拉伸，使丝帘扩大，并大量地抛撒丝雾。在丝雨中，螳螂可怕的锯子和锋利的前足很快就消失了，那对像幽灵般竖起的翅膀也消失了。

然而，螳螂几次突然的惊跳使蜘蛛跌下了网。跌落是预料中的事故，这时纺丝器及时地喷出一根保险丝，使圆网丝蛛悬在空中，荡来荡去。等到恢复了平静，它绑好绳索，重新爬上网。现在，螳螂的大肚子和足已经被捆住，喷雾剂也快用光了，只能喷出薄薄的丝帘，幸好已经完事了，猎物被裹了厚厚的一层丝，再也看不见了。

圆网丝蛛没有咬猎物，而是暂时离开。为了控制这个可怕的猎物，它用尽了纺丝器里足以织好几张漂亮大网的备料。有这么一大堆缠绕丝，其他的防范措施都是多余的。在网中间歇息片刻后，它便入席了。它在猎物身上多处切开小口，这边切一下，那边切一下，然后从伤口吮吸猎物的血。猎物如此丰满，这餐饭它吃了很久，这个贪得无厌的家伙用了十小时，当一处伤口被吸干时它就换一处继续吮吸。夜幕隐藏了那贪杯的家伙酩酊大醉的模样，我无法看到最终的情景。第二天，那只被吸干的螳螂躺在地上，蚂蚁们在争夺残羹冷炙。

彩带圆网蛛的育婴方法，比它的捕猎技巧更高一筹。彩带蛛的卵袋比鸟巢工艺更精湛，形状像个倒置的气球，体积差不多像鸽子蛋那么大，上部渐细像梨，端口平切，镶着一圈月牙边，将卵袋固定在叶梢上的缆丝把花边的齿拉长了，其余部分呈优美的卵球形，垂直向下吊在几根平衡丝中间，顶端像个凹陷的火山口，封着一块丝毡。丝袋像洁白、厚实、密集的缎子外套，难以扯破并且不透水。气球上端装饰着用褐色甚至黑色丝织成的宽带，以及纺锤形和任意分布的经线。这种织物的作用很明显，是一个防止露水和雨水渗透的防水层。

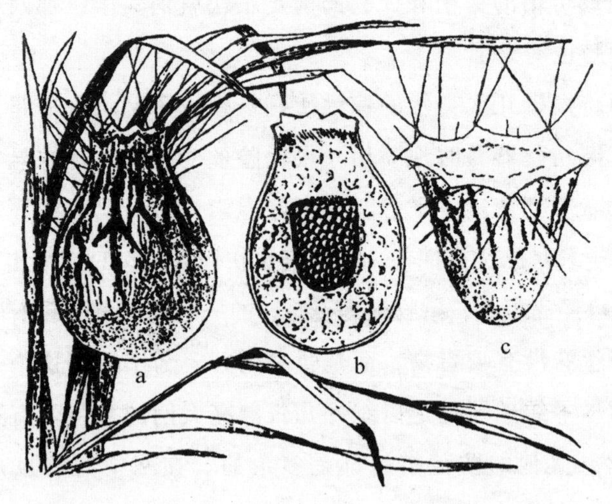

a.彩带蛛的卵袋　b.彩带蛛的卵袋剖面　c.丝蛛的卵袋

由于必须经受各种恶劣气候的考验，安放在枯草丛中靠近地面

处的圆网蛛丝袋，还必须能保护里面的卵冬天不挨冻。用剪刀剪开袋子，我发现上面有厚厚的一层棕红色的丝，没有织成网而是蓬松得像一条柔软的棉被。这是一朵柔美的云，是一条连小鸟的绒毛做的被子也比不上的绒被，是一道阻止热气散发的屏障。

这条柔软的被子要保护什么呢？看，在丝被正中吊着一个圆桶形小袋子，下端呈圆形，上端平切，盖着一顶毡帽。这个小袋子是用精美的缎子做的，里面装着圆网蛛的卵，它们像美丽的橘黄色珍珠，一粒一粒粘在一起，形成一颗豌豆大的圆球。棉被就是要保护这些宝贝，使它们免受冬天的严寒。

熟悉了卵袋的结构后，我将设法弄清纺织女是如何织出这个袋子的。这可不是那么容易观察到的，因为彩带圆网蛛在夜间工作。为了不搞错编织工艺的复杂规则，它需要夜晚的静谧。清晨，我不时能见到它在工作，我能够大致推测它的编织步骤。大约八月中旬，我的实验对象开始在罩子里织卵袋了，它先用几根绷紧的丝在网罩的圆拱顶下搭起一个脚手架，罩子的网纱代替了蜘蛛在田野里常用来做支撑的草丛和荆棘。它就在这个晃动的支架上织袋子。圆网蛛背对着织物，看不到织的东西，可是一切都在自然而然中进行，就像一台装配良好的机器。

当蜘蛛慢慢地绕着圆圈转动时，腹部末端不停地摆动，一会儿略偏向右边，一会儿略偏向左边，一会儿上升，一会儿下降。布丝很简单，后腿拉丝，将丝粘在搭好的脚手架上，就这样形成了一个缎盆，边缘逐渐加高，最后变成一个高约一厘米的袋子。袋子的布特别柔软，为了使它绷得紧一些，尤其是在袋口，蜘蛛用几条缆丝将袋子和周围的丝连接起来。然后，纺丝器停下来休息，卵巢开始工作。圆网蛛将卵巢里储存的卵一次性连续地排进了袋子里，一直装到袋口，袋子刚好够把所有的卵装进去，没有多余的空间。产完卵，蜘蛛便离开了袋子。我隐约看见了那堆橙色的卵，但是马上纺丝器又开始工作了。

它要把袋口封起来。这时纺织机的运行方式有了一点变化，蜘蛛的腹部末端不再晃动，降下来触在一个点上，然后离开，再降下接触另一个点，然后再到别处，所经之处勾勒出一些纠结在一起的丝带，圆网蛛同时用后足挤压丝带。最后它织成了一块莫列顿绒呢，为缎袋盖上了一条御寒的丝绒被。小蜘蛛将在这个柔软的庇护所里住上一段时间，让自己的身体变得结实，为今后的大规模迁徙做准备。缎袋编织得很迅速，突然纺丝器里的原料换了，刚才喷出的是白丝，而现在喷出的是棕红色的丝，而且更细，喷出时轻薄如云，像梳棉机般灵巧的后足把丝梳理得蓬松起来，盛卵的袋子不见了，淹没在这条精美的棉被里。

气球的形状已形成，上端收拢像细颈瓶。圆网蛛上上下下，时而往这边偏，时而往那边偏，自纺丝器里第一次喷出丝时，就架好了这个优美的形状，好像蜘蛛的腹端有一个量角器似的。

随后，编织原料又突然发生变化，白丝又出现了，被加工成丝线。现在该织最外面的一层套子，由于这部分需要编织得又厚又密，所以编织的时间最长。

首先它必须在四周拉上几条丝把棉固定住。圆网蛛特别注重编织袋口，在那里织出了月牙边，缆丝牵拉着的花边角是整个建筑的主要支点。为了确保丝袋的平衡，纺丝器每次经过这个地方都要加固一下，直至完工。丝袋的花边圈住的袋口好似火山口，蜘蛛用一块封卵袋那种呢把它封了起来。

之后，圆网蛛才真正开始织外套，它前进，倒退，转了一圈又

一圈，纺丝器没有接触织物，只有后足有节奏地交替拉丝，它用跗节把丝牵拉到织物上，腹部末端同时有规律地摆动。丝束规则地曲折分布，像精确的几何形，可以和我们纺织厂的机器绕出的漂亮的棉线团媲美。蜘蛛不时地移动，在整个织物的表面都织上了同样的图案。

圆网蛛的腹端隔一会儿就向气球口上移动一次，这时纺丝器才真正触在流苏边上，而且接触的时间相当长。星叶形流苏边是丝袋的悬挂点，圆网蛛在这个关键部位粘上了黏丝，而其余地方是靠后足把丝简单地重叠上去。如果织物需要络丝，线头会从边上断开，再从其他地方继续下去。

圆网蛛以一个不透明的有棱有角的白色签名结束蛛网的编织，而它结束卵袋编织的标志则是一些不规则分布的棕色细丝，从袋口边缘向下延伸至鼓凸的丝袋中部。为此圆网蛛第三次变换了丝的颜色，这一次射出的是一种介于棕红色和黑色的丝。纺丝器纵向大幅度摆动，在两极之间喷撒丝，后足把丝拉成任意的丝带，这道工序结束之后，丝袋就织成了。蜘蛛看也没看一眼这个气球，就迈着缓缓的步子走了，剩下的事与它不相干，该由时间和阳光来操心了。

圆网蛛感到自己的末日即将来临，便从网上下来，在附近难对付的禾本科植物中间，用丝织了一个圣幕，它耗尽了纺丝器里的所有的丝。它重新回到捕猎的位置，重新爬上那张对它将没有意义的蛛网；它已经没有可以用来捆绑猎物的丝，一向很好的食欲也消失了。它无精打采，憔悴不堪，挨过几天后，终于死去。这就是在我那些纱罩下发生的事情，想必在荆棘丛里也是如此。

圆网丝蛛织大捕猎网的技术比彩带圆网蛛更高一筹，但是织卵袋的本领不如彩带圆网蛛，它把丝袋织成一点也不优美的钝锥形，宽宽的袋口有辐射形的突起作为悬挂点，上面覆盖一条大被子，一半是缎子，一半是莫列顿呢，其余部分是牢固的白色织物，织物上时常无序地穿插着一些深色线条。

这两种圆网蛛织的丝袋，区别仅仅表现在外观上，一个是钝圆锥形，另一个是气球形；外表不同，内部构造却是一样的。丝蛛首先织一条绒毛被，然后再织蓄卵的小桶。这两种蜘蛛的建筑外部风格不同，御寒方法却相同。圆网蛛，特别是彩带蛛的蓄卵袋，是工艺复杂的上乘之作，这是有目共睹的。织这个小卵袋，圆网蛛使用了不同的材料，有白色丝、棕红色丝和褐色丝；而且，这些材料被加工成了不同的产品，有结实的织物、莫列顿呢被、柔软的丝棉和可渗透的呢毡。所有这些产品都出自同一个作坊，这个作坊能制造捕猎网、编结蜿蜒曲折的加固丝带，还能喷出束缚猎物的包尸布。

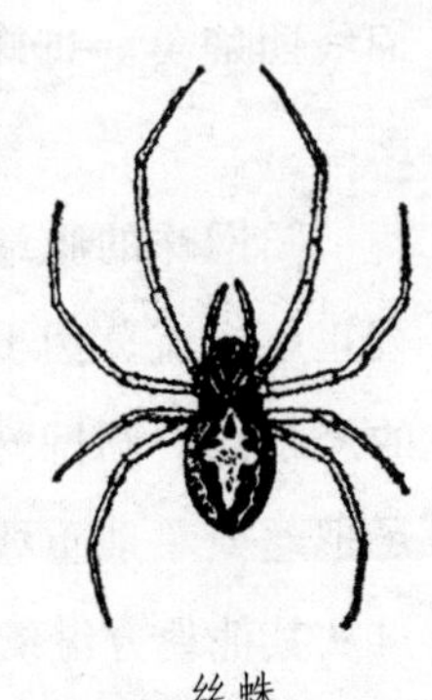

丝蛛

啊，多么奇妙的丝厂！凭着十分简单的设备，而且总是只有后足和纺丝器，却能够依次完成制绳、纺纱、织布、织带、制毛毡等工艺。蜘蛛是如何领导这个工厂的呢？它是怎么随心所欲地制造出这些精致的、复杂程度各不相同的产品和色彩的呢？它怎么能够一下用这种方法加工，一下又用另一种方法加工呢？我看到了成果，却无法理解这套设备，更搞不清它是如何操作的，我陷入了迷茫。

在夜间静心工作的蜘蛛，有时也会因为思路突然被打乱，而迷失在复杂的操作程序中。我并未制造这种干扰，因为深夜时我不在场，干扰是由于我的动物园布置得太简单引起的。

在无拘无束的野外，圆网蛛都单独居住，相互之间距离很远，

每只圆网蛛都有一块捕猎区，不必担心邻近的捕猎网相互竞争。在我网罩里，圆网蛛则同居一室，为了节省空间，我把两三只圆网蛛放在了同一个网罩里。

性情温和的囚犯和平共处，没有发生口角，也没有侵占邻居的财产，它们各自织一个网，相互间尽可能地离得远些，然后静心地待在那里，好像对其他蜘蛛做的事漠不关心，只等待蝗虫蹦出来。

居所的拥挤毕竟在产卵期到来时带来了一些不便，好几个卵袋的丝缆交织在一起，形成了交织的网，只要一个卵袋在晃动，其他的卵袋也或多或少会晃动。不用更多的干扰，就会使正在产卵的圆网蛛分心，它做出荒唐的事来，这里有两个例子：

有一个丝袋刚刚在夜间织成。早晨我发现这个圆满完成的卵袋悬挂在网纱上。它的结构很完美，上面规则地镶着黑色的纬线，如果不是缺少卵，纺织女不惜花费了大量的丝，才织成的这个丝袋就完美无缺了。卵到哪里去了呢？它们不在我打开的卵袋里，我打开时袋子就是空的。它们在地上，在稍微下面一点的沙土上，没有任何保护。也许母亲在产卵时受到了干扰，它没有对准袋口，使卵掉在了地上；也有可能是它在惊慌之中从高处下来，这时卵巢收缩亟须产卵，它只好把卵产在它碰到的地面上。不管怎样，如果蜘蛛的头脑稍微清醒一些，经历了这次灾难之后，它就该放弃建造这个已经毫无用处的精美卵袋。

然而事实并非如此，那内中空空的卵袋，不论外表还是结构，都与正常情况下织出来的卵袋一样规则和精细，哪怕我丝毫不插手，圆网蛛也会重演被我取走了卵和食物的石蜂所做的荒唐事情。遭劫的石蜂一丝不苟地把它们的小屋盖起来，圆网蛛也在这个空囊上盖了丝绒被，还在外面做了一个塔夫绸的套子。

另一只圆网蛛在即将铺完那层棕红色棉絮时，由于受到意外的震动而分了心，它离开尚未织成的卵袋，逃到几法寸远的圆屋顶上。它就在那里，在光秃秃的网纱上，花去全部的丝，织了一个不成型的毫无用处的垫子。如果先前没有受到干扰，它本应该用这些丝织一件完整的外套。

可怜的傻瓜，你给铁丝笼铺上莫列顿呢毯，却让你的卵得不到完全的保护。卵袋的缺损已成事实，粗硬的金属竟然没有使你意识到，你现在正在做荒唐的事！你让我想起蜾蠃曾经把用来涂巢的泥浆抹在墙壁上；你以你的方式告诉我，一时的精神异常能够导致用精湛的技艺，做出荒谬的行为。

我把彩带圆网蛛的卵袋，与最擅长做窝的小鸟庞都里那山雀的鸟巢做个对比。这种山雀经常出没于罗讷河下游的柳林，微风吹来，山雀窝在伸入陆地的平静水面上轻轻地晃动，这里离波浪汹涌的干流有一段距离，山雀窝吊在弯垂的柳树或是赤杨枝梢上，这些大树喜欢生长在河岸边。

这个巢是用棉袋做的，周围全是封闭的，只有侧面有一扇正好供鸟妈妈出入的小门，外形像做化学实验用的蒸馏釜，像个侧面带有一个细短颈的曲颈瓶。

更确切点说，它像一只上面收口，边上开了一个圆洞的长统袜，从外表看，人们还以为是用毛衣针织出来的粗针眼呢。根据这种结构给人留下的深刻印象，普罗旺斯的农民用形象的语言，称呼庞都里那鸟为织袜鸟。

杨柳树上早熟的小葋果为织袜鸟提供了筑巢的材料。五月，从柳树上飘下春雪似的细棉絮，被风卷到地面的皱褶里堆积起来。柳絮和工厂生产出来的棉絮很像，但是纤维较短，而且取之不尽。柳

树很慷慨，当柳絮从蒴果上飘下时，柳林里的微风随即把它们聚集在一起。

山雀利用柳絮时困难重重，它是怎么把柳絮织成长筒袜的呢？凭借简单的工具鸟喙和爪子，它怎么能织出连灵巧的手指都织不出来的布呢？通过观察鸟巢，我得到了部分答案。

仅仅用柳絮做出的鸟巢无法承受一窝雏鸟的重量，也经不起风的摇动。用这种看似普通细棉花的柳絮压实、绞乱压成的毡，无法黏结成块，被风一吹就会突然四处飘散，需要用一层纬纱，一个网将它固定住。

在空气和水作用下被充分浸渍的植物细茎纤维表皮，类似麻纤维；庞都里那鸟便从这些细茎里提取出能经受柔韧考验的韧带，一圈一圈地缠绕在它选定来支撑鸟巢的树梢上。

韧带缠绕得不太规则，既笨拙又马虎地将支架绑住，有的地方松，有的地方紧，但最后还是绑牢了。这些起建筑物拱顶作用的纤维韧带，延伸缠绕在一根比较长的枝梢上，使鸟窝多了几个黏结点。

几根纤维带缠绕几圈之后，末端分散成细缕，自由地垂挂着，其间掺进了许多细线，细线相互交织甚至好像打成了结。我没有看到鸟如何工作，但我可以据此判断，那块支撑棉壁的纬纱就是这样织成的。

棉壁的纬纱显然并非一开始就是整块加工好的，而是织好一段，把棉花塞进去，再接着往下织。鸟用喙一下一下从地上叼来棉花，用爪子梳理成絮状塞进网眼，再用胸口挤压，用喙里里外外敲打一遍，最后织成了两法寸厚的莫列顿呢。

靠近袋子的侧面上方开了一扇门，并延长成一个短颈，这是喂食用的门。为了穿过这个通道，小巧的庞都里那山雀也会把有弹性的墙壁撑得向外鼓，通过后又恢复原状。鸟巢中央有一张高级床垫，上面将安放6～8个像樱桃那么大的白色鸟蛋。

然而，与彩带圆网蛛的卵袋相比，这个令人赞赏的鸟窝只是个粗俗的庇护所。这个袜底确实比不上蜘蛛那个优美的无可挑剔的圆弧形气球；掺有韧皮纤维的棉布和纺织女织出的绸缎相比，不过是土里土气的棕色粗呢；悬挂鸟窝的吊索比起纤细的丝带来简直像是缆绳。庞都里那鸟的床垫，又怎比得上圆网蛛那云雾状蓬松的棕红色丝绒被呢？无论从哪方面看，蜘蛛都远远胜过了织袜鸟。

但是，雌庞都里那山雀是忠于职守的母亲，一连几星期，它都蹲在鸟巢里，把鸟蛋贴在胸口，它的体温将会唤醒这些白色小卵石似的生命。圆网蛛却没有这份温柔，它让自己织的卵袋听凭无法预测的命运摆布，连看都不再看它一眼。

第二十三章 纳博讷狼蛛

圆网蛛以精湛的工艺为它的卵建造了一个精美绝伦的住所，尔后却成了个对家庭毫不在意的母亲。这是什么原因呢？因为它没有时间，一入冬它就要死去，而那些卵注定要在裹着棉被的房子里过冬。迫于形势，抛弃蛛巢是不可避免的事。但是，假如卵早点孵化，在圆网蛛还活着时孵化出来，我想它也会像庞都里那鸟一样忠于职守的。

这一点金钱蟹蛛可以证明。这种优雅的蜘蛛不织网，它靠潜伏捕猎，走起路来像螃蟹般横行。我在别处提到过它与家蜜蜂发生争执时，咬住对方的脖子将它扼死。

这个善于快速杀死猎物的蟹蛛，对筑巢艺术也同样精通。我看见它在荒石园的女桢树上做了一个窝，在一串花中间，奢侈的蟹蛛织了一个白色的丝绸袋，形状宛如一个细小的顶针。这是个蓄卵的容器，口上盖着一个用织毯做成的平圆盖。

它用绷直的丝和凋谢了从花串上落下的小花，在天花板上造了一个圆顶。这是个亭子，是个瞭望台，有一扇始终敞开的门通向哨所。

蟹蛛驻守在那里，自从产卵以后它瘦了许多，肚子几乎也消失了。稍有一点动静它就冲出去，向过路客张牙舞爪，摆开架势迎接来者。那个讨厌的不速之客拔腿逃走了，蜘蛛便又回到家里。

它在那个用干花和丝绸搭起来的圆拱下干什么？它日以继夜地用自己平平展开的单薄身体做盾牌，保护着那些宝贝卵。它忘记了吃饭，不再潜伏，也不再榨干蜜蜂。蟹蛛一动不动集中心思，保持着孵育的姿势。"孵育"这个词会让我们认为它是趴在蛋上，但严格说来，"孵育"一词没有趴的意思。

抱鸡婆并不见得更勤勉，却是个暖气设备，它以自己的温暖唤醒了生命的胚胎。而对于蜘蛛来说，太阳光的热量就足够，只因为这一点我不能用"孵育"一词。

两三周的时间，由于戒食变得越来越干瘪的蟹蛛，没有改变姿势。小蟹蛛孵化出来后，便在一根根细枝间拉几条弧形的线像秋千似的。这些可爱的走绳索的杂技演员，在阳光下练习了几天，然后分散开，各自忙自己的事情去了。

再来看看那个岗亭，母亲依然在那里，但是它已经死了。忠于职守的母亲欣慰地看着孩子诞生，它以自己的微薄之力帮助它们钻出卵盖，任务完成后，便安详地死去，抱鸡婆可没有如此的忘我精神。

还有比它更尽职的蜘蛛呢。像纳博讷狼蛛或称黑腹狼蛛，它们的英勇壮举，我已在前一卷中讲述过。它在百里香和薰衣草喜欢生长的多石子的泥土里，挖掘像瓶颈一般粗的井，井口有砾石和用丝黏结起来的木屑筑成的护栏，除此以外住宅的周围什么也没有，既没有网也没有任何式样的绳圈。狼蛛在一个一法寸高的小塔上，窥伺路过的蝗虫，它蹦起来，追踪猎物，突然一口咬住猎物的脖子使它动弹不得，然后当场享用猎物，或者回到洞穴里去细嚼慢咽，连坚硬的蝗虫外皮也不抛弃。这个强壮的猎手不像圆网蛛只喝血[①]，它需要咬在嘴里咔咔响的固体食物，就像狗啃骨头。

你或许想把它从井里引上来吧？那就用一根细麦秸伸进洞穴，

① 圆网蛛捕食时，从螯肢前端的螯牙注入毒液，将小虫麻醉，用螯肢撕碎食物，分泌消化液将食物进行体外消化后再吸入。有时只用螯牙在虫体上挖一个小孔，吸其体液，被取食后的小虫外表仍完好无损。——校注

然后晃动麦秸。隐居者担心上面发生了什么事，就会跑过来顺着麦秸向上爬一段，在离洞口一段距离的地方停下来，摆出威胁的架势。它的八只单眼在暗处闪烁，就像钻石一样，只见它张开螯肢，露出毒牙准备咬人。这个从地下蹿上来的家伙很可怕，不习惯它的人见了非吓得发抖不可。天呀，让那家伙安宁吧！

小小的意外收获有时倒是帮了大忙，八月初的一天，孩子们在荒石园的深处叫我，他们为自己刚刚在迷迭香下面获得的发现而兴高采烈。这是一只很棒的狼蛛，肚皮巨大，表明它就要产卵了。

被好奇的孩子们围住的狼蛛，拼命吞下了什么东西，是什么呢？是一只个头较小的狼蛛尸体，那是雄狼蛛的尸体，婚礼以悲剧性的结尾而告终。

新娘吃掉了新郎。我看着婚礼在恐怖的气氛中完成，当遇难者的最后一块残骸被咬碎时，我把那个可怕的胖妇囚禁在一个扣着纱罩、装满沙土的罐子里。

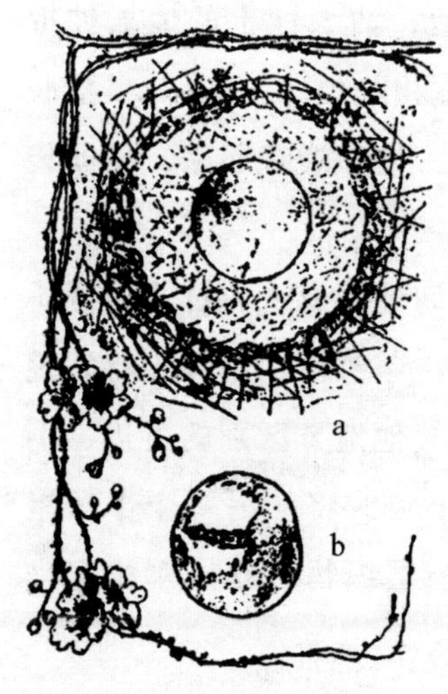

a.纳博讷狼蛛的卵袋
b.卵袋的基底

十天后，大清早我撞见它在做产卵的准备工作。在一块约巴掌大的沙土上，一个丝网已经织好了，网织得很粗，尚未定形，但固定得牢牢的，蜘蛛即将在这张产床上产卵。

狼蛛在这张铺在沙上的网上制作了一块圆台布，相当于一个两法郎的硬币那么大，是用高级的白丝织成的。它的肚子一起一伏，像等时运转的齿轮，缓缓移动，每次都尽力够着较远的一个支点，直至达到机械所能达到的最大限度。

然而蜘蛛没有挪动，只是腹部在朝相反的方向摆动，靠这样来回运动，丝在中间多处交织，便织出了一块像样的台布。台布织好以后，蜘蛛绕着圆圈一点点移动，织另一截网。这个几乎没有凹陷、像圣盘似的丝垫的中间部分不需要再喷丝，只是边缘要加厚。这块垫子于是变成了一个带平宽边的半球形盆。

狼蛛开始产卵了，黏糊糊的淡黄色的卵一次性快速地排出，落在那个盆子里，粘在一起的卵像个小球高出盆口。纺丝器立即又开始工作，就像织台布时一样，狼蛛的腹部末端微微地上下摆动，喷出的丝把半球体罩起来，将小卵球镶嵌在圆形毯中间。

一直闲着的足现在也开始工作。它们勾住将圆垫平展地固定在粗糙的支撑网上的丝线，一根一根扯断，同时用螯肢夹住圆垫，慢慢将它托起，使它与地基分离，再将它压在装着卵的小球上。

这项工作很辛苦。整个建筑都在震动，沾上沙土的地板被拆除，狼蛛用足迅速地把这些不干净的碎片踢开。总之，狼蛛靠螯肢的强力震撼来拉动，靠步足一下一下地扯，把卵袋拔起来，使卵袋摆脱束缚，而且干干净净。

这个白色的小丝球，摸上去柔软而有韧性，有一粒普通的樱桃大。沿着小球的赤道仔细查看，我发现了一条皱褶，用针尖将它挑开却没有断痕，这条一般不易和球体表面其他地方区别的折边，不过是盖在下半球上的那块垫子的边缘。小狼蛛将从另一个半球里出来，那个半球没怎么加固，上面只有一层织物，是卵刚排出来时织的。

小球的内部除了卵什么也没有，没有床垫，也没有圆网蛛卵袋里那种轻柔的羽绒被。其实，狼蛛也没必要为它的卵采取御寒措

施，因为早在严寒来临之前卵就该孵化了。属于早熟家族的蟹蛛，也非常注意不白费功夫，它给予卵的保护，只是一个简单的绸袋。

整个早上，从五点到九点，它一直在织卵袋，然后拔袋。之后，疲乏不堪的母狼蛛用足抱住心爱的小球便待在那里不动了。

今天，我不会再看到更多的东西。第二天我又见到了那只蜘蛛，它把那个卵袋系在了身后。

从今以后，直到卵孵化，它都不会离开那个宝贝包袱，那包袱靠一根短丝韧带固定在纺丝器上，拖在地上晃来晃去。它带着这个碰脚后跟的包袱忙自己的事情；它走路或者休息；它寻找猎物，向猎物发动攻击，并将其吞噬。如果那个包袱意外脱落，立即就会被复归原位。纺丝器随便在袋子上涂一下就够了，黏结处马上就粘牢了。

狼蛛不喜欢出门，它出门只是为了到洞穴附近抓捕从捕猎区经过的猎物。然而八月底，我还是常常能看见它流浪，带着那个包袱去冒险旅行。它游移不定让人想到，它是在寻找一个暂时废弃不用、难以被人发现的小窝。

它为何要远行？首先是为了交配，其次是织球形卵袋。在洞穴深处地方狭窄，只能供蜘蛛长久沉思。然而织卵袋需要一块宽阔的场地，在那里织一个将近一掌宽的支撑网，就像刚才罩子里那个囚犯那样。狼蛛的井里没有这么大的地方，因此，它必须到外面，在露天编织它的袋子，也许是在静谧的夜晚。

与雄狼蛛会面似乎也需要外出。既然有被吃掉的危险，雄狼蛛还敢进入情人那无法逃脱的洞穴底部吗？我表示怀疑。为谨慎起见，这事应该在洞外进行，在洞外至少还有快速撤离的一线希望，使冒失鬼免遭可怕的新娘的毒手。

在露天会面减少了被吃掉的危险，但并不意味着完全没有危险。一只正在地面上吞食新郎时被我撞上的雌狼蛛为我们提供了证据，那事发生在荒石园里一个受耕作影响不利于狼蛛定居的地方。洞穴应该离此有一定的距离，然而情人相约的地方正是悲剧结束的地方，尽管空间很大，雄狼蛛却没能迅速逃走，而是被吃掉。

在同类相食的盛宴后，雌狼蛛是否会返回它的家呢？也许一段时间内不会，再说它还必须再出去一次，在一个足够宽的场地上为它的小蛛织袋子。

卵袋织好以后，有些雌狼蛛获得了自由，它们想在最后隐居前再看一看这个地方。它们就是人们经常遇到的、拖着包袱毫无目的地游荡的雌狼蛛，但是迟早它们会回到地底下的家。八月还没结束时，我用麦秸轻轻地在洞穴里晃动，就会从每个洞穴里引出一位拖着包袱的雌狼蛛，我想要多少就能轻而易举地得到多少。用这些雌狼蛛我可以做一些非常有趣的实验。

这个场面值得一看，雌狼蛛身后拖着宝贝卵袋，形影相随，从早到晚，不论是睡觉还是醒着，它总是以使人敬畏的英勇气概保护着那个宝贝。如果我试图从它身上拿走那个袋子，它就会绝望地把袋子贴在胸前，抓住我的镊子不放，用毒牙去咬，我能听见牙尖在铁器上的摩擦声。不，如果不是我手上拿着工具，它是决不会让我不付出任何代价便将包袱抢走的。

我用镊子夹住包袱并晃动，从愤怒的狼蛛手上抢走了那个袋子，换了另一只狼蛛的卵袋扔给它，它赶紧用步足抓住小球，然后把它悬挂在纺丝器上。对狼蛛来说，不管是别人的还是自己的，反正有一个袋子就行，它得意地带着陌生的包袱走了。这个袋子是我仿照狼蛛的卵袋专门为它准备的。

我用另一只狼蛛做的另一种实验，引出的误会更令人吃惊。我

用圆网丝蛛的卵袋替代我刚刚夺来的那个狼蛛卵袋，如果说两种卵袋的布料、颜色和柔软程度相同，形状可大不相同。被夺走的那个袋子是球体，而我给它的是圆锥体，底边还有呈放射状突出的棱角。狼蛛没有注意到这种差异，它突然把那个奇怪的袋子粘在了纺丝器上。现在它可满意了，就像拥有了自己的小球似的。我的这些卑劣的实验手段对狼蛛产生的影响是暂时的，很快就会过去。当孵化期来到时，狼蛛的卵成熟早，而圆网蛛的卵成熟得晚，上当的狼蛛便抛弃了那个奇怪的陌生卵袋，不再去注意它。

我还进一步测试了这个背褡裢的家伙的愚蠢程度。我先夺走狼蛛的卵袋，再扔给它一块软木，软木用锉刀粗粗地锉过、体积与被夺走的小球一样大。这个与丝袋如此不同的木块，狼蛛不假思索地接受了。凭着它那宝石般闪亮的八只单眼，这家伙总该发现自己搞错了吧。这个蠢货根本没注意，它爱怜地将那截软木抱住，用触须抚弄，将它固定在纺丝器上，从此便拖着它，就像从前拖着自己的卵袋一样。

我又让另一只狼蛛在真假之间进行选择。我将狼蛛的小球和那截软木同时放在广口瓶里的沙土上，蜘蛛能认出它自己的小球吗？这个蠢货办不到，它猛地冲过去，随便乱抓，一会儿抓起自己的小球，一会儿又抓起我给的那个赝品，第一个摸到的被选中了，狼蛛立刻将它挂在身后。

如果我再增加几块软木，或者在四五块软木中间放上真的卵袋，狼蛛很少会找回自己的小球。它根本不做什么调查，也不做什么选择，随便抓住一个，就把它留下，管它是好还是坏，人造软木小球最多，蜘蛛夺到它的机会也最多。

狼蛛的愚蠢行为使我感到困惑，这个家伙是否因为软木摸起来是软的才上当呢？我用线绳缠绕的棉球和纸团取代木球，两者都很轻易地被狼蛛接受，替代了那个被夺走的卵袋。

是不是颜色具有欺骗性，因为金黄色的软木像被泥土弄脏了的丝球，而纸和棉花的白色又和纯洁的小卵球的颜色相同呢？

我选用了一种最醒目的颜色，一个红色的线团去替换狼蛛那个小卵球，这个与众不同的小球也被狼蛛接受了，而且被小心翼翼地保护起来，它所得到的爱护不亚于别的小球。

让这个背着包袱的雌狼蛛安宁吧，对这个弱智者我已经了解得够多，还是耐心地等待观看九月上旬的孵化情况吧。大约200只小狼蛛从小球里一出来，就爬到了雌狼蛛的背上，待在上面一动不动。小家伙们紧紧地挨在一起，像一层鼓鼓的肚皮和乱七八糟的足。在这个小生命组成的斗篷下，母亲已经面目全非。孵化完成后，那个已经不再有价值的空包袱，狼蛛将它从纺丝器上解下扔掉了。

小狼蛛们很乖，谁也不乱动，也不想为多占点地方而损害邻居的利益。它们静静地待在那里干什么？它们让自己稳稳地被驮着走，就像负鼠的孩子一样。它们在洞穴里长久地静思，或者当天气暖和时到门口晒太阳。开春以前，狼蛛是不会脱掉这件“斗篷”的。

我有时在冬季最冷的一二月，到田间去挖狼蛛的洞穴。雨、雪和冰冻过后，洞穴的门柱常常被毁坏，我在狼蛛的家里找到了它，它还是那样充满活力，一直背着它的孩子们。这种驼式育儿方法至少要持续六七个月不间断[①]。著名的美洲搬运工负鼠，承载它的孩子才几星期就解除了对它们的监护，与狼蛛相比它可逊色多了。

---

① 雌狼蛛将孵化的小狼蛛背负在背上携带一段时间，一般仅为数日。在此期间，小狼蛛不取食，有时去饮水，仅靠体内剩余的卵黄提供营养。原文说雌蛛携带幼蛛可达6～7个月，可能有误。——校注

这些小狼蛛在母亲背上时吃什么呢？据我所知什么也没吃，因为我没见它们长大。它们从袋子里出来时是多大，当步入迟到的自由期时，我再次见到它们时，还和以前一样大。

冬季，母亲自己也极度节俭。装在广口瓶里的狼蛛，相隔很久才接受一只迟到的蝗虫，这只蝗虫是我在阳光最充足的庇护所里为它抓来的。为了保持活力，就像它冬天被我挖出来时那样，狼蛛必须时常停止节食，到外面寻找猎物，当然它没有脱掉那件“斗篷”。

远征自有危险，被一束草轻轻拂一下，小狼蛛就会掉到地上。跌下来的小狼蛛会怎么样呢？母亲会不会为它们担心，是否会帮它们重新爬到自己的背上？绝对不会，雌狼蛛的慈爱之心分摊到几百只小蜘蛛身上只能是小部分。背上的孩子摔下去一个也好，六个也好，乃至全部，狼蛛也几乎不会去管它们。它无动于衷地等着孩子们自己摆脱困境，再说孩子们会这样做的，而且极其迅速。

我用一支画笔把一位寄宿者的全家扫下来，雌狼蛛没有表现出惊慌，也没有去寻找。跌落的小狼蛛在沙地上小跑几步，找到母亲向周围张开的一条腿后，便顺着攀登杆又爬到母亲的背上，很快聚集成群，全到齐了，一个也不少。狼蛛的孩子们精通杂技，母亲不必为它们的跌落而惊慌。我用画笔把一只狼蛛的孩子们，扫落在另一个背着孩子的狼蛛周围，那群落下的孩子迅速地攀着另一位母亲的腿，爬到它的背上，那位母亲也乐意接收它们，就好像它们是自己的孩子。

通常的盘踞地腹部已经被自己的孩子占据，那些侵略者爬上它的前胸，包围了它的胸部，把这个负重者变成了一个可怕的圆球，连蜘蛛的形状都看不出来了。而这只不堪重负的狼蛛，并未对多出来的孩子有任何怨言，而是接受它们，带着它们一起走。

对那些小蜘蛛来说，它们并不懂得区分允许和禁止。它们像优秀的杂技演员那样，爬到第一个遇到的异族蜘蛛身上，只要那只蜘蛛身材合适就行。当我把这些小狼蛛放在一只淡橘黄色、带白十字花纹的苍白圆网蛛面前时，从它们的母亲狼蛛身上跌落下来的孩子，马上毫不犹豫地爬到了陌生的圆网蛛身上。圆网蛛不能容忍这种放肆的行为，它抖动那条被侵犯的腿，将讨厌的家伙甩出老远，但小狼蛛仍然顽强地进攻，有十来只爬到了圆网蛛的身上。由于奇痒难忍，圆网蛛翻身躺下在地上打起滚来，就像驴打滚搔痒。小狼蛛有的被压瘸了腿，有的被压死，但这并未使其余的小狼蛛气馁。圆网蛛刚站起身，它们又开始往它身上爬，接着又有小狼蛛栽下来。圆网蛛不停地擦背部，直至那些冒失的孩子受到伤害，圆网蛛才得到了安宁。

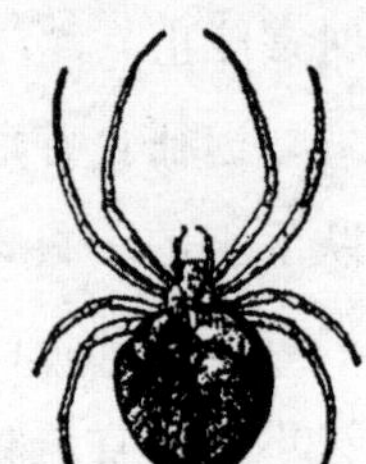

苍白圆网蛛